한 권으로 읽는 지구과학의 정수

지오
GEO

포이
POETRY

트리

한 권으로 읽는 지구과학의 정수

좌용주 지음

이지북
EZbook

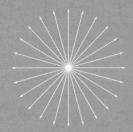

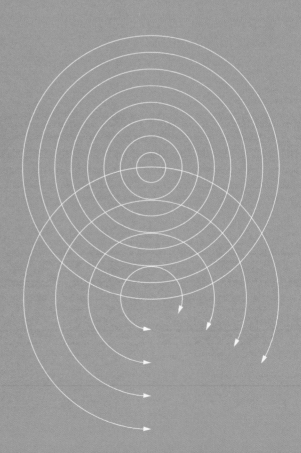

돌이켜보면 30년이 넘는 시간 동안 땅의 역사를 살피기 위해 여기저기를 돌아다녔다. 가장 남쪽으로는 남아메리카 남단의 파타고니아와 남극반도 주변 남셰틀랜드 군도에서 북쪽으로는 북극해의 스발바르 제도까지. 남쪽 안데스에서 하늘 높이 솟구쳐 오른 지하의 세계를 보았다. 살아있는 화산섬에 홀로 상륙하여 지질을 살피고 시료를 채취했다. 엽총을 메고 북극곰의 발자국을 경계해가며 오로지 GPS에 의지한 채 마냥 걷기도 했다. 때로는 40도가 훨씬 넘는 기온에 숨이 막히던 남아프리카에서 빙하의 흔적을 찾았다. 호주대륙과 아프리카 대륙의 암석에서 곤드와나 초대륙의 모습을 상상하고, 유라시아대륙 가장자리의 중생대 화성활동을 연구한 것은 내 젊은 시절의 대표 이력이다. 백두산에 올라 홀로세 화산 분화의 상처를 살피고, 한반도, 일본 그리고 지중해의 구석기 유적에서 용암으로 만들어진 검은 유리를 찾아 헤맸다. 그렇게 지구 역사 속을 스쳐 지나가고 있던 한순간 문득 궁금해졌다. 나는 지금 이 행성을 얼마나 이해하고 있을까?

지구라는 푸른 행성에 대한 나의 관심은 1980년대 초반으로 거슬러 올라간다. 친구 몇 명이 모여 지구와 태양계 그리고 우주를 함께 공부하는 스터디그룹을 만들면서부터다. 그 모임은 그리 오래 이어 지지는 않았지만, 지금까지 지구와 관련된 삶을 살게 된 계기였음은 부정할 수 없다. 그리고 그 당시의 지구과학이 우리나라에서는 별 인 기 없는 분야였으나(사실 지금이라고해서 인기가 많아진 것도 아니다) 세계 적으로 커다란 이슈를 만들었던 과학 영역이었던 이유도 있다.

당시는 20세기 후반의 지구과학적 혁명이라 일컬어지던 판구조론 이 활개를 치고, 계속된 아폴로계획으로 달의 암석이 지구로 운반되 고, 남극에서는 다량의 운석이 발견되고 수집됨으로써 지구과학이 행성과학으로 확장되던 시점이었다. 그리고 깊은 해저에서 뜨거운 열수계와 신비한 생태계가 발견되기도 했다. 어쩌면 그 시절에 지구 를 공부하게 된 것이 행운이었는지도 모른다.

특히 판구조론은 지구를 보는 인류의 관점을 완전히 바꾸어놓았 다. 지구 표층의 변화를 자세하게 설명할 수 있는 이 과학적 이론으 로 말미암아 지진과 화산이 발생하는 장소를 이해하고, 대륙이 모이 고 떨어졌음도 알고, 앞으로 지구가 어떻게 변화해갈 것인지에 대해 서도 예측할 수 있게 되었다. 그런데 판구조론을 통해 지구의 여정을 계속 추적한 결과, 지구가 걸어온 약 46억 년의 세월이 그리 평탄하지 않았음을 알게 되었다. 그리고 지구의 역사를 이해하려면 지구 안의 정보는 물론이고 지구 바깥, 그러니까 태양계와 태양계 바깥의 정보 역시 매우 중요함도 깨닫게 되었다. 지구를 이해하기 위한 관심의 영 역은 계속 확장되었고, 마침내 우리은하가 지구의 탄생과 성장에 직 간접적으로 영향을 주었다는 점도 인식하게 되었다.

한편, 땅의 비밀뿐만 아니라 지구 생물의 탄생과 진화를 밝히는 데

결정적인 역할을 한 연구 결과들도 속속 발표되었다. 특히 분자생물학의 괄목할 발전은 과거 지구의 생명을 탐구하는 데 너무나도 중요한 계기가 되었다. 지구의 성장과 생명의 진화는 떼어놓고 생각할 수 없게 되었고, 지구와 생명의 공진화(共進化)라는 말이 나올 정도다. 이처럼 지구를 둘러싼 관련 분야의 연구와 외계에 대한 탐사가 진행되면서 21세기에는 새로운 지구 이야기가 만들어지고 있다. 그러나 아직까지도 해결해야 할 문제는 많이 남아있다. 우리는 어디까지 알고 있으며, 무엇을 더 해결해야 하는 것일까?

과학의 진보와 연구 영역의 확장으로 많은 결과가 도출되었다. 그러나 정작 지구를 얼마나 알고 있느냐고 물으면, 아는 듯하지만 실제로는 잘 모른다고 해야 옳지 않을까? 학교에서는 일반적으로 고생대라는 지질시대 이후의 지구 이야기를 들려주기 때문에 기껏해야 수억 년 정도의 지구 역사를 살필 수 있을 따름이다. 지질학을 전공으로 하거나 특별히 관심을 가지지 않는 한, 탄생 이후 고생대 전까지 약 40억 년이라는 오랜 세월 동안 지구가 어떤 여정을 거쳐왔는지 알 도리가 없다. 한마디로 우리는 지구를 제대로 알지 못한다.

지구 46억 년의 역사를 제대로 파악하기 위해서는 앞의 40억 년을 포함해 우주에 대한 인식과 생명에 대한 고찰이 필수적이며, 그 변화과정을 통합적으로 살펴야 한다. 즉, 물리, 화학, 생물, 지구과학의 통합적 사고력이 필요하다는 얘기다. 그러나 지구가 만들어지고 난 후 첫 6억 년 정도의 세월은 현대 과학이라고 해도 풀어내기 어려운 참으로 어두운 시절이다. 그렇기에 현재도 지구에 대한 중심 질문은 지구가 어떻게 탄생했고 어떻게 진화해왔는지에 대한 것이다.

요즘 지구환경에 대한 관심이 뜨겁다. 특히 세계 곳곳에 나타나고 있는 기후변화의 영향으로 말미암아 지구와 인류의 미래에 대한 우려가 터져 나온다. 정부는 정부대로, 민간단체는 그들 나름으로 환경 위기로부터 지구와 생태계를 지키기 위한 여러 해결 방안을 모색하고 제안하고 있다. 그런데 수백 년 정도의 단기간의 변동이 인류가 경험해보지 못했던 환경 변화를 일으켰다고 한다면, 과거 수백만, 수천만, 수억 년에 걸친 변동은 상상하기조차 힘든 엄청난 격변을 초래하지 않았겠는가? 지구의 변동은 시스템의 문제이며, 그 시간축과 공간축은 우리가 생각하는 것보다 훨씬 길고 방대하다. 따라서 진정 지구의 과거, 현재 그리고 미래를 알고 싶다면 생각하고자 하는 시스템의 크기부터 조정해야 한다.

나는 이 책을 통해 조금 색다른 지구의 이야기를 풀어놓고자 한다. 판구조론 이후 천문학적인 숫자의 연구 논문들이 쏟아져 나왔지만, 그중에서도 21세기 들어 밝혀진 내용을 중심으로 지구의 진화 과정을 살펴볼 것이다. 특히 지구 생명의 출현과 진화를 지구의 변동과 엮음으로써 지금까지 잘 알려지지 않았던 과학적 진실에 접근해보고자 한다. 이는 '인류가 앞으로 외계 행성을 찾기 위한 기본 지식에 무엇이 필요한가'라는 문제에 직결된다. 물론 최근의 연구 결과라고 해서 모두 사실로 검증되었다고는 말할 수 없다. 따라서 책의 본문 속에는 상당히 실험적인 내용도, 아직 정설이 아닌 내용도 포함되어있다. 하지만 우리의 상상력과 창의성은 모든 경우에 대해 열려있어야 한다. 그로부터 인류의 미래가 결정될 수 있기 때문이다. 이것이 책의 제목을 '지오포이트리'라고 정한 이유다.

그렇다면 지오포이트리(Geopoetry)는 무슨 의미일까? '지오(Geo)'라는 것은 땅 또는 지구를 가리키고, '포이트리(poetry)'는 시다. 그러니 이 합성어는 땅이나 지구를 노래하는 서사시 정도로 번역할 수 있다. 20년 전에 처음으로 『가이아의 향기』를 펴내면서 제목을 거창하게 '지구 서사시'로 쓰려 했지만 이내 포기했다. 책의 내용이 이 단어를 만든 사람의 의도와는 전혀 맞지 않았기 때문이다. 지오포이트리는 지구와 관련하여 확실하게 검증된 팩트에 대한 묘사가 아니다. 무모하고 도전적이고 때로 비현실적이라고 공격당하는, 감춰진 진실에 대한 포장이다.

지구과학을 공부한 사람이라면 판구조론이 정립되기 이전에 나온 해저확장설에 대해 들어본 적이 있을 것이다. 맨틀로부터 올라온 마그마가 해저의 지각을 양쪽으로 확장시킨다는, 당시에는 너무나도 기상천외하면서도 황당하다고 여겨지던 설명을 말한다. 해리 해먼드 헤스(Harry Hammond Hess, 1906~1969)가 주창한 가설로, 독창적이고 창의적이라는 건 원래 그런 것일지도 모른다. 너무 뛰어나서 황당해 보이는 것. 해저확장설은 거의 완성된 아이디어였지만, 확고하게 증명하기 위해서는 다양한 자료가 필요했다.

부족한 자료는 시간의 문제였지 가설 자체의 문제는 아니었으나 헤스는 겸손하게 제안했다. 1962년에 발표한 자신의 논문을 '지오포이트리의 에세이' 정도로 여겨달라고. 그리하여 사람들은 지오포이트리란 말을 헤스가 지었다고 생각했다. 그런데 지오포이트리의 출처가 되는 헤스의 논문 「해양분지의 역사」를 읽어보면 그 용어를 먼저 사용한 사람이 있음을 알 수 있다. 즉, '지오포이트리의 에세이'로 부르고자 했던 이유로서 네덜란드의 위대한 지질학자 엄프로브(J. H. F. Umbgrove, 1899~1954)를 인용했던 것이다. 헤스는 말했다.

"엄프로브처럼, 나는 이 논문을 지오포이트리의 에세이로 생각하고자 한다."

엄프로브는 1940년대에 발간한 그의 저서『지구의 맥동』에서 지구의 탄생에서 현재에 이르기까지의 변화를 획기적으로 그려내고 있다. 그리고 그의 아이디어 중 하나는 이 책의 제9장에서 다루게 될 초대륙의 주기성에 대한 이론적 근거를 제공한다. 엄프로브는 지질학자를 역사가에 비유하였고, 불완전한 사료로부터 역사를 재구성하는 어려움 속에서 상상력의 필요성을 강조한다. 비록 나중에 모순적인 사실이 드러나자마자 폐기할지언정 과학적 산문의 잃어버린 행간에 대해서는 서사적 영감이 필요하다는 것이다. 엄프로브는 지구의 역사를 살피는 데 자료가 부족하여 이해하기 어렵고 곤혹스럽지만, 오히려 그러하기에 지질학이 도전적인 역사의 과학이라고 주장했다. 따라서 지질학의 논문에는 과학적인 논술을 바탕으로 지오포이트리적인 요소가 포함될 수밖에 없으며, 다만 밝혀지는 사실과 이론을 확실하게 구분할 수 있어야 한다고 그는 지적했다.

지질학 연구의 추이를 살피다 보면, 20세기 후반에 엄청나게 가속화된 변화를 느낄 수 있다. 한 예로, 고성능 질량분석기의 개발과 활용으로 다양한 연대측정의 분석법이 개발되고 지구 물질의 새로운 나이가 속속 발표되었다. 그 속에는 지구 바깥 물질에 대한 연대측정도 포함되며, 우리가 현재 알고 있는 지구의 나이 또한 그렇게 도출된 것이다.

나 자신도 마찬가지로 한동안 방사성 연대측정에 매진했었다. 1980년대 후반 이후 동위원소의 반감기를 이용해 K-Ar 광물연대를 구하고, 암석 자체의 Rb-Sr 전암연대를 구하면서 화성활동의 시공간적 변화를 탐구했다. 그리고 21세기에 접어들어 저어콘 광물에 대한

U-Pb 연대를 구하기도 했다. 시대가 변하고 보다 정밀한 연대측정이 가능해지면서 지구 물질의 나이 또한 변화를 거듭해왔다. 정확한 수치연대가 보고되는 순간 과거의 연대들은 폐기되기 일쑤다. 그러나 과거의 노력이 없었다면, 지금에 와서는 틀렸다고 판정되는 그 연대 자료가 없었더라면, 과연 우리는 지구의 역사를 써 내려갈 수 있었을까? 어림없는 일이다.

헤스는 무르익지 않은 자신의 이론을 '지오포이트리'라고 표현했다. 비록 데이터가 부족할지 모르지만, 마치 시를 읽듯이 창의적으로 추측해주길 바랐을 것이다. 캐나다의 시인 돈 매케이(Don Mckay, 1942~)는 헤스가 '지오포이트리'라고 표현할 수밖에 없었던 상황은 그때나 지금이나 마찬가지라고 평가한다. 그리고 이렇게 말했다.

"지오포이트리는 오랫동안 적대적이던 물질주의와 신비주의가 마침내 만나서 서로에게 귀 기울이며 대화를 나누고는 한잔하러 가는 것이다."

우리는 아직 지구에 대해 모르는 것이 너무나도 많다. 하지만 현재 우리가 가지고 있는 자료를 최선을 다해 분석하고 해석하여 지구가 걸어온 길을 재구성해봐야 한다. 그래야만 앞으로 지구가 걸어갈 길을 보다 정확하게 예측할 수 있다. 때로는 현재의 생각이 앞으로 밝혀질 사실과 다를 경우도 생길 것이다. 그러나 오늘의 이론이 내일의 공상이 될지언정 서술하고 묘사하는 작업을 멈추어서는 안 된다. 지오포이트리는 모든 지질학자들이 거쳐 가야 하는 운명과도 같은 것이기 때문이다.

제1부   과거를 보는 현재의 시선

제1장 | 지구의 시간과 공간

HH:MM:SS	생물 종류	출현 시기
11:59:58	인간	20만 년 전
11:22:13	공룡	2억 4500만 년 전
10:46:46	육상식물	4억 7500만 년 전
10:22:05	동물	6억 3500만 년 전
01:43:17	미생물	40억 년 전

■ 명왕누대   ■ 시생누대   ■ 원생누대   현생누대

시간과 지질시대

    우리 삶의 터전이 되는 지구, 그 땅의 역사를 살피기 위해서는 일상에서 사용하는 것과는 조금 다른 시간에 익숙해져야 한다. 우선은 시간의 단위가 시, 일, 월, 년이 아니라 백만 년, 천만 년, 억 년 그리고 십억 년 등이다. 아주 먼 과거로 되돌아가야 하니 실감하기 힘들겠지만, 감각적으로 살피지 못하면 지구과학은 과거의 시간을 외워야 하는 아주 재미없는 이야기가 되어버린다. 그래서 흔히 사용하는 방법은 46억 년(보다 정확하게는 45억 6700만 년)의 지구 시간을 우리의 1년으로 환산하여 살피는 것인데, 이때 1초는 지구의 약 145년에 대응한다. 그러면 이 책에서 앞으로 살펴볼 내용을 바탕으로 지구 12개월의 역사를 한번 되돌아보자.

    1월과 2월에는 불덩이의 지옥에서 최초의 대륙이 생겨났다가 사라졌고, 시커먼 바다가 넘실대는 황량한 모습이다. 2월 말에 지표 아래의 간헐천이나 깊은 바닷속 뜨거운 물이 뿜어 나오던 지역에서 최초의 단세포 생명체가 출현했다. 6월에 접어들어 조그만 대륙들이 여기저기 흩어졌다가 덩어리를 이루기도 했으며, 6월 말에는 갑자기 지구 전체가 얼어붙었다가 녹았다. 7월 중순에는 다세포 생명체가 출현했다. 8월에는 최초의 초대륙 누나(또는 컬럼비아)가 만들어졌다가 갈라졌고, 10월에는 두 번째 초대륙 로디니아가 형성되었다가 분리되었다. 11월 초에 식물이 번성하기 시작했으며 중순 이후에 복잡한 생명체가 폭발적으로 증가했다. 그리고 며칠 뒤에는 바다에 어류가 넘쳐났으며, 양서류가 물에서 육지로 올라왔다. 12월 초에는 마지막 초대륙 곤드와나-판게아가 결합되었다가 곧 서서히 분리되었다. 이때부터 곤충이 날기 시작했고 육지의 생명체가 확산되기 시작했다. 중순 무렵 공룡이 출현하지만 이내 멸종하는데, 커다란 운석이 유카탄반도에 충돌했기 때문이다. 충돌의 여파는 이내 사라져 하순에 접어들 무렵에 지표는 다시 푸른 초원이 되었고 포유류가 번성하기 시작했다. 12월 28일경 영장류가 나타났으며, 31일 오후 11시 30분 무렵 현생인류가 출현했고, 오후 11시 59분 20초부터 인간의 역사시대가 시작되었다. 그리고 당신은 지구의 1년이 막 지나려는 찰나에 이 글을 읽고 있다.

1. 지구의 시간

우리는 지구와 행성이 약 46억 년 전에 형성된 것을 알고 있는데, 이런 수치가 얻어지게 된 것은 방사성연대 측정법의 기초가 확립되고 그 측정 정밀도가 향상된 1950년대에 들어서의 일이다. 그 이전에는 세상의 나이를 추정하는 방법도 가지가지였다. 신화와 전설 그리고 종교적 이유에서 세상의 나이는 무한대이기도 했고 고작해야

5,000년 남짓이기도 했다. 인류에게 과학적 사고의 능력이 생기면서 조금은 논리적으로 세상의 나이를 살펴보게 되었는데, 18세기 과학적 인식의 혁명이 있고 나서 지구 현상의 합리적인 자료를 바탕으로 시간을 산출하기 시작했다.

19세기에는 많은 지질학자들이 퇴적물의 두께와 퇴적 속도를 계산하여 지구 나이를 추정했다. 세계 곳곳에는 시루떡을 쌓아 올린 모양으로 우뚝 솟아있는 지층들이 널려있다. 가장 쉽게 떠오르는 곳이 미국 서부의 그랜드캐니언이다. 아래에서 위를 향해 차곡차곡 쌓인 퇴적물이 압력을 받아 단단하게 굳어졌고, 지표에서 풍화와 침식을 받아 절경을 이룬다. 1년에 얼마만큼의 퇴적물이 쌓이는지를 알면 지층이 만들어진 기간을 알 수 있다. 그렇게 구한 시간이 수천만 년에서 10억 년 정도였다. 지구에서 암석이 만들어지는 과정이 다양하고 지구 표층의 변화가 훨씬 역동적이라는 인식이 부족했던 시절이라 퇴적 속도로 계산한 기간은 지구의 나이와는 동떨어진 시간이다.

한편, 지구는 만들어지고부터 서서히 냉각하고 있다고 생각했다. 완전하게 녹아있던 초기의 지구가 열전도의 방식으로 식어서 현재처럼 되었다고 가정하여 연대를 계산하면 대개는 1억 년 이하의 수치를 보였다. 지구 전체를 뜨거운 쇠공과 같은 물질로 설정하고 단순한 열전도만으로 계산한 결과이므로 실제와는 맞지 않지만, 지구 내부 열의 방출을 열역학을 이용해 계산, 다시 말해 물리적인 사고로 연대측정을 했다는 점에서 그 의미를 살필 수 있다.

또 해수 중의 염분농도를 사용하여 연대를 계산했다. 바닷물에 포함된 다양한 성분은 육지 암석의 화학성분이 강을 통해 운반된 것이므로, 매년 운반되는 화학성분의 양과 바닷물 전체에 포함된 양을 비교하면 시간을 구할 수 있다. 그렇게 구한 나이는 2억 년 이하의 수치를 나타냈다. 하지만 그 결과는 지구의 나이가 아니라 바다의 나이로 제한되어야 한다.

이렇듯 19세기까지 물리·화학적인 모델 계산으로 추정한 지구의 나이는 1억 년 이하의 것이 많았고, 지질학적 현상에 기초한 추정값에서는 그보다 오랜 나이를 나타내는 것도 적지 않았다.

19세기 말 이후에 방사능의 발견으로 지구 내부에 에너지를 발생시키는 열원이 있음을 알게 되었고, 지구가 당초 가정했던 것보다 훨씬 천천히 냉각했음이 밝혀지게 되었다. 또한 바닷물의 화학성분이 전체 바다에 걸쳐 순환한다는 사실도 알려져, 그 당시에 사용했던 물리·화학적 모델의 전제조건이 성립되지 않음이 확실해졌다. 그리고 방사성 붕괴원리를 이용하여 구한 지구 나이는 생각했던 것보다 훨씬 오래됨이 밝혀졌다. 정확한 지구 나이의 측정은 자연현상의 변화에 대한 시간 규모를 설정하는 데 커다란 영향을 주었다.

지질학에서는 전통적으로 화석과 지층의 유사성 및 상하 관계 등을 이용하여 시간의 순서를 정해왔으며, 그 선후 관계에 대한 시간을 상대연대(relative age)라고 부른다. 이에 반해 방사성 동위원소의 붕괴를 이용하여 얻은 방사성연대(radiometric age)와 어떤 환경에서 일정한 비율로 진행되는 화학반응으로부터 구한 연대처럼 숫자로 나타낼 수 있는 연대를 수치연대(numerical age)라고 부른다. 수치연대를 절대연대(absolute age)로 부르는 경우도 적지 않다. 그런데 절대연대라는 표현은 절대적으로 신뢰할 수 있다는 의미는 아니기 때문에 주의해야 한다. 또한 상대연대와 수치연대는 각각의 이점을 가지기 때문에 그 목적에 따라 구분하여 사용해야 하며, 한쪽이 다른 쪽보다 신뢰도가 반드시 높은 것은 아니다.

수치연대를 구하기 위해서 다양한 원리에 기초한 방법이 개발되어 있다. 크게 나누면 물리적 원리에 기초한 방법, 화학적 원리에 기초한 방법, 지구 현상의 연대변화와 그 연대 교정 곡선을 이용하는 방법 등이 있다. 이 중에서 질량분석기를 이용하여 방사성 동위원소의 비율을 측정하고 붕괴시간을 계산하는 물리적 원리에 기초한 방법이 현재 가장 신뢰도가 높으며, 이렇게 구한 수치연대를 방사성연대라고 부른다. 방사성연대에 이용되는 핵종으로는 포타슘-아르곤(K-Ar), 루비듐-스트론튬(Rb-Sr), 사마륨-네오디뮴(Sm-Nd), 우라늄-납(U-Pb) 등이 있다.

지구의 암석을 대상으로 구한 방사성연대의 가장 오랜 나이는 약 40억 년 정도이고(최근 약 44억 년~43억 년도 보고되고 있음) 암석 속에 포함된 가장 오랜 광물의 나이는 약 44억 년 정도다. 지구 나이 약 46억 년과는 차이가 있다. 지구의 표면은 탄생 이후 끊임없이 변화하여 지금은 탄생 당시의 물질이 남아있지 않기 때문에 그만큼 차이가 나는 것이다.

태양 주위를 도는 행성들은 거의 같은 시기에 만들어졌고 지구도 그중 하나다. 이 행성들 가운데 크게 자라지 못하고 파편 조각으로 남아있는 소행성들이 있고, 이것들이 가끔 지구로 떨어져 운석이 된다. 이 운석들에 대한 방사성연대를 구해보면 대부분이 약 46억 년을 가리킨다.

일부 운석에는 태양계의 행성계가 형성될 당시 가장 먼저 만들어졌을 것으로 생각되는 물질이 포함되어있다(제3장에서 자세히 언급할 것이다). 태양계의 시원적(始原的) 물질로 생각되는, 특히 칼슘(Ca)과 알루미늄(Al)에 풍부한 포유물(Inclusion)로 간단히 CAI로 불리는 이 물질은 운석 중에서도 탄소질 콘드라이트에 포함되어있다. 그리고 CAI에 대한 우라늄-납 방사성 동위원소의 연대를 측정하여 45억 6700만 년의 나이를 구했다.[1] 이 나이가 바로 태양계의 행성계가 만들어질 당시 태어난 지구의 나이로 간주되는 것이다.

2. 지질시대

지구가 탄생한 이후의 지구 역사 약 46억 년간을 지질학적으로 추적한 시간을 지질시대(geologic time)라고 한다. 지질시대는 땅을 이루고 있는 지층과 그 속에 들어있는 화석으로 더 자세하게 구분할 수 있다. 지층을 시대별로 구별하려는 노력은 유럽의 지질학자들에 의하여 18세기 말부터 시작되었는데, 그들은 특히 지사학(地史學)의 법칙을 발견하여 지층 구분에 사용하였다. 잘 알려진 법칙으로 아래 쌓인 것이 위의 것보다 더 오래되었다는 누중의 법칙, 두 지층이 연속되지 않고 불연속면을 가질 경우의 부정합의 법칙, 나중에 뚫고 들어온 것이 더 젊다는 관입의 법칙 그리고 화석으로 구분하는 동물군 천이의 법칙 등이다.

전통적인 지질학과 고생물학의 연구는 화석의 형태가 시간에 따라 불연속적으로 변함을 밝혔으며, 각 시대의 경계에서 오랜 생물이 멸종하고 새로운 생물이 출현했음을 경험적으로 알아냈다. 생명의 역사는 연속적이지 않다. 지질학적으로 순간이라 할 수 있을 정도로 짧은 기간의 대량멸종이 일어나고, 뒤이어 발생한 새로운 생명의 다양

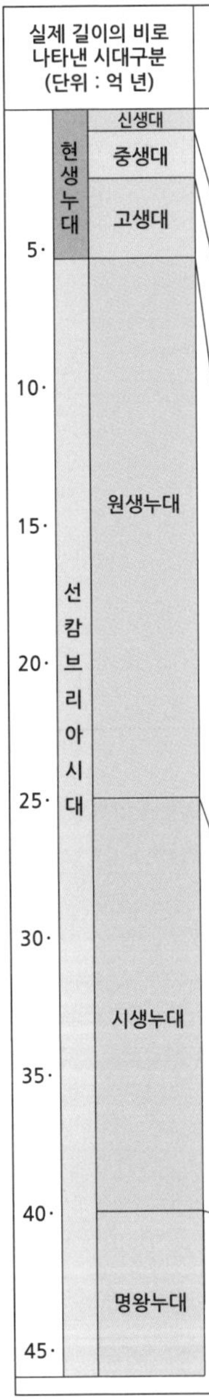

그림 1. 지질시대의 구분.

실제 길이의 비로 나타낸 시대구분 (단위: 억 년)		지질시대의 구분 (단위: 백만 년)				
		대	기	세	시작 연대	지속 기간 (고생대 이후 단위: 백만 년)
현생누대	신생대	신생대 (Cenozoic)	제4기	홀로세	·0.01	약 1만 년
	중생대			플라이스토세	·2.58	2.57
	고생대		네오기 (신원기)	플라이오세	·5.333	2.75
				마이오세	·23.03	17.7
	원생누대		팔레오기 (고원기)	올리고세	·33.9	10.9
				에오세	·56.0	22.1
선캄브리아시대				팔레오세	·66.0	10.0
		중생대 (Mesozoic)	백악기		·145.0	79.0
			쥐라기		·201.3	56.3
			트라이아스기		·252.17	50.9
		고생대 (Paleozoic)	페름기		·298.9	46.7
			석탄기	펜실바니아기	·323.2	24.3 / 60.0
				미시시피기	·358.9	35.7
	시생누대		데본기		·419.2	60.3
			사일루리아기		·443.4	24.2
			오르도비스기		·485.4	42.6
			캄브리아기		·541.0	55.6
		원생누대 (Proterozoic)	신원생대		·1000	약 20억 년
			중원생대		·1600	
			고원생대		·2500	
		시생누대 (Archean)	신시생대		·2800	약 15억 년
			중시생대		·3200	
			고시생대		·3600	
	명왕누대		초시생대		·4000	
		명왕누대 (Hadean)			·4600	약 6억 년

화까지 단속적인(punctuated) 기록이다.

그리고 지질시대의 구분은 바로 이러한 역사를 반영하고 있다. 왜냐하면 화석이 암석의 시간적인 순서를 확정하기 위한 중요한 기준을 제공해주기 때문이다. 화석기록에 명료하게 남아있는 것은 멸종과 급속한 다양화이기 때문에 그러한 중요한 단속의 지점에서 시대 구분이 이루어지는 것이며, 지질시대란 바로 생명의 역사 속의 중요한 사건들을 명시한 하나의 연대기다.[2]

지구가 탄생한 약 46억 년 전부터 40억 년 전까지의 초기 수억 년간은 명왕누대(Hadean)로 불리는 시대이다. 그 이름은 그리스 신화의 지하의 신 하데스(Hades)에서 따왔다. 실제 지질학적 증거는 거의 남아있지 않기 때문에 암흑의 시대다. 물질적인 증거가 거의 없어 이 시대의 지구에 대해서는 주로 이론적인 연구와 태양계의 다른 천체, 그 중에서도 달의 연구로부터 추정되어왔다. 그러나 나중에 제3장에서 언급하겠지만, 최근 발견된 약간의 물질적 증거로부터 여러 가지 연구가 진행되고 토의되고 있다.

지금으로부터 약 40억 년 전부터 25억 년 전까지의 15억 년간은 시생누대(Archean)로 불리는 시대이다. 그 이름은 고대 그리스어로 시작 또는 근원을 의미한다. 지구 역사의 전반기에 해당하며 명왕누대와 비교하면 지질학적 증거가 그나마 남아있는 편이고 많은 연구가 이루어지고 있다. 그래도 시생누대 역시 아주 오래된 시대이고 지질학적 증거도 불완전하여 해석도 상당히 어려우며 아직 밝혀지지 않은 부분도 많다.

약 25억 년 전부터 약 5억 4100만 년 전까지의 시대는 원생누대(Proterozoic)라 불리는데, 지구 역사의 중반에서 후반기에 해당하고 대규모 지구환경의 변동과 생물의 대진화가 일어난 시대이다. 원생누대의 어원 역시 고대 그리스어로 더 이른 생명, 더 앞의 생명을 뜻한다.

원생누대와 현생누대를 구분하는 약 5억 4100만 년 전 무렵에는 다른 경계들과는 달리 좀 더 신비스러운 사건이 있었다. 이 경계 부근에서 대량멸종이 일어났을 가능성도 있지만, 현생누대의 시작은 생물 다양화가 집중적으로 일어났던 시기를 나타낸다. 그것은 '캄브리아기 폭발(Cambrian explosion)'이라고 불리는 사건이다. 지층으로부터 동물화석이 풍부하게 산출되었기에 그 이전과 비교하면 지구환경과 생물 활동에 대한 정보가 비약적으로 늘어났다.

화석이 풍부하게 산출되는 까닭은 당시 생물이 유기물의 부드러운 조직과 더불어, 껍데기와 뼈, 이빨 등의 단단한 골격을 갖추었기 때문이다. 골격은 주로 탄산염, 인산염, 실리카 등의 광물로 이루어지는데, 이를 생체 광화작용(biomineralization)이라고 한다. 유기물은 부패하여 분해되기 쉽지만, 광물은 보존되기 쉽기 때문에 지층으로부터 많은 화석이 산출되는 것이다.

현생누대는 다시 고생대(약 5억 4100만 년 전~약 2억 5000만 년 전), 중생대(약 2억 5000만 년 전~약 6600만 년 전), 신생대(약 6600만 년 전~현재)로 나눈다. 세 경계는 최근 지구 역사에서의 최대 사건으로 구분하고 있는데, 그중 두 개는 가장 유명한 대량멸종이 있었던 시기를 나타낸다.

고생대와 중생대를 나누는 첫 번째 경계(약 2억 5000만 년 전)야말로 사상 최대 규모의 대량멸종이 있었다. 페름기 말기에 벌어진 이 사건은 해양생물 종의 약 96%를 사라지게 했고 그 후의 생물 진화 패턴을 완전히 바꾸어놓았다. 그리고 약 6600만 년 전에 있었던 백악기 말기의 대량멸종은 중생대와 신생대를 나누는 경계를 이루며, 사상 최대의 멸종은 아니지만 가장 유명한 사건이다. 왜냐하면 이 사건으로 공룡이 멸종했으며 그 결과 대형 포유류의 생존과 진화가 가능했기 때문이다.

한편, 신생대(약 6600만 년 전~현재)는 팔레오기(고원기)와 네오기(신원기) 그리고 제4기로 세분된다. 팔레오기(약 6600만 년 전~약 2300만 년 전)는 다시 팔레오세, 에오세, 올리고세의 셋, 네오기(약 2300만 년 전~약 258만 년 전)는 마이오세와 플라이오세의 둘, 제4기(약 258만 년 전~현재)는 플라이스토세와 홀로세의 둘로 구분된다.

우리가 살고 있는 현재는 약 258만 년 전에 시작된 제4기로 불리는 시대이다. 제4기라고 하는 명칭은 원래 지질시대가 제1기, 제2기, 제3기, 제4기로 나뉘어있었던 것에서 유래한다. 18세기에 중생대 이전의 화석이 나오지 않는 시대를 제1기, 현생 생물과는 다른 생물의 화석이 나오는 시대를 제2기, 현생 생물에 가까운 생물의 화석이 나오는 시대를 제3기로 구분했다. 제4기는 그 후에 추가된 시대 구분이고, 제1기, 제2기, 제3기가 폐지된 현재에도 사용되고 있다. 제4기라는 명칭을 없애야 한다는 열띤 토론이 있었지만, 2009년 국제지질과학연합(International Union of Geological Sciences, IUGS)은 제4기를 남기는 것으로 결정했다. 지질시대의 경계는 보통 생물 화석의 상이함에 기초하여 결정되지만, 제4기의 시작은 사람의 출현과 관련되어있으며 특징적인 기후변동이 시작된 시대라는 것이 그 이유다.

인류의 선조가 유인원으로부터 진화하여 아프리카대륙에 출현한 것은 약 700만 년 전의 일이다. 그리고 그리 오래지 않아 직립하여 이족보행을 할 수 있게 되었고, 자유로워진 양손을 사용하여 석기(石器) 등의 간단한 도구를 사용하게 되었다. 대략 150만 년 전 무렵에 화석

인류가 불을 사용하기 시작했고, 약 30만 년 전에서 20만 년 전에 현생 인류(호모 사피엔스)가 등장하게 된다. 인류가 문자를 발명하고 남긴 역사시대는 약 6,000년 전 정도로 46억 년의 긴 지구 역사에서 보면 약 100만 분의 1 남짓이라는 기간에 불과하다.

앞에서 살펴본 것처럼 지구가 태어나서 현재까지의 시간을 1년의 길이로 잡으면, 1월 1일의 오전 0시에 지구가 탄생하고, 섣달 그믐날의 23시 59분 20초가 되어서야 비로소 역사시대가 시작된 것이다. 인류의 시대는 지구 역사 전체로 보면 너무나도 최근의 일이며, 인간은 지구라는 장대한 드라마에 얼핏 스쳐 지나가는, 너무나도 하찮은 엑스트라에 불과하다.

공간과 시스템

1. 공간의 크기

우리가 다룰 이야기의 상당 부분은 지구이지만, 태양계와 우리은 하까지 확장될 경우도 생긴다. 보통 과학 분야에서 다루게 되는 대상을 한정하게 될 때 종종 '시스템'이라는 용어를 쓴다. 분야마다 조금씩 다를 수 있으나, 일반적으로 시스템은 '생각하고자 하는 또는 다루고자 하는 세계의 크기'로 정의할 수 있다. 그리고 그 시스템 안에 좀더 작은 세계가 포함될 수 있으며 그것을 서브시스템으로 취급하기도 한다. 이는 다루는 세계가 크기에 따른 위계를 가질 수 있음을 의미한다.

가령 우주에는 약 2000억 개가 넘는 은하계가 있고, 그중 하나가 우리은하다. 우리은하에는 다시 약 1000억 개의 별이 있고, 그중 하나가 태양이다. 태양은 여덟 개의 행성을 가진 시스템, 즉 태양계를 이루고, 행성 중 하나가 지구다. 지구는 달을 위성으로 가지는 지구-달 시스템을 이루고, 지구 자체는 다시 대기권, 수권, 지권, 생물권, 빙하

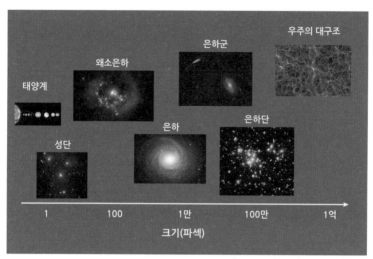

그림 2. 태양계에서 우주에 이르는 시스템의 크기 비교. 1파섹은 약 3.26광년이며, 지구-태양 거리의 약 20만 배다(일부 사진 출처: https://commons.wikimedia.org/wiki/File:Cosmic_web.jpg?uselang=fr).

권 등의 서브시스템으로 나눌 수 있다. 지권은 다시 지각, 맨틀, 핵으로 나뉜다.

중요한 것은 어떤 시스템을 설정하더라도 그 시스템에서 변화가 생긴다는 것이다. 그리고 그 변화를 일으키는 원인은 내부일 수도 외부일 수도 있다. 만약 외부라면 시스템끼리의 상호작용을 고려해야 하고, 내부라면 서브시스템들의 역할, 기능 및 그들 간의 상호작용을 살펴야 한다.

가령 우리은하의 어떤 곳에서 초신성이 폭발하여 그 영향이 태양계 내부에 미치게 될 경우, 이는 분명 태양계 시스템의 외부 요인에 의한 변화이다. 다른 한편으로 태양의 활동이 극소기에 도달하여 태양의 활동이 약해짐으로 말미암아 태양계 내부에 어떤 변화가 생긴다면 그것은 태양계 시스템의 내부 요인에 의한 변화이다.

우리가 다룰 시스템은 고정되어있는 것이 아니기에 그 크기는 은하로부터 암석을 이루는 광물까지, 또는 가장 작게는 최초 생명체까지 내려갈 것이다. 우리의 흔한 감각으로 느낄 수 있는 길이를 나타내는 크기 단위는 mm에서 km 정도다. mm보다 1,000분의 1 크기인 μm는 언뜻 느낄 수 없지만, 최근 미세먼지나 신형 코로나 바이러스에 민감해지면서 그 크기의 대략을 가늠할 수 있을지도 모른다. 머리카락의 두께를 약 70μm로 생각하니까 이를 기준으로 생각해도 된다. cm와 m는 워낙 친숙해서 더 설명할 필요가 없고, km 역시 이동 거리가 길어진 요즘의 생활에서 수백 km까지는 그리 낯설지 않다.

지구의 크기에서는 고체 지구의 반경이 약 6,400km이고, 이를 덮고 있는 대기권의 두께가 약 1,000km 정도다. 지각의 두께가 해양 지역에서는 평균 6km, 대륙 지역에서는 평균 35km 정도다. 지각 아래로부터 2,900km까지는 맨틀이고, 그로부터 지구 중심까지가 핵이다. 맨틀을 상부와 하부로 나눌 경우, 그 경계는 대략 660km의 깊이다. 경부고속도로로 서울에서 부산에 갔다가 대전까지 돌아오는 정도의 거리다.

문제는 지구를 벗어났을 때의 거리인데, 지구와 달 사이의 거리는 약 38만 4,000km로 경부고속도로를 대략 480번 왕복한 거리다. 시속 100km로 160일간 쉬지 않고 계속 달리면 도착할 거리이기도 하다. 한편, 지구와 태양 사이의 거리는 가까울 때와 멀 때가 약 3% 정도 차이가 나지만 평균적으로 약 1억 5000만 km로 잡는다. 이 거리는 무엇으로 비교해도 전혀 느낌이 오지 않는다. 그저 멀다고만 느껴진다. 그리고 이 지구-태양의 거리를 천문단위(astronomical unit, AU)의 기준으로 삼는다. 즉, 1AU가 1억 5000만 km이다. 이 천문단위는 태양계 내에서 태양과 행성들 사이의 거리를 가늠하는 데 유용하게 사용된다.

한편 태양계를 벗어나 우주로 나가게 되면 AU라는 천문단위조차 턱없이 부족하다. 두 가지 정도의 거리를 추가로 알아두어야 하는데, 광년과 파섹이다. 광년이란 단위는 비교적 친근한 것으로 빛이 진공 상태에서 초속 약 30만 km로 1년 동안 도달한 거리이며, 지구-태양 거리의 약 6만 3,000배다. 파섹이란 단어는 중학교 과학 시간에 배울 수 있는 것으로 별의 연주시차가 1초(3,600분의 1도)일 때의 거리다. 또한 겉보기 등급이 다른 별들을 10파섹이라는 동일 거리에 두고 그 밝기, 즉 절대등급을 비교할 때 사용하기도 한다. 1파섹은 약 3.26광년이며, 약 20만 AU이다.

2. 지구시스템

지구의 형성과 그 진화를 살피기에 앞서 현재 지구의 모습을 간략히 살펴보자. 지진파를 이용해 지구 내부를 들여다볼 수 있다. 기술이 진보하면서 현재 지구 내부의 지진파 속도 분포와 밀도구조가 상세히 밝혀져있다. 그러나 지진파의 정보만으로는 지구 내부를 속속들이 안다고 할 수는 없는데, 대략적인 물질의 특성은 짐작할 수 있으나 광물의 결정구조와 화학조성 같은 구체적 정보는 알아내기 어렵기 때문이다. 그렇다고 지구 심부의 암석을 직접 채취할 수도 없으며, 유일하게 지하 200km 정도에서 지표로 올라온 킴벌라이트 마그마(지하 깊은 곳에서 만들어져 올라오는, 종종 다이아몬드를 수반하는 조금 특별한 마그마)에서 그 정도 깊이까지의 자료를 얻을 수 있을 뿐이다.

하지만 방법이 없는 것은 아니다. 지구 심부의 물질을 실험실에서 인공적으로 만들고 그들의 특성을 밝혀낼 수 있다. 고온·고압실험이라고 불리는 인위적인 환경에서 수백만 기압과 수천 도의 온도를 구현하고, 심부 물질의 특성과 진화를 밝히는 연구가 계속 진행되고 있다.

지구라는 행성의 모습은 적도 반경이 극 반경보다 조금 긴 회전 타원체이고, 반경은 약 6,400km이다. 중심에 핵이 있고, 주위에 맨틀이 있으며, 맨틀의 바깥쪽을 아주 얇은 지각이 덮고 있다.

지각은 대륙지각과 해양지각으로 나눌 수 있으며, 그 아래의 맨틀과는 모호로비치치 불연속면이 경계가 된다. 대륙지각의 두께는 대개 30~40km이지만, 해양지각의 두께는 약 6km이다. 비록 대륙지각이 해양지각보다 두껍지만, 대표적인 암석 조성이 화강암질로 이루어져있어 주로 현무암질 암석으로 구성된 해양지각에 비해 밀도는 작다.

한편, 지각과 상부맨틀 최상부를 아우르는 두께 100km 정도의 차갑고 단단한 암석의 층을 암석권(lithosphere)이라 부른다. 지구의 표면은 하나의 암석층으로 덮여있는 것이 아니라, 그림 맞추기 퍼즐처럼 크고 작은 여러 부분으로 나뉘어있다. 이처럼 십수 매 정도로 나뉜 부분들을 판(plate)이라고 부르는데, 포함된 지각의 종류에 따라 대륙판과 해양판으로 나눈다. 덧붙이자면 지구 표층을 수직적인 구조로 표현할 때의 암석권이 바로 판에 해당한다.

맨틀은 대류하고 그 상부에 위치한 판들은 맨틀의 대류를 따라 이동하게 된다. 판은 중앙해령에서 확장하는 한편, 해구에서 맨틀로 침강하여 섭입한다. 대륙은 판의 운동에 수반되어 충돌과 분열을 반복하

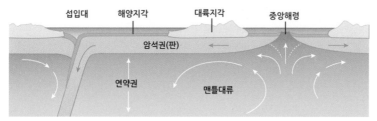

그림 3. 판의 구조와 맨틀 대류. 판을 이루는 암석권은 상부맨틀 최상부와 지각을 아우르는 암반의 층을 가리킨다.

고 있으며 그에 따라 지구는 현재의 모습이 되었다. 지금도 판은 계속 움직이고 해양판은 대륙판 아래로 섭입하고 있다. 그 결과 지각과 판에 뒤틀림(변형)이 축적되고, 이 변형력이 해방될 때 바로 지진이 발생한다.

지각 아래의 맨틀은 고온이지만 고압의 환경이기도 하여 고체 상태를 유지한다. 그러나 맨틀 물질이 상승하여 지표 가까이 도달하면, 압력이 낮아지기 때문에 녹게 되는 감압용융이 일어난다. 이때 마그마가 발생하여 지표에 분출한 용암이 되고 또 냉각하여 암석이 된다. 맨틀을 덮는 지각은 기본적으로는 그렇게 형성된 것이다.

맨틀은 지각과 외핵 사이에 위치하며 그 경계는 지구 내부의 두 불연속면이 되는데, 불연속면이란 구성 물질의 물성이 바뀜에 따라 지진파 속도가 달라지는 곳을 뜻한다. 지각과 맨틀의 경계는 모호로비치치 불연속면(지표에서 약 6~60km 깊이)이며, 맨틀과 외핵의 경계는 구텐베르크 불연속면(약 2,900km 깊이)이다. 일반적으로 맨틀은 상부맨틀과 하부맨틀의 두 개의 층으로 나눈다. 상부맨틀과 하부맨틀의 경

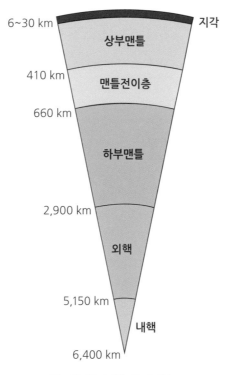

6~30 km 지각

상부맨틀

410 km 맨틀전이층

660 km

하부맨틀

2,900 km

외핵

5,150 km

내핵

6,400 km

그림 4. 간단히 나타낸 지구의 내부 구조.

계는 약 660km 깊이에 있고 주로 규산염광물로 되어있지만, 상부맨틀은 주로 감람석, 하부맨틀은 주로 브리지마나이트라는 광물로 되어있다는 차이가 있다.

　그런데 지하 약 410km 깊이에서 지진파 불연속면이 추가적으로 확인되었다. 이 410km 불연속면은 상부맨틀과 전이층, 그다음 660km 불연속면은 전이층과 하부맨틀의 경계를 이룬다고 생각된다. 같은 상부맨틀이라도 깊이 내려갈수록 압력이 증가하고 그에 따라 구성 광물이 높은 압력에서 안정하고 밀도가 큰 광물로 바뀌는, 소위 상전이 현상이 일어나며 그 장소가 바로 전이층이다. 대개는 조성은 같으나 결정구조가 달라지는 동질이상의 상전이가 일어난다.

최근에 맨틀과 외핵의 경계부에 가까운 깊이 2,600km 부근에서 새로운 지진파의 경계가 발견되었는데 이를 D″(디 더블프라임)층이라고 부른다. 이 독특한 층에서는 하부맨틀의 광물이 더 밀도가 높은 결정구조로 되어있을 가능성을 시사한다.

핵은 외핵과 내핵으로 나뉘며, 액체의 외핵이 고체의 내핵을 둘러싸고 있다. 앞서 언급했듯이 외핵과 맨틀의 경계는 약 2,900km 깊이에 있는 구텐베르크 불연속면이다. 그리고 외핵과 내핵의 경계면은 레만 불연속면으로 불리고 약 5,100km의 깊이에 있다. 그러니까 외핵은 두 불연속면 사이에 위치하고 있으며, 조성은 내핵과 거의 같은 주로 철과 니켈로 되어있으나 수소를 비롯한 가벼운 원소를 수 % 정도 포함하고 있다고 생각된다. 외핵의 온도는 약 4,400~6,100℃로 추정되지만, 내핵만큼의 고압 조건이 아니기 때문에 액체 상태이다.

지구의 중심부에 위치한 내핵은 지표로부터 약 5,100~6,400km의 깊이에 위치하고. 그 반경은 약 1,300km로 철과 니켈로 이루어진 고체임이 알려져있다. 온도는 약 5,000~6,000℃로 추정되며 초고온임에도 불구하고 액체가 되지 않은 이유는 약 360만 기압의 초고압 조건이기 때문이다. 일반적으로 물이 없는 조건에서 압력이 커지면 용융점도 높아지기 때문에 초고압과 초고온 상태의 내핵은 고체를 유지하고 있다.

한편, 지구의 고체 부분은 유체인 대기와 해양으로 둘러싸여있다. 현재의 지구 대기의 주성분은 질소(약 78%)와 산소(약 21%), 그 외 아르곤(약 0.93%), 이산화탄소(약 0.04%) 등이 포함되어있다. 원시지구의 대기는 이산화탄소가 주성분이었다고 생각되지만, 약 46억 년의 진화에서 대기의 조성은 크게 변했다. 해양에서는 생명이 탄생하고, 현재에 이르기까지 계속 진화해왔다. 현재의 해양은 지구 전체 표면적의 약 71%를 차지하고 있다. 북반구에서는 육지의 비율이 크지만 남반구에서는 바다의 비율이 더 크다. 해양은 바닷물을 담고 있는 깊은 해저분지도 있지만 대륙의 가장자리에는 광범위한 대륙붕이 분포하고 있다. 육지의 평균 해발이 약 840m인 데 비해 해양의 평균 수심은 약 3,800m이다.

제2장 우리은하와 태양

약 138억 년 전
우주 탄생

약 137억 년 전

우리은하 형성

약 132억 년 전

약 46억 년 전
태양계 형성(지구 포함)

현재

약 40억 년 후

안드로메다은하와
우리은하의 충돌

약 50억 년 후

우리은하

어릴 적 자주 부르던 동요가 생각난다. 푸른 하늘 은하수. 은하수는 밤하늘을 가로지르는 것이 마치 은빛의 강처럼 보인다고 해서 붙여진 이름이다. 나라마다 전승에 따른 색다른 이름을 가지고 있는 우리 은하를 우리는 은하수라 부르지만, 밀키웨이(Milky Way)라는 보편적인 이름을 가지고 있다. 은하수는 그저 바라만 보이는 별의 무리가 아니라 우리가 속한 우주이자 우리가 출발한 곳이다.

약 138억 년 전 우주가 탄생하고서 수많은 은하가 만들어졌고, 최근의 연구에 의하면 우주에는 2000억~2조 개에 이르는 은하가 있다고 한다. 그리고 각각의 은하 내에는 1000억 개 이상의 별들이 존재한다. 우리은하 역시 다른 은하들과 마찬가지로 우주의 초기에 탄생했다. 은하의 나이는 그 속에 포함된 가장 오래된 별의 나이로부터 추정하는데, 우리은하의 나이를 약 132억 년에서 137억 년 정도로 생각하고 있다. 우주가 만들어질 당시 우리은하도 거의 동시에 탄생했던 것이다.

우리은하에도 1000억 개 이상의 별들이 있다. 이미 사라진 별도 있고, 새로 태어나고 있는 별도 있으며, 우리 태양처럼 태어나서 46억 년 가까이 지내온 별도 있다. 태양이 우리은하에 속한 아주 평범한 별 중의 하나에 불과하다고 얘기하면 금방이라도 부정하고픈 마음이 생길지 모르지만 사실이 그렇다. 태양은 수많은 별 중의 하나다.

코페르니쿠스의 지동설이 받아들여진 이래로 지구가 태양 주위를 공전한다는 생각은 상식이 되었고, 그로 말미암아 태양은 우주에서 움직이지 않는 붙박이별이라고 생각하는 것도 상식처럼 여겨진다. 그런데 아니다. 태양은 우리은하 주위를 공전한다. 그것도 초속 220km의 엄청난 속도로 돌고 있다. 우리은하 주위를 대략 2억 5000만 년에 한 번씩 공전하고 있으니까 태양은 지구가 만들어진 후 46억 년 동안 18번에 걸쳐 우리은하 주위를 맴돌았던 셈이다. 태양계 전체가 동일한 운동을 하고 있기 때문에 느끼지 못할 뿐이다. 달리는 기차 안에서 좌석에 앉은 사람은 그냥 앉아있을 뿐이라고 생각하지만 실제로는 기차와 함께 달리고 있다. 마찬가지로 지구에 사는 우리도 태양과 함께 우리은하 주위를 열심히 달리고 있다.

지구는 우리은하의 한쪽 구석에 위치하는 태양계에 속해있다. 우리은하는 막대 모양으로 부풀어오른 중심부와 그 주위를 감싸는 몇 개의 얇은 소용돌이 모양의 팔로 이루어져있고, 지구와 태양계는 그 팔의 하나에 자리하고 있다. 우리은하의 지름은 약 10만 광년이지만 두께는 1,000광년밖에 되지 않아 만약 옆에서 본다면 납작하고 둥근 원반 모양을 하고 있을 것이다. 최근에는 양쪽 가장자리가 아래위로 약간 구부러진 감자칩 모양이라고도 알려졌다.[1]

우리는 은하의 원반 안에 살고 있기 때문에 우리은하의 나선 모양을 볼 수 없다. 은하의 별들을 관측하여 거리를 재고 그 분포를 3차원

그림 5. 우리은하의 모습(출처: J. Skowron/OGLE/Astronomical Observatory, University of Warsaw).

으로 그려볼 때 비로소 나선 모양이 나타난다. 그리고 우리은하를 멀리 떨어진 곳에서 내려다보면, 은하의 밝은 중심부에는 팽대부(bulge)라고 불리는 별들이 부풀린 모양으로 분포하고 있는 두꺼운 부분이 있고, 거기서 원반의 별들이 여러 개의 나선 팔을 따라 뻗어나가고 있다. 팽대부가 막대 모양을 하고 있기 때문에 우리은하를 막대나선은하(barred spiral galaxy)로 부르는데, 오랜 별들의 집단으로 이루어진 막대 모양의 팽대부 양쪽 끝으로부터 주로 젊은 별과 성간물질로 이루어진 소용돌이 모양의 팔이 뻗어난 형태의 은하다.

우리은하의 중심부는 황도 12궁의 하나인 궁수자리의 방향에 있다. 보통 은하의 중심에는 커다란 질량을 가진 블랙홀이 있는데 우리은하의 중심 역시 블랙홀로 생각되고 그 질량은 태양의 약 400만 배 정도로 추정된다. 태양계는 우리은하의 중심에서 약 2만 6,000광년 떨어져있으며, 오리온 팔이라 불리는 작은 팔의 안쪽에 위치한다. 그리고 태양계는 거의 은하면에 위치하기 때문에 지구에서는 은하의 측면을 보게 된다. 따라서 우리은하의 별들은 지구를 띠 모양으로 둘러싸는 형태가 되고, 그것이 밤하늘을 가로지르는 은하수처럼 보이는 이유다. 그리고 우리가 맨눈으로 볼 수 있는 대부분의 별들은 태양과 같은 나선 팔에 분포하는 몇천 광년 이내의 가까운 별들이다.

지구는 태양 주위를 공전하기 때문에 계절에 따라 보이는 은하수의 위치가 조금씩 달라지고 밝기도 차이가 난다. 북반구 기준으로 여름철에 보이는 은하수가 가장 밝고 두터우며 겨울철이 가장 어둡고 얇은데, 여름철에는 우리은하의 중심 방향을 바라보게 되고 겨울엔 은하의 바깥 부분을 바라보게 되기 때문이다. 한편, 지구의 자전축이 기울어져있기 때문에 북반구, 가령 우리나라를 기준으로 보면 은하의 중심부가 여름에 지평선 가까이 낮게 위치하지만 남반구에서는 머리 높게 위치하고 훨씬 밝다.

우리은하의 크기는 비교적 큰 편에 속한다. 왜소은하(dwarf galaxy)라고 불리는 더 작은 은하도 많다. 또 은하가 되지 못하고 서로의 중력에 의해 뭉쳐진 구조를 가진 별의 무리를 성단(star cluster)이라 부른다. 우리은하 주위에는 다른 은하도 있고 왜소은하도 있으며, 내부에는 이미 병합된 왜소은하도 있고 성단도 있다.

이처럼 다양한 집단이 모여 살면 분명 가다 오다 마주치기 마련이다. 커다란 우리은하의 중력은 주변의 작은 은하들을 끌어당기기 때문에 은하끼리 서로 만나 충돌하기도 했다.[2] 실제로 우리은하의 곳곳에는 과거에 다른 은하와의 충돌로 인한 흔적들이 남아있다. 또 외부 충격에 의한 영향으로 별들의 운동 방향이 일정하지 않은 경우가 관측되고 있다.

은하와 은하가 충돌하는 경우는 우리가 일상에서 겪는 두 물체가 서로 충돌하는 경우와는 상당히 다르다. 왜냐하면 은하를 구성하는 별들은 그 수가 많다고 해도 너무 듬성듬성 분포하여 마치 태평양 바다 전체에 축구공 3~4개 떠있는 정도에 불과하기 때문이다. 따라서 은하끼리 충돌한다고 해도 별들은 서로 스치기도 힘들다. 다만 각 은하에 포함된 별들의 운동 방향이 달랐기에 충돌 후 그 흔적이 남는 것이고, 충돌로 말미암아 파생되는 에너지의 변화는 성간물질들을 자극하여 많은 새로운 별의 탄생, 소위 스타버스트(starburst)를 일으키게 한다. 이런 사건이 우리은하에 여러 차례 있었음이 과학적으로 밝혀지고 있다.[3] 우리 태양 역시 그런 충돌 사건의 결과로 만들어졌을 것으로 생각된다.

우리은하 가까이에 안드로메다은하가 있다. 가깝다고 하지만 실제 거리는 상당히 멀다. 사실 은하들 사이의 공간은 넓고 우주의 대부분이 은하 사이의 공간이라 해도 무방하다. 그런데 은하들의 크기에 비해 거리는 20~25배 정도이므로 멀다기보다는 오히려 가깝다는 표현이 옳을지도 모른다. 얼마나 가까운지 사람으로 따져보면 50m가 채 되지 않는 거리에 다른 사람이 있는 셈이다. 즉, 은하와 은하 사이의 상대적인 거리는 그들의 몸집에 비해 그리 멀지 않다. 그렇기에 은하들은 자주 충돌할 수밖에 없었다. 현재 우리은하와 안드로메다은하는 서로 가까워지고 있는데 약 40억~50억 년 후 두 은하가 충돌할 것으로 예상하고 있다. 참고로 안드로메다은하는 우리를 향해 초속 120km로 다가오고 있다.

태양계와 지구는 지금으로부터 약 46억 년 전에 은하계에서 탄생했다. 태양은 은하계에 많이 존재하는 별 중의 하나에 불과하기 때문에, 태양의 탄생을 이해하기 위해서는 일반적으로 별이 어떻게 탄생하는가를 알아보아야 한다.

가스구름과 스타 탄생

    은하에는 별이나 성단이 많이 존재하며 별과 별 사이의 빈 공간에는 성간물질이 분포하고 있다. 성간물질의 약 99%는 수소와 헬륨의 가스로 되어있으나, 나머지 1%는 그보다 무거운 원소(규소와 탄소, 철, 마그네슘 등)로 이루어진 성간티끌(interstellar dust) 또는 우주티끌(cosmic dust)로 불리는 고체 미립자이다. 이 성간 티끌과 가스는 별로부터 오는 빛을 차단하기 때문에 시커멓게 보이는 영역이 생기는데, 이를 암흑성운이라 부른다. 오리온자리의 말머리성운이 암흑성운의 예로 유명하다.

    성간물질이 존재한다고 해도 보통 수소 원자가 1cm^{3}당 한두 개 정도 포함되어있는 매우 희박한 상태다. 그러나 그들이 모여 밀도가 높아지는 경우가 생기는데 그런 영역을 가스구름이라 부르고, 가장 많은 물질인 수소가 어떤 상태인가에 따라 분자구름, 원자구름, 전리 영역 등으로 달리 부르기도 한다. 그리고 성간물질이 구름의 형태로 뭉쳐있는 것을 성운(nebula)이라 부른다. 가스구름의 전형적인 크기는 지름 약 100광년, 질량은 태양의 약 10만 배이다. 오리온자리 가스구름과 황소자리 가스구름 등이 잘 알려져있다.

별은 밀도가 높고 차가운 가스구름에서 만들어지는데, 밀도가 높아지면 외부 자외선의 침투가 쉽지 않기 때문에 만들어진 수소 분자가 해리나 전리가 되지 않고 분자상태를 유지하여 분자구름(molecualr cloud)을 형성한다. 그리고 분자구름 내부에는 저온이면서 밀도가 높은 영역이 군데군데 분포한다. 이 영역을 분자구름 코어라고 부르는데, 수소 분자가 $1cm^3$당 1만~100만 개 정도 존재하고, 온도는 약 10K(-263℃에 상당), 질량은 태양의 10배 정도다.

분자구름 코어는 밀도가 높아 자신의 중력에 의해 수축하게 된다. 때로는 가까이 있던 큰 질량의 별이 종말을 맞이하여 초신성폭발을 일으키면 그 충격파로 인해 수축하기도 한다. 수축이 일어나 물질이 중심부로 모이게 되면 중력적으로 불안정해져 또다시 수축이 진행된다. 이렇게 분자구름 코어의 수축으로 성간물질이 중심부에 모여 별이 만들어진다. 우리 태양도 이렇게 탄생했을 것이다.

최근 운석 연구에서는 초신성폭발에 의해서만 형성되는 철의 동위원소(^{60}Fe)가 발견되었는데,[4] 초신성폭발을 일으킨 별의 성분이 원시태양계 쪽으로 유입되었음을 나타낸다. 그리고 태양계가 탄생했을 때 근처에는 큰 질량의 별이 존재했고, 그 별이 초신성폭발을 일으킴에 따라 결과적으로 태양 근처에서 많은 별들이 동시에 탄생했을 가능성도 생각할 수 있다.

실제로 분자구름에서는 종종 별이 집단으로 탄생하기도 한다. 잘 알려진 산개성단은 수십에서 수백 개의 별로 이루어지는데, 황소자리의 플레이아데스성단이 유명한 예다. 태양 역시 여러 별과 함께 집단으로 탄생했다고 생각된다. 다만, 함께 탄생한 별들이 중력적으로 강하게 결속되지 않는 한 은하계를 선회하는 과정에서 흩어져버리기 때문에, 어느 쪽이 함께 태어난 별인지는 알기 어렵게 된다. 태양과 함께 탄생한 별이 누구일지 지금으로서는 전혀 알 도리가 없다.

그러면 태양 정도 크기의 별이 어떻게 탄생하고 진화하는지 살펴보자. 분자구름 코어가 수축하면서 질량의 대부분은 중심부에 모이지만, 성간물질 중에서 커다란 각운동량을 가진 가스와 성간티끌은 중심부 주위에서 강착원반(accretion disk)으로 불리는 밀도가 높은 가스 원반을 형성한다. 크기는 대략 100~1,000AU 정도이고, 이 원반의 중앙에 주로 수소로 이루어진 원시별이 탄생하게 된다. 원시별로 낙하해 온 가스의 일부는 원반에 수직한 한쪽 방향 또는 양쪽 방향으로 가늘고 강력한 제트(stellar jets 또는 astrophysical jets)로 방출된다.[5] 그리고 이 제트가 주위의 가스와 충돌하여 야기된 발광 현상을 허빅-아로 천체(Herbig Haro object)라 부른다. 물질이 원시별 중심부로 모이는 강착 현상과 반대로 튕겨 나가는 방출 현상은 중력이 강한 고밀도의 천체에서 일반적으로 관찰되는 현상이며, 이 과정은 1만 년 정도 계속되었을 것이다.

시간이 지나면서 원시별은 진화하는데, 물질의 강착과 방출이 계속 일어나고, 가스 원반은 시간과 함께 자라난다. 10만 년 정도 계속되는 이 과정에서 물질의 중력 포텐셜 에너지(중력에 의해 움직이는 물체의 위치에너지)가 열에너지로 변환되면서 중심의 원시별은 아주 밝게 빛난다. 그러나 아직 주위를 암흑성운이 덮고 있기 때문에 원시별을 직접 볼 수는 없다.

그다음으로 가스 원반으로부터의 방출이 격렬하게 일어나는 방출 단계가 대략 100만~1000만 년 정도 이어진다. 두꺼웠던 가스구름은 크기가 100AU 정도로 감소하면서 원시행성계(protoplanetary system)가

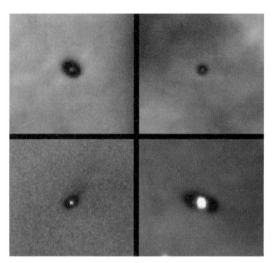

그림 6. 오리온 성운에서 탄생한 젊은 별과 주위로 발달한 원시행성계 원반(출처: NASA, 허블우주망원경 이미지).

만들어진다. 원시별의 표면에서 불어나오는 강한 항성풍이 주위의 가스를 흩어버리고 나면 이윽고 중심부의 별을 직접 볼 수 있게 된다. 이 단계의 별을 티타우리(T-Tauri)형 별(또는 황소자리 T형 별)이라고 부른다. 이 별은 주계열성(main sequence star)의 전단계이고 강착하는 물질의 양이 달라지거나 흑점이나 플레어 활동 등의 여러 요인에 의해 밝기가 변한다고 생각되고 있다.

티타우리형 별의 중심부는 온도가 낮아서 아직 핵융합반응이 일어나지 않는다. 그 대신 수축에 의해 중력에너지가 열로 해방됨으로써 밝게 빛나는 것이다. 그러나 수축이 더 진행되면 별 중심부의 온도가 상승하고 수소를 헬륨으로 변화시키는 핵융합반응이 일어나게 된다. 이것이 주계열성의 탄생이다.

우리 태양도 지금으로부터 약 46억 년 전에 바로 이런 식으로 탄생

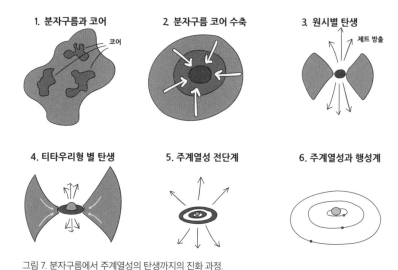

1. 분자구름과 코어 코어
2. 분자구름 코어 수축
3. 원시별 탄생 제트 방출
4. 티타우리형 별 탄생
5. 주계열성 전단계
6. 주계열성과 행성계

그림 7. 분자구름에서 주계열성의 탄생까지의 진화 과정.

한 것으로 생각된다. 하지만 탄생한 직후 태양의 밝기는 현재의 70% 정도에 머물러 지금보다 상당히 어두웠다. 궁극적으로 원시별 주위를 둘러싼 가스 원반은 1000만 년 정도에 사라지고, 원시행성계가 남는다. 지금까지 살펴본 원시별 생성과 진화의 모델은 태양 크기 정도의 별에 대한 것이다. 만약 가스 구름이 커지거나 작아지거나 하면 별의 진화는 다른 길을 걷게 된다.

우리가 일상에서 종종 사용하는 스타 탄생이란 말의 의미는 직감적으로 무엇인지 알 수 있으나, 사실 별의 탄생에 대해 아직 완전히 이해되지는 않았다. 특히 별이 태어나는 지역과 태어나지 않는 지역에 대해 과학적으로 완벽한 설명이 없다. 누가 스타가 되고 누구는 스타가 되지 못하는지를 미리 안다면 좋으련만 그렇지 못한 우리네 인생도 그렇다. 오래도록 연습생 기간을 거쳐도 스타가 되지 못함을 미리 안다면 애초에 다른 길을 선택하지 않았을까.

별의 탄생에서 우리는 많은 별이 위치한 주변의 상황을 보고 그 탄생의 과정을 과학적으로 유추할 뿐이며 그로부터 진화의 과정을 그려내고 별이 가야 할 마지막 길을 살펴볼 뿐이다. 지금도 우주의 여기저기에서는 별이 탄생하고 진화하고 있으며 또한 죽어가고 있다. 우리 때의 스타들은 이미 황혼기를 맞이하고, 새로운 스타들이 떠오르고 있다.

우리의 스타는 팬들의 사랑을 먹고 살지만, 별은 태어나면서부터 수소를 먹고 살아간다. 수소가 삶의 원천이고 수소의 열핵반응은 에너지를 만들어 삶에 활력을 불어넣는다. 수소 원소가 융합하여 헬륨 원소를 만든다. 수소 원자 4개가 모여 헬륨 원자 하나를 만든다. 이 과정이 별 중심부의 열핵반응이다. 그리고 이때 아주 약간의, 그러니까 약 0.7% 정도의 질량 손실이 생긴다. 왜냐하면 수소 원자 하나의 원자량이 1.008이고, 헬륨 원자 하나의 원자량이 4.0026이다. 수소 원자 4개는 4.032이니까 0.0294만큼 손실이 생긴다. 이 질량의 손실은 에너지로 보상된다. 우리가 잘 아는 아인슈타인의 질량-에너지 등가법칙, 곧 $E=mc^2$이라 외우던 그 식이다.

별은 중심에서 수소 원소를 헬륨 원소로 계속 바꾸면서 에너지를 만들어내고 불타오른다. 그리고 별이 얼마만큼의 수소를 가지고 있으며, 어느 정도 빨리 소모하느냐에 따라 그 생명의 길이가 결정된다. 많이 가졌다고 좋은 것만은 아니다. 수소를 빨리 먹어치울수록 그 생명은 짧아지고, 반대로 작은 별이라도 천천히 수소를 소비하면 아주 오랫동안 삶을 영위할 수 있다. 우리 태양은 약 46억 년 동안 수소 만찬을 즐기는 중이다.

우주에는 별의별 별이 많다. 우리 태양과 같은 별이 있는가 하면,

거성이라 불리는 아주 커다란 별도 있고, 왜성이라는 아주 작은 별도 있으며, 밝기가 주기적으로 변하는 변광성도 있고, 몸뚱이가 중성자로 된 중성자별도 있다. 어떤 별은 죽어 모든 것을 삼키는 블랙홀이 되기도 하고, 어떤 별은 죽을 때 엄청난 에너지를 방출하여 초신성이라 불린다. 죽을 때의 모습에 새로운 별(신성)이란 이름을 붙이다니 상당히 재미있는 알레고리다.

별의 중심에서 수소는 소비되지만 그에 상응하여 헬륨은 계속 생산된다. 수소의 양이 거의 바닥에 이르면 중심에서는 그다음 단계인 헬륨의 열핵반응이 진행된다. 헬륨 원소가 탄소 원소로 바뀌어가고 그때의 질량 손실이 에너지로 대체된다. 한편, 별의 중심과는 다르게 바깥 부분에는 아직 수소가 남아있기 때문에 중심부에 이어 수소의 열핵반응이 진행된다.

별은 진화하면서 자신이 가진 수소를 태우고, 그 과정에서 나온 다른 원소들도 계속 태워간다. 가장 가벼운 수소로부터 시작하여 점점 무거운 원소를 만들어가는 것이다. 탄소도 만들고, 질소도 만들고, 산소도 만든다. 이윽고 열핵반응의 마지막 단계에 이를 때 철까지 만들게 된다. 그리고는 대체로 폭발해버린다. 그러나 이 폭발의 과정에서도 그냥 사라지지는 않는다. 보다 무거운 원소들, 즉 우라늄에 이르기까지 자연에 존재하는 많은 원소들이 별의 마지막 순간에도 만들어진다.

우리는 이런 별의 죽음을 통해 생성된 원소들로 이루어진 생명들이다. 우리는 별의 후손들이다. 별은 죽어 자신의 재를 우주 공간에 뿌리고 그들은 원래 왔던 그곳, 즉 또 다른 성간물질의 재료가 되어 새로운 별의 시초가 된다.

제2부 지구의 탄생을 설명하는 새로운 이야기

제3장 │ 태양계의 형성과
지구-달 시스템

약 46억 년 전
태양계 형성

약 45억 6700만 년 전
지구 형성

약 45억 1700만 년 전
원시지구-테이아 충돌

약 45억 년 전

약 44억 8000만 년 전
그랜드택에 의해 거대 행성
현재 위치로 이동

2만 km 거리 달 형성

약 44억 년 전
가장 오래된 저어콘 형성

원시태양계의 형성

원시태양계가 어떻게 형성되었는지를 알기 위해서는 현재 원시행성계가 만들어지고 있는 별을 사례로 하여 검토해볼 수 있다. 앞 장에서는 별의 탄생에 초점을 맞추었지만, 여기서는 행성계의 탄생을 주로 살펴보기로 하자. 가령 티타우리형 별 주위에는 가스 원반, 즉 원시행성계 원반이 형성되고 있다. 대부분의 분자구름은 아주 느리지만 회전하고 있다. 그리고 분자구름 코어가 수축하면서 가스와 성간 티끌은 원반의 중심부로 모여들어 원시별을 형성하기 시작한다. 분자구름이 중력 수축으로 크기가 작아지면 회전 속도는 점점 더 빨라진다. 이는 각운동량 보존법칙에 의한 것으로, 피겨 스케이터가 팔을 벌린 채 회전을 시작한 후 팔을 오므려 회전 속도를 빠르게 하는 것과 같은 원리다. 가스와 티끌이 회전하면서 원시별에 낙하해가면 극 지역은 중력만 작용하여 수축하는 반면, 적도 지역은 원심력이 중력 수축을 방해함으로써 결과적으로 납작하고 편평한 원반 모양을 만들게 되는데, 이것이 원시행성계 원반(proto-planetary disk)이다.

원시행성계 원반의 대부분은 수소와 헬륨의 가스로 이루어지지만,

1% 정도 고체의 미세한 입자인 성간티끌이 섞여있다. 처음은 가스구름이었지만 온도가 내려감에 따라 μm 크기의 규산염(규소와 산소의 화합물), 철, 산화철, 탄소화합물 등으로 응축(condensation)되어가는데, 이는 마치 기체가 직접 고체가 되는 승화와 유사하다. 이렇게 만들어지는 미세한 입자를 더스트, 즉 티끌이라 부르고 있다. 그리고 이들 티끌이 재료 물질이 되어 마침내 거대한 행성이 형성되는 것이다.

성간 티끌은 중심별의 중력에 이끌려 원시행성계 원반의 적도면에 모이게 된다. 티끌이 모이는 과정에서 티끌 입자를 구성하는 분자들 사이의 반데르발스 힘, 정전기력, 자기력 등에 의해 서로 달라붙어 μm 크기에서 cm 크기로 커지고 공극(입자 사이의 공간)이 많은 집합체로 성장해간다. 원반의 적도면에 계속 쌓인 티끌의 질량이 매우 커지면 중력적으로 불안정해진다. 그 결과, 티끌의 층은 일정 규모의 덩어리로 분열되어 미행성(planetesimal)이 된다. 미행성은 초기에는 빠르게 성장하는데, 자라면서 표면적도 커지고 질량도 커져 잘 달라붙으며 중력에 의해서도 잘 끌어당겨지기 때문이다. 이렇게 하여 지름 수 km에서 10km 정도의 작은 미행성이 많이 만들어진다.

이런 미행성의 형성 과정은 원시태양계에도 적용된다. 지금까지 밝혀진 사실을 바탕으로 살펴보면, 원시태양계 원반의 중심에 원시태양이 만들어졌고 원반의 가스와 성간 티끌로부터 미행성들이 만들어졌다. 응축과정을 통해 먼저 칼슘(Ca), 알루미늄(Al)과 같은 원소가 만들어졌고, 다음에 고체상태의 광물들이 순차적으로 만들어졌으며, 그들이 결합하고 뭉쳐 미행성으로 성장했던 것이다.

원시태양계의 안쪽, 즉 태양에 가까운 쪽에서는 암석과 금속으로 이루어진 미행성들이 성장했다. 하지만 원시태양계의 바깥쪽, 즉 태양에서 먼 쪽으로 갈수록 온도가 낮아지기 때문에 수증기는 기체로 존재하지 못하고 응결되어 얼음이 되었다. 수증기가 얼음이 되는 경계는 스노라인(snow line) 또는 설선(雪線)으로 불리고,[1] 태양계에서는 약 2.7AU 부근, 즉 태양으로부터 약 4억 km 떨어진 곳에 있었다고 생각된다. 그래서 스노라인보다도 바깥쪽에서 형성된 미행성은 얼음이 주요 구성 물질이다. 수증기는 암석과 금속에 비해 훨씬 많이 존재했기 때문에 태양계의 바깥쪽에서는 엄청난 양의 얼음 미행성이 만들어질 수 있었다.

원시태양계에는 약 100억 개 이상의 미행성이 있었다고 추정되고, 수많은 미행성들은 서로 충돌을 반복하지만 대개는 충돌에 의해 합체되고 점점 크게 성장해간다. 미행성의 크기가 커질수록 중력 또한

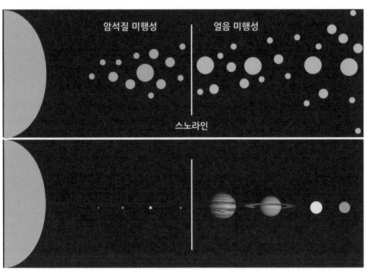

그림 8. 수증기가 얼음이 되는 스노라인. 원시태양계에서 안쪽에는 암석질의 미행성이 위치하고 바깥쪽에는 온도가 낮아 수증기가 응결된 얼음의 미행성이 분포했으며, 그 경계가 스노라인이다.

커지기 때문에 주변의 미행성을 더 강하게 끌어당기고, 충돌로 파편이 튀어 나가도 중력으로 모을 수 있어서 성장에 가속이 붙는다. 큰 것이 더 커지는 성장 방식을 폭주성장(runaway growth)이라 부른다. 마침내 어느 정도의 크기까지 커지면 그 이후의 성장은 서로 간의 충돌로 부서져 어렵게 된다. 충분히 커진 미행성들은 중력 또한 크기 때문에 서로의 궤도에 영향을 끼쳐 자주 충돌하게 된다. 빈번한 충돌로 작은 미행성들은 전부 부서져버리고 결국에는 큰 미행성만 살아남게 되며, 행성을 형성하는 근원이 되기 때문에 행성의 배아(planetary embryo)로 불린다. 행성의 배아끼리 충돌하여 화성 정도의 크기까지 성장한 것을 원시행성(protoplanet)이라 하는데, 원시행성끼리의 충돌은 엄청난 파괴력을 가지기 때문에 자이언트 임팩트(Giant Impact), 즉 거대충돌이라 부른다. 지구 역시 여러 차례의 거대충돌이 반복된 결과 현재의 크기까지 성장했다고 생각된다.

누구나 '수·금·지·화·목·토·천·해'라고 태양계의 여덟 개 행성들을 외워 말할 수 있는데, 이 행성들을 태양으로부터의 상대적 거리와 구성 물질에 따라 세 가지 그룹으로 구분하기도 한다. 태양계 안쪽 영역에 있는 수성, 금성, 지구, 화성은 암석으로 이루어진 암석형 행성이고, 바깥쪽 영역의 목성과 토성은 주로 얼음과 암석으로 이루어진 핵을 수소와 헬륨의 가스가 둘러싸고 있는 거대 가스형 행성, 그보다 더 바깥쪽의 천왕성과 해왕성은 행성의 대부분이 얼음으로 되어 있는 거대 얼음형 행성이다. 이들을 각각 지구형 행성, 목성형 행성, 천왕성형 행성으로 부르기도 한다.

지구형 행성은 철·니켈을 주성분으로 하는 고온고압의 금속 핵 주위를 규산염광물로 이루어진 맨틀이 감싸고, 그 주위를 역시 규산염

광물로 이루어진 지각이 둘러싸고 있으며, 지표를 대기가 덮고 있는 구조다. 대부분이 암석으로 되어있기에 암석형 행성으로 불리는 것이다. 금성 역시 지구와 마찬가지의 과정으로 형성되었다고 생각된다. 즉, 미행성의 폭주성장에 의해 원시행성이 형성되고, 그들이 거대충돌하여 탄생했을 것이다. 하지만 화성의 경우는 지구와 금성에 비해 상대적으로 크기가 작기 때문에 원래 화성 크기의 원시행성이 다른 원시행성들과의 거대충돌 없이 그냥 살아남았을 가능성이 지적되고 있다. 전체 질량의 70%가 거대한 핵으로 되어있는 수성은 원래 지각-맨틀-핵의 성층구조를 가지고 있던 행성이 엄청난 거대충돌로 말미암아 지각과 맨틀이 떨어져 나간 결과, 맨틀 일부와 핵만 남게 된 것인지도 모른다.

한편, 거대 가스형 행성인 목성형 행성이 만들어진 장소는 스노라인보다도 바깥쪽이었고 그곳에는 행성의 재료가 되는 얼음 미행성이 상당히 많이 분포하고 있었다. 그로 인해 얼음 미행성을 다량 합체한 원시 가스형 행성은 지구 질량의 10배 정도까지 성장할 수 있었다. 또한 원시 가스형 행성은 주변의 원반 가스를 자신의 중력으로 끌어당겨 대기를 만들었고 강한 중력으로 대기의 질량도 커지면서 주위에 있던 엄청난 양의 가스를 쓸어 모을 수 있었다. 그 결과 목성의 경우 지구의 300배 이상이나 되는 질량을 가지게 되었다.

토성 역시 목성과 같은 과정으로 성장했으나 목성보다 성장이 수백만 년 정도 늦었던 탓에 크기가 목성보다 조금 작아졌다. 즉, 목성이 성장하면서 행성의 재료와 대기의 재료들이 이미 상당량 소진되어버린 것이다. 따라서 토성의 성장기에는 이미 원시행성계 원반 가스가 흩어지기 시작해버려 많은 양의 가스를 포획할 수 없었던 것이

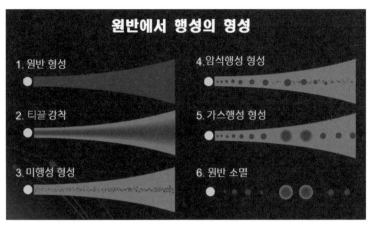

그림 9. 원시행성계 원반과 행성계의 형성.

다. 천왕성과 해왕성의 경우는 그들의 형성 시기가 토성보다도 더 늦었기 때문에 활용할 수 있었던 원반 가스의 재료는 거의 남아있지 않았고, 결과적으로 얼음으로만 이루어진 거대 얼음형 행성이 될 수밖에 없었다.

그런데 조금 다른 이론들에 의하면,[3] 해왕성의 형성에는 오랜 시간이 걸려 46억 년이 경과한 지금도 아직 완전히 형성된 것은 아니라는 주장도 있고, 해왕성이 더 안쪽의 궤도에서 형성된 후 현재의 궤도로 이동한 것이라는 주장도 있다.

여기서 한 가지 확인하고 넘어가야 할 것이 있다. 그것은 원시행성계 원반이 만들어지게 된 원인이다. 앞장에서 분자구름 코어는 중력적으로 불안정하여 자발적으로 수축을 일으키거나 혹은 가까이 있던 큰 질량의 별이 종말을 맞이하여 초신성폭발을 일으키고 그 충격파로 인해 수축하기 때문에 그 중심부에 원시별이 만들어졌다. 그리고 그 원시별로 낙하해 온 물질의 일부가 강착원반을 형성한다고 했다.

그러면 분자구름 코어를 중력적으로 불안정하게 만들거나 주변의 초신성이 폭발하게 되는 상황이란 어떤 것일지 궁금하다.

성운을 이루던 물질이 수축하여 태양이 되고, 또한 기화된 물질들이 응축하여 광물과 미행성으로 성장하는 것은 합리적인 설명이다. 문제는 최초의 원인에 있다. '미지의 초신성이 폭발하여 시작되었다'보다는 좀 더 개연성이 높은 설명이 필요하다. 바로 은하의 충돌이다. 약 46억 년 전쯤에 우리은하에 왜소은하가 충돌했다.[4] 그리고 그 충돌로 인해 성간물질들이 원반을 만든다.

원반이 회전하기 시작하면 주로 수소로 되어있는 물질들은 회전 중심에 모이기 시작한다. 그리고 그 밀도가 상당히 높아져 온도가 올라가면 드디어 열핵융합반응이 시작된다. 수소가 연소하여 헬륨이 되는 반응이 일어나며 엄청난 에너지가 방출되기 시작한다. 원반의 중심에서 조금 떨어진 곳에서는 응축과정이 진행되어 가스로부터 미세한 광물들이 정출하여 회전하는 원반의 적도 부근에 모이기 시작한다.

원시태양의 열핵반응이 진행되고 내부 온도가 올라가면서 태양 주위로 온도 차이가 생긴다. 즉, 태양 가까운 곳은 뜨겁고 먼 곳은 차가운 상태가 되어 물질들의 분포가 달라진다. 고체인 광물들은 원반의 안쪽에, 가스 성분은 먼 쪽에 분포하게 됨으로써 태양으로부터의 적정거리에 서로 다른 물질분포의 경계가 생긴다. 이 원반으로부터 원시태양계가 만들어지려 한다. 중심의 태양은 열핵반응을 계속하고, 태양 가까운 곳은 고체의 행성들이 자라나고, 먼 곳은 가스와 얼음의 행성이 성장한다.

원시태양계에서 행성들이 자라나는 모습은 참으로 흥미롭다. 어디

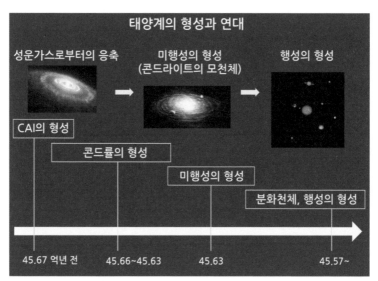

그림 10. 태양계의 형성과 연대.

든 상관없이 주변의 흙을 한 움큼 손으로 쥐고 앞으로 던져보자. 가벼운 먼지는 멀리 날아가고, 무거운 작은 돌조각은 바로 앞에 떨어진다. 원시태양 주변에 있던 물질들 가운데 가스 같은 가벼운 성분은 강력한 태양풍에 의해 멀리 날아가버린다. 반면 무거운 성분들은 가까이 남는다. 이렇게 원시태양계에서는 태양 주변의 물질들 사이에 화학적인 분화가 생겨났다. 안쪽에서는 작은 광물들이 암석이 되고, 지름 10km 정도까지 자라 미행성이 되었다. 이들이 계속 충돌하여 커지면서 원시지구를 만들고 원시화성을 만들었다. 반면 바깥쪽에서는 가스 성분이 풍부한 가스형 행성과 얼음형 행성이 만들어졌다.

지구를 만든 재료들

원시 원반에서 태양계의 행성들이 탄생했다. 그런데 화성과 목성 사이에는 수만 개의 크고 작은 돌이나 금속 덩어리가 널려있는 소행성대가 위치한다. 온전한 행성으로 자라는 데 실패한 작은 무리들이 흩어져있는 모습이다. 원시태양이 밝게 빛나기 시작하면서 가스로부터 광물이 만들어지고, 광물들이 서로 모여 미행성으로 성장하고, 그들이 서로 부딪치며 합체하여 크기가 100km에서 1,000km까지 자라면서 행성의 배아 또는 원시행성으로 성장했다. 하지만 하나의 완전한 행성으로 자라지 못한 미행성이나 깨진 원시행성의 파편들이 태양으로부터 일정한 거리에 분포하며 공전하고 있다. 여기가 바로 소행성대(asteroid belt)이고 그 속에 포함된 크고 작은 천체들을 소행성이라 부른다. 그런데 이 소행성대를 살펴보면 놀라운 점이 하나 발견된다. 그 폭이 상당하다는 것이다. 여기서 언급해둘 것은 소행성대는 화성과 목성 사이, 그리고 목성의 공전궤도 위에도 분포하고 있다. 앞의 것을 주(main) 소행성대, 뒤의 것을 트로얀(Trojan) 소행성대라고 부르는데, 이 책에서 소행성대라고 하면 주 소행성대를 가리키는 것으로 한다.

태양계에서의 거리는 보통 태양에서 지구까지의 거리의 약 1억 5000만 km가 기준이며, 이 거리를 1AU로 나타낸다고 했다. 화성과 목성 사이에 위치한 소행성대는 가까운 곳이 2AU, 먼 곳이 5AU에 이르기 때문에 그 폭은 3AU, 즉 4억~5억 km 정도라는 얘기다. 이렇게 넓은 곳에 여기저기 흩어져있는 소행성들 역시 태양 주위를 공전하며, 그 궤도면은 다른 행성들과 유사하다. 다만 불규칙하게 생긴 일부 소행성들은 서로 충돌하여 정상 궤도에서 이탈된 독립적인 궤도를 가지기도 하는데, 그들은 때때로 화성의 궤도와 만나기도 하고 지구의 궤도와도 만난다. 즉, 화성과 충돌하기도 하고, 지구와 충돌하기도 한다. 지구에 떨어진 소행성의 파편을 우리는 운석이라고 부른다. 상당히 드물게는 그 파편이 화성과 충돌할 때 화성 표면의 돌이 깨져 튕겨 나가 지구에 다시 떨어지는 경우도 있다. 이것이 화성운석이다. 화성에 가서 돌 채집을 하지 않더라도 지구에 앉아 화성의 돌을 관찰할수 있는 이유가 바로 이것이다.

소행성대에 널려있는 크고 작은 소행성들의 성분이 다양하다는 사실은 일찍부터 알려져있었다. 그들이 지구에 떨어지는 덕분에 그 성분들을 조사할 수 있었기 때문이다. 그런데 지구에 떨어진 운석이 원래 소행성대 내의 어디에 있었던 것인지는 알기 어렵다. 하지만 최근 소행성들에 대한 관측과 탐사로부터 소행성대 내의 위치에 따라 그들의 조성에 차이가 있음을 알게 되었다.

태양에 가까운 소행성대의 안쪽에서는 엔스테타이트 콘드라이트와 같은 운석이 대표적인 조성이 되는데, 주로 규산염광물과 철금속으로 이루어져있으나 물, 유기물, 함수광물 등을 포함하지 않는다. 이런 규산염(silica)이 풍부한 소행성을 S-타입 소행성이라고도 한다. 반면 소행성대의 바깥쪽에서는 휘발성물질과 유기물을 많이 포함한 탄소질 콘드라이트가 대표적인 조성이며, 탄소질(carbonaceous)을 의미하는 C-타입 소행성이라고도 한다. 소행성대 내에서의 이런 조성의 차이는 태양계에서 행성계가 만들어지던 당시의 조성분포를 반영하고 있는 것으로 생각된다.[5] 소행성대는 46억 년 전 태양계가 행성들을 만들어내던 그 시절의 화석과 같은 존재다.

지구는 물의 행성이다. 지금 표면에 물이 있는 행성은 태양계에서 지구가 유일하다. 화성에는 과거에 물이 흘렀던 흔적이 발견될 뿐이다. 멀리 있는 천왕성은 맨틀이 얼음으로 된 행성이다. 행성의 표면에 액체의 물이 존재한다는 것은 그리 흔한 일이 아닐뿐더러 사실 거의 기적에 가까운 일이다.

지구의 물은 과연 어디서 왔으며, 어떻게 액체 상태를 유지하고 있는 것일까? 이 답을 구하기 전에 우선 물이 상태에 따라 태양계에서 어떤 분포를 보이는지 살펴보아야 한다. 태양에 가까운 경우 가벼운 수소와 수증기는 모두 태양풍에 날려가버리기 때문에 태양으로부터 2.7AU의 거리를 경계로 그 안쪽에는 이 물질들이 존재할 수 없다. 바로 이 경계가 스노라인이고 소행성대 내에 위치한다. 요컨대 태양으로부터의 거리가 1AU인 지구에는 수증기의 대기와 물의 바다가 존재할 가능성이 애당초 없었던 것이다. 그러기에 지구의 물이 어디에서 왔는지 더욱 궁금해진다.

지구에 존재하는 물의 기원에 대한 설명은 대체로 네 가지 정도로 요약된다. 첫째, 태양계의 거의 끝자락에 해당하는 100AU보다 먼 곳에서 태양을 향해 간간이 찾아오는 혜성이 지구에 떨어지면서 물 성분이 부가되었다. 둘째, 소행성대에서 지구로 떨어진 운석 중에 물 성분이 포함되어있었다. 셋째, 태양 대기에 존재하던 수소와 산소가 화합하여 지구에 물을 가져다주었다. 넷째, 지구가 원래 스노라인인 2.7AU 바깥에 위치하여 거기서 물의 바다를 만든 다음 나중에 현재의 위치로 이동해왔다. 그러면 이 네 가지 경우 중 어느 것이 과학적으로 타당한지를 어떻게 검증할 수 있을까?

우선은 두 가지 면을 고려할 수 있다. 하나는 현재 지구에 있는 물의 양, 즉 대부분이 바다이므로 바닷물의 양을 설명해야 한다. 다른 하나는 물의 성분인데 조금 복잡하기는 하지만 물속에 포함된 수소의 동위원소 성분이다. 그러니까 원자번호는 같고 질량이 다른 원소들이다. 수소에는 3개의 동위원소, 즉 수소(H), 중수소(D), 삼중수소(T)가 있고 그중 수소와 중수소의 비율은 물의 기원을 아는 데 도움이 된다. 중수소와 수소의 비(D/H)를 조사해보면, 지구의 값과 탄소질 운석의 값은 비슷하다. 그러나 혜성의 값은 지구보다 조금 크고, 태양 대기의 값은 지구보다 훨씬 작다. 그러니까 위에서 언급한 물의 기원에 대한 첫 번째와 세 번째의 경우는 물의 동위원소비의 비교에서 정리되어버린다.

수소 동위원소비만 가지고 볼 때 지구의 물이 탄소질 운석에서 유래했을 가능성이 크다. 그러나 가능성은 어디까지나 가능성이고 문제가 해결되지는 않는다. 탄소질 운석은 많은 휘발성 성분을 가지고 있으며 그중 평균적으로 수 % 정도의 물을 포함하는데, 이런 운석이 지구로 낙하하여 물을 공급한다면 지구에는 엄청난 두께의 바다가 생겨야 한다. 또 다른 문제가 생기는 것이다. 그러면 마지막 설명, 즉 지구가 스노라인 너머에서 물의 바다를 만들면 어떻게 될까? 이 경우 지구보다 바깥쪽의 화성에는 엄청난 양의 물이 생겨야 하는데 이 가능성은 현재의 화성의 상태를 전혀 설명할 수 없게 된다. 무언가 새로운 설명을 찾아야 하는데 여기서는 잠시 멈추고, 물의 기원에 대해서는 다음 제4장에서 보다 자세하게 살펴보기로 하자.

지구로 떨어진 운석, 그중에서도 소행성대를 기원으로 하는 운석에는 여러 종류가 있다. 기본적으로 운석을 구분하는 방법은 구성 물질의 차이를 살피는 것이다. 주로 규산염으로 된 광물로 이루어진 암석질의 운석을 석질운석, 대부분이 철과 니켈과 같은 금속으로 되어 있으면 철운석 그리고 암석과 금속이 절반 정도씩 섞여있으면 석철운석으로 구분한다. 이런 구분은 운석이 유래된 원래의 소행성 중 일부가 지구와 같이 금속의 핵, 암석질의 맨틀과 지각으로 이미 분화되었음을 나타낸다.

그런데 석질운석 중에는 지구의 암석과는 다른 특징을 보이는 것들이 있으며 그들을 콘드라이트(chondrite)라고 한다. 원시태양계 성운의 물질이 응축되어 고체화될 때 가장 먼저 생성되는 것이 칼슘과 알루미늄 같은 원소와 감람석, 휘석과 같은 광물이다. 그리고 이런 초기 응축물질이 둥근 모양의 집합체를 만드는데 이를 콘드률(chondrule)이라 부른다. 콘드률을 포함하는 운석이 콘드라이트이며, 원시태양계의 초기 물질로 여겨진다.

콘드라이트는 조성에 따라 다시 세 종류로 나뉜다. 보통 콘드라이트(ordinary chondrite, OC), 엔스테타이트 콘드라이트(enstatite chondrite, EC) 및 탄소질 콘드라이트(carbonaceous chondrite, CC)가 그것이다. 이들 콘드라이트가 원시지구의 형성에 이바지했던 미행성들의 조성과 유사할 것이며, 콘드라이트가 지구를 만든 원자재가 될 수 있다. 만약

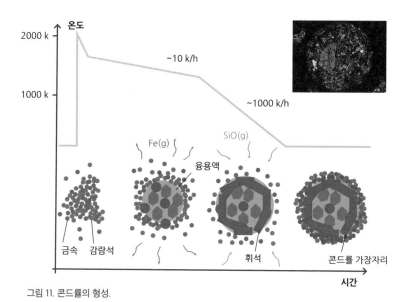

그림 11. 콘드률의 형성.

그렇다면 콘드라이트 운석과 지구 물질들 사이에 조성적인 유사성이 존재해야 한다. 그리고 그 유사성을 검토하는 데 도움이 되는 것이 동위원소비다.

앞서 물의 동위원소비에 대해 언급했지만, 콘드라이트와 지구의 고체 물질의 동위원소비를 비교하는 데 사용되는 원소는 다른 종류로 산소, 질소, 몰리브덴, 니켈, 크롬, 티타늄, 스트론튬, 규소 등이 사용된다. 비교의 결과는 놀랍다. 이들 동위원소의 연관성에서 지구의 고체 물질과 엔스테타이트 콘드라이트는 거의 일치하지만, 보통 콘드라이트와 탄소질 콘드라이트와는 거리가 멀다.

한편 물의 경우 수소 동위원소비(D/H)는 지구와 탄소질 콘드라이트에서 비슷하다. 이런 사실은 무엇을 의미할까? 지구의 고체 부분과 액체 부분을 만든 원자재가 다를 가능성이다. 하나는 엔스테타이트

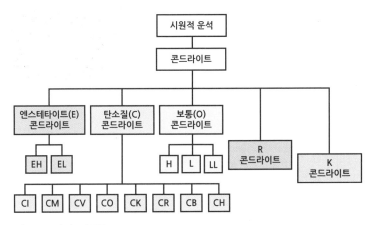

그림 12. 콘드라이트의 종류.

콘드라이트, 다른 하나는 탄소질 콘드라이트라는 얘기다. 원시지구가
형성될 때 엔스테타이트 콘드라이트와 같은 조성의 미행성들의 충돌
이 빈번하게 일어나 물이 없는 행성으로서 성장했고, 거의 성장이 끝
날 무렵에 탄소질 콘드라이트의 충돌로 때문에 지구에 물이 부가된
것이라고 생각하면 어떨까? 암석질의 행성이 생기고 나서 그 표면에
물의 성분이 축적되어 처음에는 수증기의 대기를 이루었고 차츰 대
기의 물이 지표로 내려와 바다가 된 것은 아닐까?

　원시지구가 처음에는 물이 없는 상태였고 나중에 물이 부가됨으
로써 지금과 같은 행성으로 진화했다는 최근의 설명을 ABEL(Advent
of Bio-Element Landing) 모델이라고 부른다.[6] 이 모델이 타당하다면 지
구의 초기 상태는 물이 없는 상당히 환원적인 환경이어야 한다. 그리
고 그 환경을 파악하려면 가능한 지구 초창기의 물질로부터 당시 환
경을 복원해야 하는 문제가 있다. 그러나 그 문제는 해결하지 못한다.
40억 년 이전의 암석이, 더구나 변질되지 않고 지구 초기 정보를 간직

하고 있는 암석이 지구에서는 발견되지 않는다는 얘기다. 지구의 지표는 생성된 이후 지금까지 역동적으로 진화했으며, 초기의 물질들은 모두가 재순환되었다. 따라서 암석에 기록된 모든 정보는 최후의 사건으로 초기화되었다. 하지만 다행스럽게도 40억 년 이상의 재순환과정에도 불구하고 그 기억을 간직하고 있는 거의 유일한 물질이 남아있다. 암석이 아니다. 암석을 구성하는 광물로, 그 이름은 저어콘이다.

저어콘은 지구에 흔한 규산염광물의 하나로 보통 아주 작은 결정으로 산출된다. 이 광물은 아주 단단하고, 화학적으로 변질도 잘 되지 않는다. 특히 변성작용에도 아주 강한데, 1,000℃ 이상, 수십만 기압 이상의 고온고압 상태에서도 원래의 정보를 잃어버리지 않는 지구의 블랙박스 같은 광물이다.

가장 초기의 저어콘은 원시지구의 일부가 녹아 마그마가 되고, 그 마그마가 식어가면서 광물을 만들 때 형성된 것이다. 저어콘이 일단 만들어지고 마그마의 암석에 포함된 다음 지표에서의 순환과정에서 퇴적암에 들어가기도 하고, 지각변동으로 지하에서 변성암의 광물이 되기도 하며 다시 마그마 속에서 들어가 재결정하기도 한다. 그런 순환과정에서도 저어콘은 초기의 정보를 잃지 않고 조금씩 성장하면서 추가적인 정보를 덧씌운다. 그러기에 저어콘 결정 하나에는 오랜 기간의 정보가 중첩되어 나타난다.

지구에서 발견된 저어콘 중에서 가장 오래된 연대는 약 44억 년 전을 가리키는데, 이로부터 우리는 지구 초창기의 모습을 검토할 수 있다. 저어콘에는 소량이지만 희토류원소(rare earth elements, REE)가 포함되고 그중 세륨(Ce)을 대상으로 원자가를 조사해보면 재미있는 사실이 드러난다. 희토류원소는 대개가 +3의 원자가를 가진다. 하지만 세륨은 +3 이외에 보다 산화적인 +4의 원자가도 가질 수 있다. 따라서 세륨에 포함된 두 원자가의 비로부터 상대적으로 산화적인지 환원적인지 가늠해볼 수 있는 것이다.

약 44억 년 전 이후의 연대가 알려진 저어콘에서 세륨 원자가의 비를 구하여 시간에 따른 변화를 살피면 놀라운 사실이 발견된다. 원시지구가 형성되기 시작하고서 약 40억 년 전까지 지구의 환경이 환원적이었다가 이후 점차 산화적으로 변한 것이다.[7] 이런 변화가 의미하는 것은 명백하다. 초기의 지구는 물을 포함한 어떤 휘발성 성분도 갖지 않은 행성으로 성장하고 있었으며 상대적으로 환원적인 맨틀을 만들었다. 그러고 나서 휘발성 성분을 포함한 콘드라이트가 지구에 충돌하기 시작했다. 지구에 물이 들어오기 시작하고 맨틀은 산화되었으며, 대기를 이루던 수증기는 지표가 식어감에 따라 내려와 바다를 만들었다.

거대충돌과 달의 탄생

원시지구에 달이 생기는 과정은 상당히 역동적이었다고 알려져있지만 그 과정이 완전히 밝혀진 것은 아니라고 해야 옳다. 아직은 해결해야 할 문제가 남아있기 때문이다. 지금까지 우리가 알고 있는 달의 탄생은 어떤 모습일까?

오래전부터 종종 언급되던 달의 기원에는 크게 세 가지 가설이 있었다. 초창기의 지구는 빠른 속도로 회전하고 있었고 원심력에 의해 지구의 일부가 조각나서 달이 만들어졌다고 생각하는 분열설이다. 다음으로 행성계로서 지구가 만들어질 때 달도 함께 만들어졌다고 하는 형제설 또는 쌍둥이설이 있다. 마지막으로 지구와는 다른 장소에서 만들어진 달이 지구 근처를 지나다가 지구의 중력으로 잡혀버렸다고 하는 포획설이다.

어떤 가설이든지 현재의 지구-달 시스템의 물리량이나 구성 물질의 화학조성을 조화롭게 설명해야만 이론으로 받아들일 수 있다. 즉, 달의 기원설에 대한 제약 조건으로 달이 생성된 후 지구로부터 멀어졌고, 달의 밀도가 지구의 상부맨틀의 밀도와 유사하며, 지구-달 시스템의 각운동량이 아주 크고, 달의 공전궤도가 지구의 공전궤도면에 대해 약 5° 정도 기울어져있다고 하는 물리적인 특징을 설명할 수 있어야 한다. 또한 달이 지구보다 금속 철과 휘발성물질이 적은 반면, 암석의 경우 산소 동위원소비가 지구와 달에서 유사하다고 하는 구성물질의 특징 또한 설명할 수 있어야 한다. 그런데 위에 열거한 세 가지 가설은 모두 달의 올바른 성인으로 받아들일 수 없다.

분열설의 경우 달의 평균 밀도가 지구의 맨틀 밀도와 비슷하며 달 암석의 산소 동위원소비가 지구 물질과 유사한 점을 설명할 수 있으나, 초창기 지구의 자전속도가 물질을 분열시킬 정도였는지는 확실하지 않고, 기울어진 달의 공전궤도에 대한 설명도 어렵다. 형제설의 경우 지구와 달이 같은 물질로부터 집적되어 그 구성물질이 유사할 것이라는 가능성을 제시해주지만, 기본적으로 지구-달 시스템의 각운동량 자체를 설명할 수 없다. 마지막으로 포획설의 경우 지구와 달이 형성 단계에서 성인적으로 관련이 없기 때문에 구성 물질의 차이가 있어도 무방하지만 산소 동위원소비의 유사성을 설명하기 어렵다. 또한 지구에 달 정도 크기의 천체가 접근하여 충돌하지 않고 포획되어 지구 주위를 공전하는 것은 역학적으로 거의 불가능하다. 무언가 새로운 설명이 필요했다.

1970년대 중반에 달의 기원에 대한 새로운 모델이 제안되었다.[8] 지구 질량의 10분의 1 정도였던, 화성 정도 크기의 천체가 원시지구에 충돌하여 달이 만들어졌다고 하는 이른바 거대충돌설이 바로 그것이다. 충돌이 일어나면서 두 천체를 이루던 기체 성분은 모두 흩어져 버렸고, 고체 규산염의 물질들은 기화되어 원시지구 주변에 원반을 형성한다. 이 원반이 짧은 시간에 집적되어 달이 만들어졌다는 것이다. 충돌이라는 과정이 지구-달 시스템의 큰 각운동량도 설명할 수 있을 것으로 보았다. 원시지구에 충돌한 화성 크기의 천체를 테이아 (Theia)라 불렀다. 그리스 신화에서 테이아는 우라노스와 가이아의 딸로, 달의 여신 셀레네의 어미다. 달의 기원에 대한 거대충돌설은 아주 매력적이고 유력한 설이 되었다.

거대충돌설이 나오게 된 배경에는 달에 대한 인류의 탐사 결과가 있었다. 1961년부터 1972년까지 이어진 NASA의 아폴로계획에서는 전부 여섯 차례의 유인 달 표면 착륙에 성공하고, 달로부터 다량의 암석 시료를 지구로 가져왔다. 그 시료를 조사한 결과, 달의 화학조성이 지구의 맨틀과 거의 같다는 사실이 알려졌다. 이는 달의 기원에 대한 강한 속박조건이 된다. 즉, 지구의 맨틀과 달이 같은 물질로 되어있어야 하고, 달에는 지구와 같은 커다란 핵이 존재하지 않는다는 사실을 동시에 설명할 수 있어야 하기 때문이다. 또 달 형성 초기에 마그마 바다로 덮여있었음이 밝혀졌고 이 사실도 설명할 수 있어야 했다. 달의 형성을 설명하는 거대충돌설은 계속 조금씩 수정되어왔다. 현재 우리가 알고 있는 거대충돌설의 모습은 좀 더 구체적인데, 원시지구에 충돌하는 충돌체의 상대속도, 충돌 후의 탈출 속도 그리고 충돌 각도 등에 대해서도 밝혀지고 있다.[9]

하지만 거대충돌설을 둘러싼 여러 논란이 있었는데, 특히 강조된 두 가지 주장은 원시지구에 달이 만들어지기 위해서는 지구 물질이 아니라 충돌한 충돌체의 파편이 집적되어야 한다는 것과 화성 크기의 천체가 아닌 좀 더 작은 미행성들이 여러 차례 충돌한 결과로 달이 형성되었다는 것이다.

이런 문제에 대한 하나의 해결책이 최근에 제시되었는데, 지구-달

물질의 유사성을 설명하는 새로운 거대충돌 모델이 발표된 것이다.[10] 그에 따르면 태양계가 형성되고 약 5000만 년 후에 뜨거운 마그마 바다로 덮여있던 원시지구에 화성 크기의 고체로 이루어진 천체가 충돌했다. 그때 지구의 마그마가 체적 팽창하여 주변으로 흩어져 달을 이루게 되었다는 것이다. 결과적으로 달의 구성 물질은 80% 가까이 원시지구에서 유래해야 했다. 이 사실은 달의 구성 물질 중 상당 부분이 충돌체에서 왔다는 주장을 일축해버리는 것이다.

거대충돌설에 의한 달의 형성을 요약하자면 다음과 같다. 태양계에서는 동일한 궤도에 여러 개의 행성이 존재할 수 없고 하나만 남겨야 할 운명이었다. 몇 차례의 거대충돌을 거치면서 발생한 엄청난 충돌에너지로 말미암아 원시지구의 상당 부분이 녹아 마그마 바다를 이루었을 것이며, 결과적으로 액체의 맨틀과 금속으로 된 핵이 만들어졌다. 다양한 성분의 물질이 녹을 경우 상대적으로 비중이 큰 물질

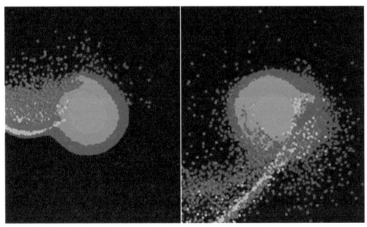

그림 13. 거대충돌설 시뮬레이션. 지구(가운데)와 테이아의 거대충돌이 일어나고 지구로부터 다량의 물질이 분산되어 달을 만든 재료가 되었다.

은 가라앉고 가벼운 물질은 떠오른다. 원시지구도 용융으로 인해 무거운 금속이 가라앉아 핵을 이루었다고 보는 것이 타당하다. 그리고 이 무렵에 다시 지구 질량의 10분의 1 정도의 천체, 즉 테이아가 지구와 충돌한다.

한편, 테이아와의 거대충돌 이후 지구의 맨틀 물질이 충돌의 잔해로서 원시지구 주변을 둘러싸는데, 수천 ℃에 이르는 뜨거운 열로 인해 용융되고 기화된 물질들이다. 이들은 빠른 속도로 결합하여 원시달을 형성했다. 충돌과 합체 과정에서 보존된 에너지로 말미암아 막 탄생한 달의 표면에는 용융된 물질들이 바다처럼 일렁거렸다. 달의 표층에도 마그마 바다(magma ocean)가 만들어졌다.

달 표면을 덮고 있던 마그마 바다가 냉각하기 시작하면 가장 먼저 감람석과 휘석이 만들어지고, 이 광물들은 마그마보다 비중이 커서 아래로 가라앉는다. 왜 이런 광물들이 만들어질까? 이 광물들은 원래 미행성을 이루던 콘드라이트의 주요 구성 광물이었고, 그들이 충돌하고 녹아서 만들어진 마그마 내에는 당연히 그 성분들, 즉 마그네슘과 철의 규산염 화합물 성분이 많았기 때문이다.

마그마에서 감람석과 휘석의 성분이 광물로 빠져나가게 되면 나머지 성분으로 만들 수 있는 광물은 주로 사장석(칼슘과 알루미늄의 규산염 화합물)이다. 사장석은 마그마보다 비중이 작아서 위로 떠 오른다. 달 표면의 마그마 바다가 굳어지면서 표면에는 사장석의 층이 두껍게 생긴다. 이 사장석의 층이 회장암(anorthosite)이라는 암석으로 굳는다.

그러니까 마그마 바다는 처음에 감람석과 휘석을 만들어 가라앉히고, 다음에 사장석을 만들어 떠오르게 했다. 그리고 마그마 바다에는 아직 약간의 액이 남아있다. 그 액에는 소비되지 않은 성분들이 풍부

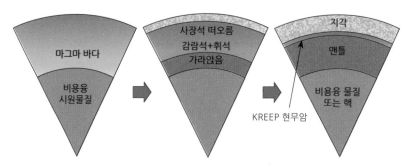

그림 14. 달 내부 구조의 형성 과정. 마그마 바다는 처음에 감람석과 휘석이 가라앉아 맨틀을 구성하고 그다음 주로 사장석으로 이루어진 회장암 지각이 생성되며, 지각과 맨틀 사이에 KREEP 현무암이 분포하게 된다.

한데, 그들은 광물에 들어가지 않고 액에 남기를 좋아하는 성질을 가진다고 하여 액상농집원소(incompatible elements)라는 별명을 얻게 된다. 그 대표적인 원소가 포타슘(K), 희토류원소(REE) 그리고 인(P) 등이다. 마지막 액이 굳어지게 되면 그런 성분들이 풍부한 현무암이 만들어지는데, 그 원소들의 기호(K, REE, P)를 모두 합하여 KREEP 현무암이라 부른다. 달의 마그마 바다는 처음에 만들어진 감람석과 휘석이 가라앉아 맨틀을 구성하고, 그다음 회장암이 달의 지각으로 덮이면, 지각과 맨틀 사이에 KREEP 현무암이 끼어있는 상태가 된다.

그러면 달의 형성 시기를 언제로 보아야 할까? 원시지구의 형성을 약 45억 6700만 년 전 정도로 보면, 달은 분명 그보다 조금 뒤이다. 2010년 이후에 발표된 달의 여러 암석에 대한 방사성연대측정의 결과를 보면, 달의 고지를 형성하는 회장암에서 44억 7000만 년과 43억 1000만 년이라는 연대가 구해졌고, KREEP 현무암에서도 가장 오래된 약 44억 7000만 년의 연대가 구해졌다. 달의 바다에 분포하는 현무암에서는 43억 5000만 년 전에서 43억 2000만 년의 연대가 보고되었다.[11] 이들 달 암석의 방사성연대의 분포로부터 달의 형성 시기를 대략 45억 년 전에서 44억 년 전 사이라고 해도 무방할 것으로 생각한다.

한편, 탄생 직후의 달은 지구로부터 2만 km밖에 떨어지지 않았다고 추정되고 있다. 달은 지구와 조석력을 통한 상호작용으로 서서히 각운동량을 잃어가면서 지구로부터 멀어졌고, 현재와 같이 약 38만 km나 떨어지게 되었다.

달이 생기고 난 이후에도 태양계를 떠돌던 미행성들이 형성 도중에 있던 행성들과 위성들에 빈번하게 충돌했고, 달 역시 예외는 아니었다. 그러면 충돌이 얼마나 있었는지 어떻게 알 수 있을까? 충돌의 흔적인 크레이터가 보존되어있다고 하면, 충돌의 빈도를 충분히 짐작할 수 있다. 그러나 지구처럼 판구조 운동에 의한 표층의 변화가 심한 경우에는 충돌 흔적이 모두 사라져버려 태양계 초기의 충돌을 전혀 읽어낼 수 없다.

그러나 달의 경우는 다르다. 과거 충돌의 흔적이 고스란히 남아있다. 그리고 충돌 흔적, 즉 크레이터의 분포 밀도를 이용하여 연대를 알아낼 수도 있다. 크레이터 연대에 대한 시간 계산이 가능하다는 얘기다. 크레이터 연대는 지질 구조의 순서를 결정하는 데 훌륭한 수단이 되기도 한다. 다만 절대연대로 표현되기 위해서는 물질의 나이를 정확하게 알아야 하는데, 달의 경우 아폴로계획으로 회수된 암석에서 정보를 얻는다.

1970년대 중반 미국 캘리포니아 공과대학의 연구진은 아폴로계획으로 회수된 달 암석의 용융물을 분석하여 놀라운 사실을 발견한다.[12] 그것은 달 표면의 암석이 나중의 충돌로 녹아 만들어진 용융물의 형성 연대가 약 41억 년에서 38억 년 전의 짧은 기간이었으며, 약 39억 년 전을 전후하여 달 표면에 충돌 빈도가 급증했을 것이라고 추론했다. 특히 지구-달 시스템에서 약 39억 년 전의 집중적인 충돌이 일부 운석의 연구에서도 보고되었다.[13]

원시행성들이 만들어지던 당시에는 한 궤도에 수많은 미행성이 존재했다. 따라서 특징적으로 커진 천체가 중력을 이용해 궤도에 남아 있던 미행성들을 쓸어담으면서 일어났던 격렬한 충돌은 쉽게 이해가 된다. 그런데 행성계가 만들어지고 수억 년이 경과한 다음의 빈번한 충돌은 또 다른 현상이며, 이를 20세기 후반까지 '후기 집중폭격(late heavy bombardment, LHB)'이라고 부르며 태양계 역사의 중요한 부분으로 취급되었다. 도대체 무슨 일이 일어났던 것일까?

전통적인 태양계 초기 격변설

 NASA의 아폴로계획으로 회수된 달의 암석 시료는 달의 기원뿐만 아니라 달이 탄생할 무렵에 태양계에서 일어났던 사건들에 대한 단서를 제공해주었다. 특히 달 표면에 남겨져있는 많은 충돌 크레이터는 태양계 초기 격변의 생생한 증거들이다. 그런데 1973년부터 약 20년간 달에 대한 연구는 하나의 특정한 방향으로 흘렀다.

 대략 39억 년 전에 엄청난 수의 미행성들이 단기간에 달을 폭격하여 여러 개의 고리(ring)를 가진 움푹 팬 분지가 만들어졌고, 그 사건이 마치 태양계 형성에서 마무리 단계를 대표하는 현상인 것처럼 다루어졌다. 이 사건을 설명하는 모델은 처음에는 '최종격변(terminal cataclysm)'으로 불렸다.[14] 이는 약 39억 년 전 무렵, 1억 5000만 년에서 2억 년 가까이 지속된 갑작스럽고 급격한 충돌의 증가를 의미한다. 그리고 이 최종격변은 나중에 '후기 집중폭격'으로 알려지게 된다.[15]

 1960년대부터 학계는 달 표면의 저지대, 즉 바다가 형성되었다고 생각되는 약 36억 년 이전에 미행성이나 소행성의 충돌이 지금보다 100배 이상 많았고, 그에 따라 달의 고지에는 약 39억 년 전에서 36억 년 전 동안 충돌 크레이터도 많이 만들어졌을 것으로 추정했다. 충돌의 흔적은 만들어진 크레이터에서 알 수 있지만, 표면 암석이 충돌로 인해 가열되어 녹은 결과물, 즉 충돌 용융물(impact melt)에서도 확인할 수 있다.

아폴로계획으로 수집된 충돌 용융물의 연대를 조사한 결과 약 39억 년 전 무렵에 크게 증가함이 확인된 반면, 45억 년 전에서 39억 년 전의 시기에는 적은 수의 충돌만을 나타냈다. 이런 연대의 분포가 최종격변, 즉 후기 집중폭격을 확증해주는 단서로 취급되었고, 1990년대 초반까지 달 역사의 해석에 커다란 영향을 미친 것이다. 그런데 이 아이디어에는 치명적인 문제가 있음이 최근 밝혀졌다.

만약 달에서 발견되는 약 39억 년 전의 최종격변이 사실이라면 이 사건은 태양계의 다른 천체들에서도 확인되어야 한다. 다행스럽게도 우리에게는 운석이라는, 달 이외의 태양계 천체의 물질이 있다. 과연 지구에 떨어진 운석들에서 약 39억 년 전의 사건의 흔적을 찾을 수 있을까? 그에 대한 대답은 부정적이다.

소행성대에서 온 운석들의 자료에서 그때 그 사건의 흔적을 찾아보는 것은 쉬운 일이 아니다. 엄청난 자료를 뒤져야 하기 때문이다. 조사의 결과는 약 39억 년 무렵에 대규모 충돌 사건의 연대가 두드러지게 나타나지 않는다는 것이다.[16] 운석 중에는 달에서 온 운석도 있는데, 그들 가운데 충돌 용융물의 파편을 조사해본 결과 역시 약 39억 년 전의 뚜렷한 연대를 보이지 않는다. 대신 약 42억 년 전에서 35억 년 전의 범위에 연대들이 분산되어 나타난다.

또한 최근 소행성 베스타에서 유래된 운석들에 대한 연대측정에서 인산염 광물에 남겨진 충돌의 흔적이 약 44억 년 전과 41억 5000만 년 전을 나타냄이 확인되었다.[17] 이런 결과들은 39억 년 전의 최종격변이 태양계 어디서나 일어났던 보편적인 현상이 아님을 시사하는 것이다. 현재 우리가 달과 소행성들을 대상으로 과학적으로 획득한 많은 자료들은 지난 세기 후반에 열렬히 지지되었던 최종격변 내지 후기 집중폭격으로 불리는 엄청난 충돌 현상이 약 39억 년 전에 국한되어 일어난 것이 아님을 제안하고 있다. 도대체 무엇이 문제인가?

사실 약 39억 년 전의 최종격변은 상당히 우연한 자료의 결과이다. 아폴로계획으로부터 회수된 시료들은 우주선이 착륙한 지점 부근의 암석들이다. 달 표면 전체를 대표할 수는 없다. 특히 거대한 달의 바다 중 하나인 임브리움 분지(Imbrium Basin)를 중심으로 우리에게 보이는 달 앞면의 4분의 1 정도가 아폴로의 착륙지이자 시료 회수지역이다. 39억 년 전의 우연한 충돌의 결과가 임브리움 분지를 만들고 그 충돌물이 주변으로 널리 흩어져 시료로 채취되었을 가능성이 있다.

달 운석의 파편과 소행성대 기원의 운석에서 확인되는 약 44억 년 전에서 42억 년 전 정도의 충돌의 연대는 아폴로가 달에서 회수한 충돌물의 연대와는 그 시기의 차이가 작지 않다. 그렇다면 왜 아폴로의 시료들에서는 그런 오랜 연대가 측정되지 않은 것인지 궁금해진다.

달 표면에는 메가레골리스(megaregolith)라고 불리는, 충돌로 만들어진 지층이 존재한다. 레골리스는 흔히 달의 토양을 의미하고 충돌로 파쇄되어 흩어진 흙과 돌조각으로 구성된다. 그리고 메가레골리스는 충돌로 깨진 깊은 지각에서부터 지표의 레골리스층에 이르기까지 최대 깊이 약 25km에 이르는 지층을 가리킨다. 그러니까 메가레골리스층의 형성은 지각 하부의 암석을 지표에 노출시키기도 한다.

달 표면에 엄청난 충돌이 일어나면 주변에 메가레골리스층을 형

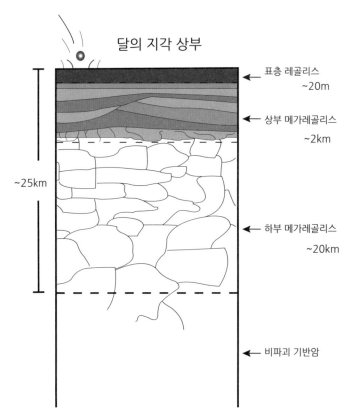

달의 지각 상부

표층 레골리스
~20m

상부 메가레골리스
~2km

~25km

하부 메가레골리스
~20km

비파괴 기반암

그림 15. 달 지각 상부의 단면과 메가레골리스.

성하며, 지표에 과거의 충돌 용융물이 있었다 하더라도 그 흔적이 사라져버릴 가능성이 크다. 메가레골리스층은 아폴로 착륙지 주변에서 40억 년보다 오랜 용융물질이 발견되지 않는 이유가 될 수 있다. 한편 달 운석 파편이나 소행성대 운석의 용융물의 연대가 42억 년보다 오래될 수 있는 것은 메가레골리스의 영향을 받지 않았기 때문으로 해석할 수 있다.

달에서 확인되었다고 알려진 최종격변이나 후기 집중폭격이 약

39억 년 전의 태양계 최대 사건이 아니라면 그에 따라 바뀌어야 하는 설명이 있다. 가장 대표적인 것이 초기 태양계 행성의 배열을 설명한 이론이다.

태양계 행성의 재배열 : 니스 모델과 그랜드택 모델

　태양계의 행성들이 만들어지는 과정과 지금과 같은 수성·금성·지구·화성·목성·토성·천왕성·해왕성의 배열 및 상대적 거리를 설명하는 데에는 몇 가지 풀리지 않는 문제가 남아있다. 이 문제에는 원시행성계가 만들어진 직후의 초기폭격, 그리고 행성계가 만들어지고 나서 약 7억 년이 지난 다음 일어났던 엄청난 미행성의 충돌, 즉 후기 집중폭격의 원인이 포함된다. 또한 폭격 현상이 화성과 목성 사이에 만들어진 소행성대와 목성 부근의 트로얀 소행성대의 형성과도 무관하지 않다고 생각한 사람들도 있었다.

　트로얀 소행성대는 목성의 공전궤도에서 목성으로부터 전방과 후방의 60° 정도 떨어진 두 군데 지점(라그랑주 점)에 분포하는 소행성들을 가리킨다. 이 어려운 문제에 대한 해결책이 2005년 프랑스 니스의 천문학자 4명의 연구에서 제시되었다. 니스 모델(Nice model)이라 부르는 이론이다.[18] 그들은 강착원반을 가진 원시태양계 성운의 크기를 30AU 정도로 설정하고 컴퓨터 시뮬레이션으로 행성들의 성장과 배치를 살폈다.

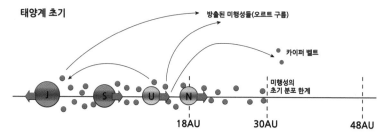

그림 16. 니스 모델의 모식도. 프랑스의 니스에 위치한 코트다쥐르 천문대의 연구진이 2005년 발표한 모델이다. 목성(J)과 토성(S)이 태양계 안쪽으로 이동하면서 미행성들을 끌어당기기도 하고 바깥쪽으로 날려버리기도 한다. 이후 목성과 토성이 궤도 공명으로 서로를 밀어내며 결과적으로 현재의 위치로 다시 이동하게 된다. 천왕성(U)과 해왕성(N) 또한 같은 방식으로 태양계 안쪽으로 이동했다가 궤도 공명의 결과로 현재의 위치까지 이동했다.

니스 모델의 계산에서 초기 조건은 거대 가스형 행성인 목성, 토성 그리고 거대 얼음 행성인 천왕성, 해왕성과 지구 질량의 100분의 1에 해당하는 약 3,500개의 미행성들 사이의 상호작용이다. 원시목성은 스노라인 바깥쪽, 약 3.5AU에 위치하고 지구 질량의 300배 정도로 가정한다. 원시토성은 약 4.5AU에 위치하고 처음에는 지구 질량의 35배 정도에서 출발하여 나중에는 60배까지 성장한다고 가정한다. 원시천왕성과 원시해왕성은 각각 약 6AU와 약 8AU에 위치하고, 지구 질량의 5배 정도로 가정한다.

모델 계산에서는 목성, 토성, 천왕성, 해왕성 등의 거대행성들이 미행성들을 끌어당기기도 하고 바깥쪽으로 날려버리기도 한다. 미행성들이 충돌하고 합체되는 과정에서 원시행성들은 더 커질 수 있다.

토성의 질량이 지구의 약 60배까지 증가하면 약 4.5AU에 위치하던 토성은 태양과의 인력이 증가하여 태양계 안쪽으로 이동하고 약 2AU의 위치까지 태양에 근접하게 된다. 토성의 이동과 더불어 목성도 안쪽으로 이동하여 약 1.5AU 부근에 도달한다. 이때 토성과 목성 사이에는 1:2의 궤도 공명(orbital resonance)이 이루어진다. 즉, 토성이 태양 주위를 1바퀴 공전할 때 목성은 2바퀴 공전한다.

궤도 공명은 같은 중심을 두고 공전하는 두 천체가 주기적으로 일정하게 서로에게 중력적인 영향을 끼칠 때 발생한다. 두 천체가 공전하다가 일직선 위에 놓이면 서로를 중력적으로 밀어내게 된다. 이런 중력적 영향 때문에 두 천체는 편심 궤도, 즉 길쭉한 타원 궤도를 그리게 되고, 결과적으로 두 천체는 바깥쪽으로 이동하기 시작한다. 천왕성과 해왕성 역시 같은 방식으로 태양계 안쪽으로 이동했다가 2:3의 궤도 공명이 일어난 결과 다시 바깥쪽으로 이동해갔다. 그리고 목성이 5.4AU까지 이동해갔을 무렵에, 토성·천왕성·해왕성은 거의 현재의 질량에 이르렀을 것으로 추정한다.

니스 모델은 거대행성들의 이동과 목성과 토성의 1:2 궤도 공명에 따른 결과로 주변의 미행성들이 원래의 장소로부터 이탈하여 흩어졌고, 이것이 약 39억 년 전후로 일어난 후기 집중폭격의 원인이며, 그에 따라 달에 많은 크레이터가 만들어졌다고 설명했다. 두 거대행성이 태양계의 형성으로부터 약 7억 년 뒤에 1:2 궤도 공명을 일으켜 서로의 중력적 영향이 증폭되면서 토성, 천왕성 및 해왕성의 궤도가 불안정해지고 바깥쪽으로 이동하여 지금의 궤도에 이르게 된다.

이 현상은 최소한 2억 년 정도 계속된 것으로 추정되며 거대행성들의 이동이 당시 태양계 내에 분포하던 모든 미행성들을 흩뿌렸다는 것이다. 그리고 후기 집중폭격이 일어났을 때 달에는 $3 \sim 8 \times 10^{18}$kg의 물질이 충돌했다고 생각했다. 한편, 목성은 태양계 행성 중에서 가장 크고 중력 또한 최대이기 때문에 태양과 목성의 라그랑주 점에 많은 미행성들이 모여 소행성대를 형성했다. 즉, 태양과 목성 같은 커다란 천체의 중력을 받아 작은 천체들이 역학적으로 안정한 위치에 머무르게 되는데, 이것이 바로 트로얀 소행성대이다.

중력 및 공명의 효과가 목성을 비롯한 거대행성들을 이동시키고, 그들이 다시 태양계의 미행성들을 흩뿌렸다는 주장은 현재도 많은 학자들이 동의하고 있는 내용이다. 또한 외계 행성계에 대한 관측에서 거대행성들이 그들의 별에 가까이 이동한다는 사실도 인정되고 있다. 그러나 이 사건이 약 39억 년 전에 일어났다는 것은 단정할 수 없으며, 시기에 대해서는 잘못된 인용이라고 볼 수밖에 없다.

니스 모델에 의해 태양계 행성들의 배열과 상대적 거리에 대한 문제가 해결되었지만, 소행성대의 구성 물질에 대한 또 다른 문제가 등장했다. 그것은 현재 소행성대에는 암석질의 천체(S-타입 소행성)와 얼음질의 천체(C-타입 소행성)가 대규모로 혼합되어있기 때문이다. 이 문제를 해결하기 위해 2011년에 제안된 것이 바로 그랜드택(grand tack) 모델이다.[19] '택'이란 일반인에게는 굉장히 낯선 용어인데, 요트가 바다 위를 항해할 때 부표 주변을 돌아 방향을 바꾸는 동작을 뜻한다. 목성과 같은 거대행성이 태양을 향해 이동하고, 잠시 멈추고, 다시 되돌아 바깥쪽으로 움직이는 모습을 바다 위의 요트 항해에 비유한 것이다.

그랜드택 모델에 따르면 원시목성은 니스 모델에서의 조건과 같이 약 3.5AU 거리에서 형성된다. 이 시기는 아직 태양 주위에 엄청난 양의 가스가 소용돌이치고 있었으며, 그로 인해 거대해진 원시목성은 가스의 흐름에 붙잡혀 태양 쪽으로 이동하기 시작했다. 목성은 지금의 화성 위치인 1.5AU에 정착할 때까지 서서히 태양을 향해 회전하며 다가섰다.

원시토성 역시 목성과 함께 태양을 향해 이동했고 두 거대행성은 서로 가까워졌다. 점차 목성과 토성 사이의 모든 가스가 방출되고 두 행성 사이의 궤도 공명은 그들을 반대 방향으로 움직이게 했다. 두 행성은 목성이 현재 위치인 5.2AU, 토성이 약 7AU에 안착할 때까지 함께 태양에서 멀어졌으며, 이후 토성은 현재의 위치인 9.5AU까지 밀려났다. 이런 움직임은 그다지 오랜 시간이 걸리지 않았고, 대략 수십만 년에서 수백만 년 정도로 추산된다.

목성이 태양 쪽으로 움직였다가 다시 반대 방향으로 움직인 현상은 왜 소행성대가 건조한 암석질의 천체들과 얼음질 천체들로 구성되는지에 대한 오랜 미스터리를 풀어주는 방편이 되었다.

일반적으로 소행성대는 목성 중력의 방해로 작은 암석질 천체들이 모여 행성으로 자라지 못했기 때문에 작은 천체들이 느슨하게 모인 것이라고 생각되었다. 그런데 만약 목성이 태양 가까이 움직여가면 소행성대에 남아있던 물질들이 대부분 흩어져버려 소행성대는 더 이상 존재하지 못하리라 쉽게 예측된다. 따라서 목성의 이동과 소행성대의 소멸에 대한 문제를 해결해야 한다.

그랜드택 모델에서는 목성이 태양을 향해 움직이면서 소행성대를 파괴하는 것이 아니라, 그 위치의 물질들을 교란시켜 전체를 더 먼 쪽으로 밀어낸다고 설명한다. 즉, 목성이 소행성대에 근접할 때 그것은 격렬한 충돌이 아니라 서로의 위치를 바꾸는 자리 바꾸기와 같다. 목성이 소행성대 천체들의 방향을 바깥쪽으로 바꾸게 하면서 결과적으로 소행성대의 위치를 바꾸는 것이다.

만약 목성이 반대로 태양에서 멀어져가면, 이번에는 소행성대를

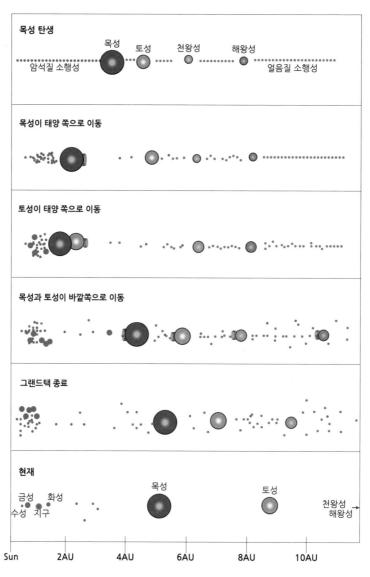

그림 17. 그랜드택 모델에 의한 행성의 재배열. 목성과 토성이 태양 쪽으로 이동함으로써 암석질 소행성들이 교란됨과 동시에 얼음질 소행성이 태양 가까이 옮겨지며, 목성과 토성이 궤도 공명으로 인해 태양 바깥쪽으로 이동함으로써 현재와 같은 행성의 배열이 완성된다. 또한 화성과 목성 사이에 소행성대가 위치하게 된다.

안쪽 방향으로 밀어내고, 현재와 같은 화성과 목성 궤도 사이에 위치시켰다. 한편, 목성이 원래 자신이 출발했던 원래의 위치, 즉 3.5AU보다 더 멀리 이동한 결과 얼음질 천체가 분포하는 지역에 도달했다. 그리고 목성이 이 얼음질 천체의 일부를 태양 쪽으로 전환시켜 소행성대로 이동하게 만든 것이다. 그랜트택 모델은 이런 과정이 소행성대에 안쪽 태양계로부터 암석질 천체가, 바깥쪽 태양계로부터 얼음질 천체가 모이게 하는 결과를 만들어냈다고 설명한다.

그랜드택 모델은 또 다른 문제에 대한 해결책이 되기도 하는데, 그것은 화성의 크기 문제이다. 지구형 행성은 수성, 금성, 지구로 오면서 크기가 커진다. 원래라면 화성이 금성과 지구보다 더 먼 쪽에서 만들어졌기 때문에, 더 많은 미행성이라는 재료를 사용하여 더 커져야 한다. 그러나 화성은 지구의 절반 정도 크기다. 왜 그럴까?

그랜드택 모델이 제안하듯, 목성이 태양 가까이 근접하여 일정 시간을 머문다고 하면, 그곳에 있던 지구형 행성의 원재료들을 흩뿌릴 것이다. 즉, 1AU보다 먼 곳에 있던 물질들은 흩어져버렸고, 1.5AU 위치에서 만들어지던 원시화성에게는 덩치를 키울 만한 재료들이 거의 없었을 것이다. 이는 1AU 이내에 위치했던 금성과 지구와는 상반되는 상황이었다.

그랜드택 모델은 거대행성들의 이동과 행성들의 배열에서 니스 모델과 크게 다르지 않다고 할 수 있다. 하지만 니스 모델이 설정한 39억 년의 사건은 전혀 상관없다. 오히려 거대행성들의 이동은 태양계에서 행성계가 만들어지던 초기에 일어난 현상이었음을 인지할 필요가 있다.

약 45억 년 전 이전에 원시행성들이 태양 주변의 원반에서 탄생했으나 아무래도 초기 상태는 매우 혼란스러웠다. 원시행성들과 많은 혜성, 소행성들이 안쪽 태양계로 흘러들면서 충돌이 빈번했다. 회전하던 가스 원반은 갓 태어난 많은 천체들을 끌어당겼고 이 과정에서 거대행성들 역시 태양 쪽으로 이동했다. 이들은 태양 가까이 머물다 다시 먼 쪽으로 물러났다. 니스 모델과 그랜드택 모델이 그 과정을 설명한다.

최종격변과 후기 집중폭격을 주장했던 사람들은 그것을 약 39억 년 전의 사건으로 생각했다. 하지만 그 연대에 대한 보편적인 증거는 나오지 않는다. 그렇다면 거대행성의 이동과 행성들의 재배열은 언제 일어난 것일까? 최근 연구는 상당히 이른 약 44억 8000만 년 전으로 밝히고 있다.[20] 이전보다 무려 6억 년 가까운 차이가 난다. 39억 년 이라는 연대는 아폴로 우주인들이 수집한 달 암석에서 구해진 연대이다. 그런데 아폴로가 착륙한 지역들이 달 전체를 대표할 만한 지역이 아니라, 약 39억 년 전 있었던 하나의 커다란 충돌, 즉 임브리움 분지의 영향으로 해석된다.

연구자들은 지구에 떨어진 운석들의 엄청난 데이터베이스로부터 충돌 연대를 조사했다. 태양계 안쪽의 내행성들의 표면에는 40억 년 전 무렵까지 충돌에 의하거나, 지체구조 변화에 의해 과거 사건의 기록이 변질되었다. 하지만 소행성의 경우는 달라서 과거의 기록을 찾을 수 있다. 그리고 그것이 약 45억 년 전의 사건임을 밝혔다. 컴퓨터 시뮬레이션은 거대행성들이 태양 가까이 접근했다가 약 44억 8000만 년 전에 현재의 위치로 이동하기 시작했음을 보여준다. 그 과정에서 그 경로에 있던 크고 작은 천체들을 주변으로 흩뿌렸고, 그 일부가 지구와 막 태어난 달을 향해 돌진했을 것이다.

제4장 | 지구에 대기와
해양이 만들어지기까지

약 46억 년 전
태양계 형성

약 45억 6700만 년 전
지구 형성

약 45억 년 전

마그마 바다

레이트
베니어

약 44억 년 전
원시대기 400기압,
이산화탄소 100기압

약 43억 6700만 년 전

대기와 물의 근원

언제 그리고 어떻게 지구에 대기와 해양이 만들어졌을까? 이 문제는 우리가 지구의 역사를 살펴보는 가운데 가장 중요한 질문의 하나인데, 바로 생명의 탄생과 진화에 직결되기 때문이다. 원시지구에서 대기와 해양의 기원을 설명하는 이론은 50여 년 전부터 다양하게 제시되어왔다. 그중 고전적 모델들은 원시태양계 주위에 존재하던 미행성의 수를 임의로 설정하고 컴퓨터 수치 계산의 결과를 바탕으로 행성계의 형성을 설명하면서 지구가 탄생할 때부터 대기와 해양이 만들어졌을 것으로 추론했다.

이 과거의 이론들은 원시지구가 성장해가면서 충돌과 집적의 과정에서 나타나는 탈가스작용이 지구에 대기와 해양을 만들게 한 원인이라고 설명한다. 하지만 현재의 태양계의 행성들이 나타내는 화학적 누대구조와 물질 분포는 형성 초기부터 겪어온 여러 과정의 결과이며, 따라서 어떤 가설이라도 현재 우리가 밝히고 있는 행성계 진화에 대한 다양한 증거를 설명할 수 있어야 한다. 그런 면에서 예전의 가설들에는 몇 가지 문제가 있다. 가령 원시지구에 충돌한 미행성들의 성분이 무엇인지, 물의 성분을 가지고 있었는지, 그리고 언제 충돌했는지, 충돌의 비율은 어떤지 등에 대한 구체성이 부족하다.

21세기 들어 조금 독특한 이론들도 제안되었는데, 가령 앞 장에서 언급한 니스 모델과 그랜드택 모델에서는 목성과 같은 가스형 행성이 현재보다 태양에 가까운 위치로 이동하면서 물의 재료 물질이 되는 소행성들과 얼음 행성들을 태양계 안쪽 궤도로 운반하고는 다시 원래의 위치로 되돌아갔다는 것이다. 이 모델들은 지구와 같은 행성에 물을 운반하기 위한 과정으로 인용되기도 한다.

행성계의 형성 과정을 컴퓨터 수치 계산이 아닌 운석의 연구에서 밝히고자 했던 시도 역시 오래전부터 있었다. 이는 운석의 고향이 소행성대이고, 소행성들 또한 지구와 같은 행성과 동시기에 만들어졌다면 원시지구에 대한 정보를 제공해주리라는 당연한 예측에서 비롯된다. 운석에 대한 분류와 성인에 대한 오랜 연구 결과로부터 원시태양계의 초기 물질이라고 할 수 있는 콘드라이트에 대한 정보는 상당히 축적되어있다. 최근 우리가 이해하고 있기로는 이들 콘드라이트의 고향인 소행성대에서 태양으로부터의 거리에 따라 산화 · 환원 환경의 차이가 드러난다.

소행성대의 태양에 가까운 쪽에서는 주로 환원적인 엔스테타이트 콘드라이트와 같은 S-타입 소행성들이 우세하고 먼 쪽에서는 물이 풍부한 탄소질 콘드라이트와 같은 C-타입 소행성들이 우세하다. 즉, 태양으로부터의 거리가 멀수록 더 수화된 콘드라이트가 분포한다. 이를 근거로 지구의 초기 집적은 휘발성 성분이 없는 아주 환원적인 물질로부터 시작되었고 그다음 단계에서 휘발성 성분이 풍부한 산화적인 원소들이 집적되었다고 생각했다. 이런 주장은 처음에는 불균질한 집적 모델로 제시되었으나, 최근 제기된 2단계 지구 형성 모델인 ABEL 모델의 출발점이 된다.

한편, 1960년대에 호주의 링우드(Alfred Edward Ringwood, 1930~1993)는 지구 외핵의 구성 성분 중에 일부 가벼운 원소가 포함되어있다는 사실로부터 그 원소가 규소일 것으로 생각했다. 그리고 규소가 엔스테타이트 콘드라이트에서 유래되었을 가능성을 지적했는데, 철금속에 규소가 일부 포함되어 나타나기 때문이다.

하지만 예전에는 엔스테타이트 콘드라이트에 물을 비롯한 휘발성 성분이 없다고 알려져있었기 때문에 원시지구를 만든 물질로 생각하

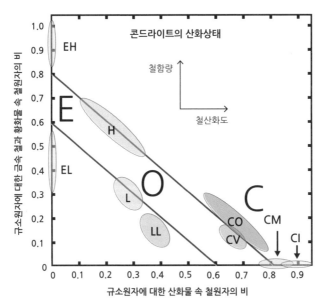

그림 18. 콘드라이트의 철함량과 산화상태에 따른 분류. 엔스테타이트 콘드라이트(E)는 철함량이 높으나 산화도가 낮고, 탄소질 콘드라이트(C)는 철함량이 낮은 대신 산화도가 높으며, 보통 콘드라이트(O)는 그 중간 특징을 보인다. 그림 속의 EH, EL은 엔스테타이트 콘드라이트, H, L, LL은 보통 콘드라이트. CO, CV, CM, CI는 탄소질 콘드라이트의 분류 그룹들이다.

기 어려웠다. 그래서 당시 사람들은 휘발성 성분이 풍부한 탄소질 콘드라이트로부터 지구가 만들어졌을 것으로 생각하고, 탄소질 콘드라이트를 환원적인 부분과 산화적인 부분으로 나누었다. 또, 환원적인 부분에서 규소를 함유한 철의 핵이 만들어졌고 산화적인 부분에서 수소와 이산화탄소로 이루어진 원시대기가 만들어졌다고 생각하기도 했다.[1]

동위원소가 들려주는 물의 기원

　행성계의 기원과 형성 과정을 좀 더 자세히 밝히게 된 데에는 두 가지 측면에서의 괄목할 만한 발전이 있었기 때문이다. 하나는 동위원소비를 분석할 수 있는 장비의 기술적 진보이고 다른 하나는 태양계의 다양한 구성원들에 대한 시료 확보다.

　동위원소의 경우 수소와 산소 같은 가스 성분뿐만 아니라 납, 티타늄, 스트론튬, 팔라듐, 하프늄, 루테튬 등의 금속 성분에 대한 분석도 가능해졌다. 물의 기원에 관련해서는 단연코 수소와 산소에 대한 정밀 분석이 크게 기여했다. 중수소/수소(D/H)와 산소-16(^{16}O), 산소-17(^{17}O), 산소-18(^{18}O)에 대한 상대적인 비에 대한 정확한 측정은 대기와 암석 성분의 기원을 파악하는 데 아주 중요한 정보를 제공해주었다.

　한편, 태양계의 다양한 현상을 파악하기 위해 우주 공간으로 발사된 탐사선들은 태양풍, 혜성을 비롯한 여러 물질의 입자들을 직접 채취하여 분석 가능한 실제 시료들을 지구로 가져왔다. 여기에는 핼리, 하쿠다케, 헤일-밥 등의 혜성 시료도 포함된다. 뿐만 아니라 지구로 낙하한 다양한 운석 시료들까지 포함하면 태양계 물질에 대한 보다 광범위한 조사가 가능하게 되었다. 이렇게 회수된 시료들에 대한 각종 동위원소비의 측정으로부터 지구의 물이 소행성대의 운석, 특히 탄소질 콘드라이트에서 유래되었을 가능성과 지구의 암석들이 엔스테타이트 콘드라이트에서 유래되었을 가능성이 제기되었던 것이다.

앞 장에서 잠시 언급했듯이 자연에는 3개의 수소 동위원소가 있으며, 그중에서 양이 매우 희박한 방사성 동위원소인 삼중수소를 제외하고, 수소와 중수소를 이용하여 물의 기원을 살펴볼 수 있다. 수소는 헬륨과 더불어 우주의 기본적인 물질이다. 그리고 비록 수소에 비해 적지만 자연에 존재하는 거의 모든 중수소 역시 우주의 시작인 빅뱅 때 핵융합으로 생성되었다.

그런데 우주 탄생 이후 일정해야 할 수소와 중수소의 비는 다양한 환경에서 다르게 나타난다. 수소와 중수소 사이에 뭔가 이상한 일이 일어나고 있는 것이다. 특히 물이 수소와 함께 존재하는 곳에서 수소와 중수소의 화학적인 반응이 일어나고 있음이 확인된다. 우리는 물 분자의 화학식이 H_2O임을 알고 있다. 그리고 수소 분자의 화학식은 H_2라고 쓴다. 물 분자와 수소 분자는 각각 수소 원자를 2개씩 가지고 있다. 그런데 만약 물 분자의 수소 원자 하나가 중수소라고 하면 HDO가 될 것이고, 수소 분자의 수소 원자 하나가 중수소라면 HD가 된다. 그러면 다음의 반응이 예상된다.

$$H_2O + HD \rightleftarrows HDO + H_2$$

이런 화학반응은 우주에서 심심치 않게 일어난다. 수소의 동위원소가 하나씩 교환된 반응이라서 이를 동위원소 교환 또는 동위원소 분별이라고 부른다. 이런 식으로 오랜 기간 반응이 지속되면 어떤 환경에서의 물이나 수소 분자에 포함된 수소와 중수소의 존재비는 변하기 마련이다.

약 46억 년 전 원시태양계의 성운의 수소 동위원소의 상대적인 존재비, 즉 D/H는 0.21×10^{-4}으로 추산되고, 현재 목성과 토성 같은 가스형 행성에서 측정되는 수소 분자의 D/H도 원시태양계 성운의 값과 유사하다. 그런데 지구를 비롯하여 태양계를 구성하는 여러 천체에서 확인되는 D/H의 값은 원시태양계 성운과는 다르게 나타난다. 가령 지구에 존재하는 물에서 D/H 비는 약 1.49×10^{-4}이다. 이 비율은 우리가 흔히 지구에서 수소가 약 99.985%, 중수소가 약 0.015% 존재한다고 얘기할 때의 그 비율에 해당하고, 지구의 D/H 비는 원시태양계성운보다 무려 7배 이상이나 중수소(D)가 많음을 나타낸다.[2]

탄소질 콘드라이트의 경우 평균적으로 지구와 비슷한 값의 범위를 보이고, 혜성의 경우 핼리, 하쿠다케, 헤일-밥 모두 지구의 값보다 약 2배 정도 높게 나타난다. 이 사실은 태양계의 여러 천체에서는 수소 동위원소 분별이 진행되어 원시태양계 성운의 D/H와 다른 값을 가지게 되었음을 나타낸다. 그리고 수소의 D/H로부터 유추할 수 있는 것은 지구의 물이 탄소질 콘드라이트에서 왔을 가능성이다.

오래전부터 탄소질 콘드라이트가 지구의 근원 물질이라고 제안되었던 주된 이유는 바로 지구의 대기와 해양 성분의 성인을 합리적으로 설명하기 때문이었다. 그런데 만약 지구가 탄소질 콘드라이트로만 형성되었다면 아주 심각한 문제가 발생한다. 그것은 지구에 있어야 할 엄청난 양의 물이다. 지구 표면에 어마어마한 양의 바다가 존재

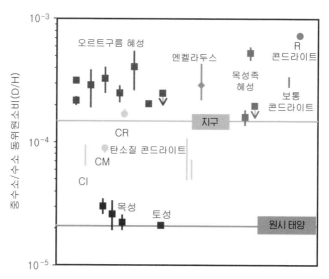

그림 19. 태양계 구성 천체들의 중수소와 수소의 동위원소비(D/H). 목성과 토성의 수소 동위원소비는 원시태양계 성운과 유사하고, 지구의 수소 동위원소비는 탄소질 콘드라이트와 유사하다.

해야 한다.

탄소질 콘드라이트에 포함되어있는 물의 양은 적게는 2% 이내, 많게는 10% 이상 포함되어있다.[3] 지구가 탄소질 콘드라이트만의 집적에 의해 형성되었다고 할 때, 콘드라이트 내 물의 양이 2%일 경우 지구의 바다 깊이는 대략 400km에 이르러야 하고, 10%일 경우 무려 2,000km에 이르는 바다가 존재해야 한다. 불가능한 얘기다.

그리고 또 다른 측면에서 고려해야 하는 것은 지구의 산소 성분에 대한 문제다. 앞에서 지구의 물에 대한 D/H가 탄소질 콘드라이트와 유사하여 물의 기원이 탄소질 콘드라이트라고 추정했다. 그런데 지구 고체 물질의 산소 동위원소를 분석한 결과는 전혀 다른 이야기를 하고 있다. 고체 지구의 기원이 탄소질 콘드라이트가 아니라는 것이다. 고체 지구는 핵을 제외하고는 대부분 규산염, 즉 규소-산소 화합물의 광물로 구성된다. 이 산소는 어디서 온 것일까?

태양계를 이루는 천체들은 비교적 균질한 원시태양계 성운에서 탄생한 것으로 생각해왔다. 그런데 이런 생각을 크게 바꾸게 된 대표적인 원소가 산소다. 태양계 내에서 산소 동위원소비의 불균질성이 지적되고부터 다양한 천체들에서 서로 다른 산소동위원소 조성이 밝혀졌다. 그런데 이런 산소동위원소 조성의 불균질성은 태양계의 탄생과 진화 과정의 산물이기 때문에 오히려 태양계 내 서로 다른 천체를 구별하는 데 유용하게 활용될 수 있다.

산소는 수소와 헬륨에 이어 태양계에서 세 번째로 풍부한 원소이지만, 지구를 포함한 지구형 행성, 달 그리고 암석질의 소행성 등에서는 가장 풍부한 원소이다. 그리고 태양계의 여러 환경에서 다양한 화합물의 기체, 액체, 고체 상태로 존재한다. 이런 산소는 질량수가 16, 17, 18인 3개의 안정동위원소를 갖고 있는데, 별에서 핵융합반응으로 만들어진 후에 항성풍 또는 초신성 폭발 등에 의해 우주 공간으로 방출된 것이다. 산소동위원소 중에서 ^{16}O가 가장 풍부하고 ^{17}O의 양이 가장 적다. 그리고 세 산소 동위원소 조성의 상대적인 비를 이용하여 다양한 태양계 천체를 성인적으로 구분할 수 있다. 가령 지구의 광물과 암석, 물 등에서 구한 산소동위원소의 상대적 비를 하나의 경향선으로 나타내고, 이를 지구분별선(terrestrial fractionation line)이라 정한다. 그리고 이 지구분별선에 가까운지 벗어나는지에 따라 그 성인을 논의하게 된다.[4]

산소동위원소의 상대적 비를 나타낸 도표에 여러 콘드라이트의 데이터를 표시해보면 엔스테타이트 콘드라이트는 지구분별선 위에 위

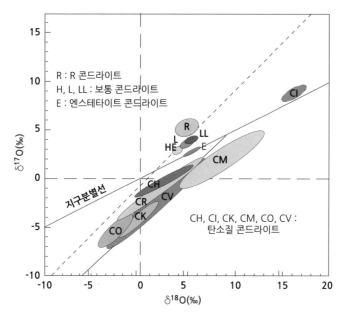

그림 20. 여러 콘드라이트의 산소 동위원소비와 지구분별선. 엔스테타이트 콘드라이트(E)의 산소 동위원소비는 지구의 산소 동위원소 분별선 위에 위치함.

치하지만 탄소질 콘드라이트를 비롯한 다른 콘드라이트는 지구분별선에서 벗어난 곳에 위치한다. 이는 고체 지구의 기원물질이 탄소질 콘드라이트라기보다는 엔스테타이트 콘드라이트 같은 물질임을 나타내는 것이다. 이런 결과는 지구의 성인을 고려하는 데 매우 중요하다. 앞에서 살펴보았듯이 지구의 물은 양적인 문제가 있다고 해도 수소 동위원소의 조성을 생각하면 탄소질 콘드라이트에서 공급되어야 한다. 반면 고체 지구의 조성은 엔스테타이트 콘드라이트와 같다. 이런 부조화를 어떻게 해결해야 할까?

탄소질 콘드라이트도 엔스테타이트 콘드라이트도 모두 소행성대에 그 기원을 두고 있다. 소행성대를 이루고 있는 물질들에 대한 분광학적 관찰에 따르면 상대적으로 태양에 가까운 지역과 먼 지역에 분포하는 소행성들에서 화학조성에 차이가 있음이 확인된다. 특히 태양에 가까운 쪽의 소행성은 대체로 휘발성물질이 결핍된 거의 무수인 상태를 보이고, 태양에서 멀수록 휘발성물질이 많아진다. 그리고 이런 소행성대 내에서 휘발성물질에 대한 분포의 차이는 콘드라이트의 성인과도 연관되는데, 무수 상태의 엔스테타이트 콘드라이트는 태양 가까운 지역이 근원지이고 휘발성물질이 풍부한 탄소질 콘드라이트는 태양에서 먼 지역에 기반을 두고 있다. 결과적으로 원시지구의 형성에 기여한 탄소질 콘드라이트와 엔스테타이트 콘드라이트는 소행성대에서의 상대적 위치가 달랐음에 주목할 필요가 있다.

물의 기원에 대한 다른 주장들

물의 행성 지구를 설명하기 위해 해결해야 할 문제는 크게 두 가지다. 첫째는 물이 어디서 어떻게 왔느냐는 것이고, 둘째는 어떻게 물이 지금까지 지구에 남아있느냐는 것이다. 두 번째 문제에 대한 설명은 다음 절로 넘기고, 여기서는 먼저 앞에 이어서 첫 번째 문제에 대해 조금 더 살펴보기로 하자.

지구에 물이 운반되어 온 것이 달의 형성과 관련이 있다는 주장이 등장했다.[5] 약 45억 년 전 소위 테이아라 불리는 화성 크기의 천체가 지구에 충돌했다. 보통은 테이아가 지구 근처의 안쪽 태양계에서 유래했다고 가정했다. 하지만 테이아가 바깥쪽 태양계에서 왔으며 지구에 다량의 물을 운반했다는 주장이 나온 것이다. 지구는 건조한 안쪽 태양계에서 형성되었기에, 지구의 물을 설명하기 까다롭기 때문이다.

우리는 태양계가 안쪽에서 바깥쪽을 향해 건조한 암석질의 구역에서 가스가 풍부한 구역, 그다음 얼음이 우세한 구역으로 구조화되어 있음을 안다. 지구로 날아드는 운석들 가운데 탄소질 콘드라이트는 물에 상대적으로 풍부하고 바깥쪽 태양계에서 유래하지만, 더 건조한 엔스테타이트 콘드라이트 같은 비탄소질 운석들은 안쪽 태양계에서 온다. 앞서 살펴보았듯이 탄소질 콘드라이트가 지구에 물을 운반했을 것으로 생각하지만, 언제 어떻게 물이 운반되었는지는 사실 확실하지 않다.

물을 구성하는 수소의 동위원소비로부터 지구의 물을 가져온 물질이 탄소질 콘드라이트임을 추론했지만, 물 자체가 아니라 물을 운반한 물질에 대한 여러 동위원소 자료 또한 도움이 된다. 흔히 '성인적 지문'이라 불리는 동위원소들이 있다. 그중 대표적인 것이 몰리브덴(Mo)이다.

몰리브덴의 동위원소 조성은 탄소질과 비탄소질 콘드라이트를 나누는 데 아주 유용하다. 그런 점에서 볼 때 지구 물질의 몰리브덴 동위원소 조성은 탄소질과 비탄소질 콘드라이트 사이의 값을 가진다. 이는 지구의 일부 몰리브덴이 바깥쪽 태양계에서 왔음을 나타낸다. 한편, 몰리브덴이란 원소는 철과 친화력이 매우 강하여 친철원소라고 불린다. 따라서 지구의 몰리브덴은 대부분 핵 속에 들어있어야 한다. 하지만 맨틀 암석 속에도 몰리브덴이 존재하기 때문에 지구에서 몰리브덴의 산출은 2단계로 설명해야 한다. 핵 속의 몰리브덴은 초기 물질로서 지구의 내부가 분화될 때 전부 핵으로 가라앉았고, 그 후 지구로 공급된 몰리브덴이 맨틀에 남은 것이다.

그런데 중력 분리에 의한 지구의 성층구조를 생각할 때, 핵 속에만 들어있어야 할 원소가 맨틀에서도 상당량 확인되는 것은 몰리브덴만이 아니다. 실제로 시생누대의 지층에서 과거 맨틀 암석이라고 생각되던 암석이 산출되기도 한다. 그리고 그 암석 속에는 역시 철과 강하게 결합하는 친철원소인 백금족 금속들이 발견되는데, 이 역시 성인적 지문이 된다. 백금족 원소 중 루테늄(Ru)의 동위원소 조성으로부터 지구 맨틀에 남아있는 루테늄이 지구에서 핵이 형성되고 난 이후에 지구로 충돌한 소행성이나 미행성들의 흔적임이 밝혀졌다.[6]

한편, 지구 맨틀의 몰리브덴 조성을 연구하던 학자들은 이 몰리브덴이 원시행성 테이아에서 왔고, 그 충돌은 달을 형성한 약 44억 년 전 무렵에 있었을 것이라고 주장한다. 이 연대는 거대행성의 이동으로 말미암은 충돌 사건의 시기와 멀지 않다. 그리고 이 몰리브덴이 바깥쪽 태양계에서 유래하기 때문에 테이아 역시 바깥쪽 태양계에서 왔음을 의미하고, 테이아와 지구와의 충돌로 인해 지구에 물이 공급되었다고 설명한다.

태양계에서 행성들이 지금의 모습을 갖춰가고 있었고, 약 1억 년 내외의 늦은 시기에 두드러진 충돌 현상이 일어났다. 이를 '레이트 베니어(late veneer)'라고 부른다. 지구의 맨틀에서 발견되는 친철원소들은 물과 이산화탄소와 같은 휘발성 원소들이 레이트 베니어 단계에 조금은 늦게 지구에 도착했음을 제안하고 있다.[7]

지금까지 원시지구를 이루는 고체 물질의 경우 안쪽 태양계의 건조한 비탄소질, 즉 엔스테타이트 콘드라이트에서 유래하고, 물과 대기를 이루는 휘발성물질의 경우 조금 시기를 달리하여 바깥쪽 태양계의 탄소질 콘드라이트에서 유래할 가능성을 살펴보았다. 그런데 최근 조금 다른 얘기가 들린다. 엔스테타이트 콘드라이트가 우리가 생각했던 것과 조금 다르다는 것이다.

우리는 건조한 암석질의 지구를 만든 원재료로서 엔스테타이트 콘드라이트를 고려해왔지만 자세히 조사해보면 조금 다른 결과가 도출된다.[8] 사실 엔스테타이트 콘드라이트는 지구에서 수집된 운석 중 불과 2% 정도에 불과하고, 소행성에서나 지구 지표에서나 변질되지 않은 시료를 구하기 쉽지 않다. 변질과정은 물질의 원래 조성에서 벗어나게 만들어 성인 해석을 어렵게 만든다. 그런데 최근에 적은 양이지만 깨끗한 엔스테타이트 콘드라이트를 대상으로 동위원소 연구가 수행되었고 전혀 예상치 못한 결과가 나왔다. 태양 가까이에서 형성되었다고 생각되는 엔스테타이트 콘드라이트에서도 지구의 물을 만들 정도의 수소 함량이 측정된 것이다. 뿐만 아니라 지구대기를 이루는 질소 또한 포함되어있었다. 이 결과는 또 다른 도전을 의미한다. 푸른 행성 지구를 만든 물이 어디서 왔는지는 아직 완전한 결론에 도달하지 않았다. 앞으로의 연구가 기대된다.

원시지구의 환경

그러면 원시지구의 처음은 어떠했을까. 태양으로부터 약 1억 5000만 km 떨어진 위치에 지구라는 행성이 태어났다. 지금까지 초창기 지구 모습에 대한 여러 가지 가설이 있었으나 달의 암석으로부터 획득한 정보와 약 44억 년 전에서 40억 년 전의 광물과 암석이 발견되고 그들에 대한 정보가 쌓이면서 예전과는 다른 지구의 유아기를 그릴 수 있게 되었다. 그에 따르면 원시지구가 만들어진 것은 지금으로부터 45억 6700만 년 전, 대략 46억 년 전이다. 어느 정도 성장한 원시지구에 화성 정도 크기의 행성이 충돌하여 그 에너지로 말미암아 지구는 내부까지 녹아버렸고, 떨어져 나간 물질들은 재빨리 집적되어 원시달이 만들어졌다. 대략 45억 년 전의 사건이다.

용융상태의 지구에서는 무거운 금속들이 가라앉아 핵을 만들었고, 핵의 상부에는 감람석과 휘석으로 된 맨틀이, 그리고 표층에는 회장암과 KREEP 현무암으로 된 껍질, 즉 지각이 만들어졌다. 하지만 원시지구를 만들었던 물질들은 물과 휘발성 성분을 포함하지 않거나 있어도 아주 소량인 엔스테타이트 콘드라이트 같은 성분이었다. 따라서 그때의 지구는 어떤 대기나 바다의 성분도 갖지 않았다. 엔스테타이트 콘드라이트 속에 휘발성 성분이 있었다 하더라도 거대충돌로 인해 가스 성분은 전부 우주 공간으로 빠져나갔을 가능성이 크다. 이 사실은 제3장에서 살펴보았듯이 지구 초창기에 마그마로부터 저어콘이 만들어질 때의 환경이 환원적이었음에서도 유추할 수 있다.

그리고 얼마 후 탄소질 콘드라이트가 원시지구에 날아들기 시작했다. 지구와 충돌하여 깨져 나간 이 콘드라이트로부터 물을 포함한 휘발성 성분이 주변으로 퍼져나가기 시작했다. 하지만 점점 그 양이 많아지고 지구의 인력 때문에 지표로부터 일정 높이에 머물게 된다. 지구에 대기와 바다의 시작은 이렇게 출발했다. 지구 곁의 달에도 탄소질 콘드라이트가 충돌하여 휘발성 성분들이 빠져나왔지만 달 주변에 머물 수는 없었다. 지구와는 달리 크기가 작아서 그 성분들을 잡아둘 수 없었기 때문이다. 크기가 문제였다.

원시지구가 태어나고 약 2억 년 정도의 세월은 마치 용광로 속에서 갓 튀어나온 이글거리는 쇠 구슬 같았을 것이다. 거대충돌이 일어나 달을 만들고 나서도 시뻘건 크고 작은 두 개의 덩어리는 사이좋게 태양 주위를 맴돌았다. 그러다 휘발성 성분을 포함한 콘드라이트의 집중 폭격이 시작되고 지구의 주위에는 가스 성분으로 된 대기가 만들어졌다. 지구의 원시대기다. 그 성분 속에는 많은 양의 물이 포함되어 있다. 당시 원시대기는 400기압에 가까운 아주 두꺼운 대기로 대부분 수증기였으나 이산화탄소도 100기압 정도 포함된 것으로 추정된다.

물이 상온에서는 액체, 고온이 되면 기체인 수증기, 저온에서는 얼음이 되는 사실은 상식이다. 그런데 약 218기압에 374℃가 되면 상황이 물의 임계점이 되고, 그 온도와 압력을 넘게 되는 초임계 상태에서는 액체와 기체의 구별이 없어진다. 지구의 원시대기 속의 수증기란 그런 상태였다. 그런 대기의 상태로 오래 머물게 되면 지구에 바다를 만들 수 없다. 기적이 필요한 순간이었다.

두꺼운 수증기 대기가 원시태양의 강한 자외선에 노출되면 수증기는 수소와 산소로 분해되고, 가벼운 수소는 우주 공간으로 도망가버린다. 이런 상태가 지속되면 수증기는 얼마 지나지 않아 완전히 분해되어버릴 것이다. 따라서 광분해에 의한 수증기의 막대한 손실이 있기 전에 지구가 냉각되어 수증기가 물이 되어야만 했다. 그러기 위해서는 미행성의 충돌이 급격하게 줄어들어 지구 표면에서는 충돌에 의한 열에너지의 생산이 줄어들어야 했다. 아주 최적의 타이밍에, 기적이 일어난 것이다.

원시대기의 진화와 바다의 탄생

지구가 냉각하면서 지각이 만들어지고 거기에는 장소에 따른 높낮이의 변화도 생긴다. 지표의 냉각으로 대기 역시 식어가고 수증기는 액체의 물이 되어 땅을 적시고 곳곳에 물웅덩이가 생길 것이다. 지표의 냉각이 계속되면서 수증기와 물의 상태 경계선은 점점 낮은 고도로 내려오게 된다. 그리고 이윽고 지표의 가장 낮은 움푹 팬 곳에 물이 모여든다. 지구 최초의 바다가 만들어진다.

지구의 원시대기에서 수증기가 지표로 내려와 바다를 이루었음에도 아직 대기 속에는 많은 양의 이산화탄소가 남아있었다. 처음에 원시대기에는 이산화탄소가 약 100기압 정도 포함되었을 것으로 추산된다. 그중 일부가 막 생겨난 바다에 녹아 들어가서 줄었다 해도 아직 35기압 이상의 이산화탄소가 지구를 두껍게 덮고 있었으며, 지구의 지표는 엄청난 온실효과로 말미암아 뜨거운 상태가 유지되었을 것으로 생각된다. 대기 중의 이산화탄소를 제거하지 못하면 현재와 같은 지구로 진화할 수는 없다.

바다가 이산화탄소를 처리해주는 방법이 가장 효율적이지만 이미 바다는 상당량의 이산화탄소를 머금고 있어 포화상태다. 이 문제의 해결을 위해 지구가 선택한 방법은 두 가지로, 한편으로는 바닷속에 탄산이온으로 용해되어있는 이산화탄소를 금속화합물로 만들어 침전시키고, 다른 한편으로는 대기 속의 이산화탄소를 계속 바다로 빨아들이는 것이었다. 대표적인 예가 탄산칼슘($CaCO_3$)과 같은 탄산염 광물이다. 해저에 쌓인 탄산염 광물들을 침강하는 판의 경계, 즉 해구로 이동시켜 그곳에서 맨틀 속으로 집어넣어버리면 된다. 정말로 기가 막힌 프로세스다. 당연히 대기 속의 이산화탄소는 점차 줄어들 것이다.

그런데 안타깝게도 또 다른 문제가 나타났다. 바닷물의 성분 중 수소이온 농도, 즉 pH가 이 과정에 대한 강력한 방해꾼이었다. 초창기의 바다는 수소이온의 농도가 매우 높은, 다시 말해 수소이온농도 지수인 pH가 매우 낮은 강산성이었다. 설령 바닷속에서 탄산칼슘이 만들어졌다 해도 곧 분해되어 소석회(CaO)와 이산화탄소로 바뀌어버린다. 결국 이산화탄소의 제거에 실패하고 만다. 대기 중의 이산화탄소 양의 문제에는 백약이 무효인가? 바닷물의 pH를 산성에서 중성으로 만들기 위한 대책이 마련되지 않으면 정말 답이 없다.

바다의 중성화는 시간이 걸리더라도 해결해야 하는 문제였다. 중성의 물질을 바다로 유입시켜 pH를 높여야 한다. 그런 물질이 어디에 있는가? 바로 육지다. 약 44억 년 전에 이미 지각이 형성되었고 지형적으로 육지가 드러나있었다(제5장 참고). 육지를 구성하던 암석, 그리고 암석을 구성하던 광물들은 기본적으로 중성의 물질이다. 지표에서 일어나는 풍화와 침식으로 잘게 부서진 알갱이들이 바다로 운반된다. 그리고 바다에 들어간 암석과 광물 알갱이들은 물과 반응하여 다른 광물, 특히 점토광물을 만들면서 바닷물의 성분을 점차 중화시키게 된다. 바다에 도착하는 알갱이의 크기가 작으면 작을수록 물과 반응하는 전체 표면적은 더 늘어나기 때문에 중화 속도는 더 빨라진다.

시간이야 좀 걸리겠지만 육지로부터의 지원군이 강산성의 바다를 조금씩 바꾸게 되고, 탄산염 광물들은 점차 바다 아래로 가라앉아 해구까지 이동한 다음 맨틀로 사라져갔다. 그리하여 약 38억 년 전쯤에는 대기 중의 이산화탄소는 이미 수 기압 아래로 떨어졌다. 다만 그 당시 지구 표층에 어느 정도 규모로 육지가 드러나있었는지는 알 도리가 없고 앞으로 밝혀야 할 과제다. 그리고 또 하나, 해저에 침전된 탄산염 광물을 해구에서 맨틀로 운반하는 과정 역시 그리 쉬운 일은 아니다.

판의 섭입대 아래의 온도 구조에 따라 탄산염 광물의 제거 여부가 결정된다. 다시 말해 지하의 온도가 너무 높으면 탄산염은 분해되어 이산화탄소는 다시 지표로 환원된다. 따라서 탄산염의 형태로 이산화탄소를 맨틀에 고정시키기 위해서는 그에 상응하여 섭입대의 온도가 낮아졌어야 한다. 이런 조건을 만족하지 못해 대기 속의 이산화탄소의 양을 크게 줄이지 못했더라면 지구 역시 금성과 같은 운명을 맞이했을 것이다.

지구의 원시대기에서 수증기는 모두 내려와 지표에 바다를 이루고, 남아있던 이산화탄소는 대부분 바닷물 속에 탄산염 광물로 해저에 침전하고 섭입대에서 맨틀로 사라져가게 되면서 대기의 두께는 상당히 얇아졌다. 이런 상황이 되기까지 지구는 두터운 대기로 둘러싸여 태양으로부터의 빛이 지표에 도달하기 쉽지 않았다. 바다가 중화되고 이산화탄소가 거의 사라지게 되었을 때 비로소 지구의 하늘은 지금과 비슷한 모습을 보이게 되었을 것이다. 하지만 그 하늘 아래의 지구는 지금과는 완전히 다른 모습이다.

바다가 생겼다고는 하지만 그래도 산성의 바다였을 것이며, 지구 전체로 보면 위도에 따른 기온의 변화도 거의 없었을 것이며, 땅이라고는 하나 황량할 뿐으로 마치 지금의 화성과 같은 모습이었다. 당연히 생명은 존재하기 전이다. 이런 지구의 모습은 원시지구로 태어나서 약 6억 년의 시간이 흐르기까지 계속되었다. 그리고 우리는 이 기간을 그리스 신화의 지하의 신, 하데스의 이름을 차용하여 하데안, 우리말로 명왕의 시대라고 부른다. 지질시대로 명왕누대이다.

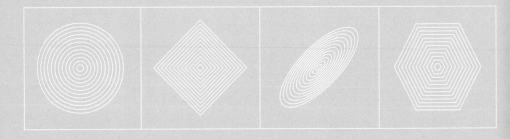

제5장 | 지각의 형성과
판구조 운동의 시작

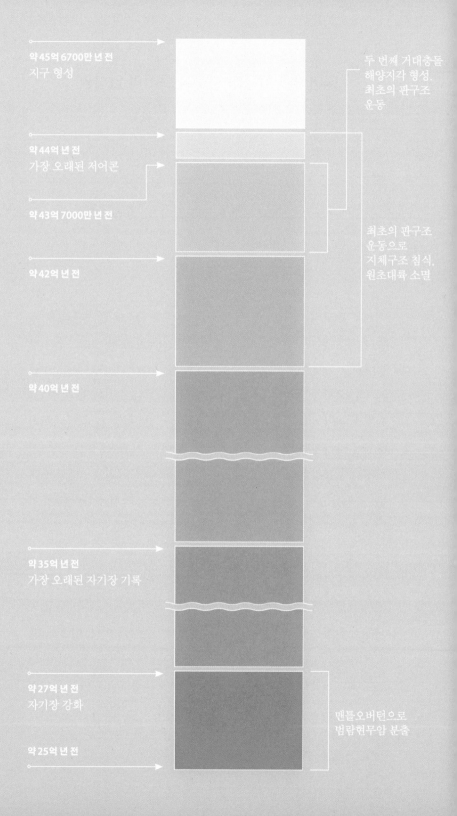

약 45억 6700만 년 전
지구 형성

두 번째 거대충돌
해양지각 형성.
최초의 판구조
운동

약 44억 년 전
가장 오래된 저어콘

약 43억 7000만 년 전

최초의 판구조
운동으로
지체구조 침식,
원초대륙 소멸

약 42억 년 전

약 40억 년 전

약 35억 년 전
가장 오래된 자기장 기록

약 27억 년 전
자기장 강화

맨틀오버턴으로
범람현무암 분출

약 25억 년 전

잃어버린 지구의 시간과 초기의 암석권

지구 탄생의 모습은 태양계 행성들의 형성 과정에서 살펴볼 수 있었다. 약 46억 년 전의 일이다. 그러면 현재와 같은 크기로 지구가 만들어지고 나서 어떤 일들이 벌어졌을까 궁금하다. 지구 나이 46억 년은 지구에서 얻은 숫자가 아니다. 아무리 나이가 숫자에 불과하다고 외쳐도 46억이란 숫자는 그냥 나올 수 없다. 지구에는 그 정도 나이의 물질이 어디에도 없기 때문이다. 우리가 아는 지구의 나이는 하나의 가정에서 출발한다. 태양계의 모든 행성이 같은 시기에 만들어졌다는 전제다. 그때 행성으로 자라지 못한 소행성들 역시 만들어졌다. 지구로 찾아오는 소행성들의 파편을 분석하여 나이를 구할 수 있으면 그게 지구 나이의 출발점이 된다.

지구의 나이를 약 46억 년이라고 하는 것은 지구로 낙하한 운석 중에서 태양계의 초기 물질에 해당하는 콘드라이트에 대한 방사성 동위원소 연대측정의 결과가 그런 수치를 보이기 때문이다. 이 책을 쓰고 있는 2021년 현재에 가장 신뢰할 만한 지구의 나이는 45억 6700만 년이다.[1] 그러면 지구에 남아있는 가장 오래된 물질의 나이는 얼마일까? 여기서 한 가지 이해하고 넘어가야 할 것은 광물의 나이와 암석의 나이가 같을 수도 있고 다를 수도 있다는 점이다.

암석은 광물의 집합체다. 어떤 암석은 같은 시기의 광물들이 모여 만들어진다. 가령 화성암처럼 고온의 마그마가 식어가면서 광물들이 만들어지고 그 광물들이 암석을 구성하게 되면, 암석의 나이는 광물들의 나이로부터 설정할 수 있다. 그러나 퇴적암과 같이 여러 암석들에서 풍화와 침식으로 떨어져 나온 입자들이 모여 쌓이고 다시 굳어진 경우 광물들은 아주 다양한 나이를 보이기 때문에 암석의 나이를 구하기 어렵다. 다만 개별 입자의 나이를 구할 수는 있다. 한편, 화성암이든 퇴적암이든 지각변동으로 말미암아 원래 생성될 때와는 다른 온도·압력의 변화를 겪게 된다. 이 시기의 연대가 광물 속에 남겨지며 이를 변성연대라고 한다. 따라서 변성연대는 원래의 생성 연대와는 차이가 있다.

20세기까지 그린란드 이수아 지역의 변성암에서 약 38억 년의 나이를 구한 것이 가장 오랜 지구 암석의 연대였다. 지구의 나이와 8억 년 가까이 차이가 나고 초창기 지구의 모습이 어떠했는지 과학적으로 알아내기 어려웠다. 하지만 21세기 들어서 40억 년보다 오래된 연대들이 속속 발표된다. 캐나다에는 지구에서 가장 오래된 암석들이 분포한다. 북서지역의 아카스타 편마암에서 40억 년의 연대가 발표되었고, 퀘벡주의 북부 허드슨만 부근의 암석에서 최근까지 약 44억 년 전에서 43억 년 전에 이르는 암석의 연대가 발표되고 있다.[2]

특히 초창기 지구의 맨틀의 특성을 엿볼 수 있는 화학적인 자료가 함께 검토되어 원시지구의 탄생과 진화에 대한 실마리가 되고 있다. 또한 호주 서부지역의 오랜 변성사암에 포함된 쇄설성 저어콘 입자

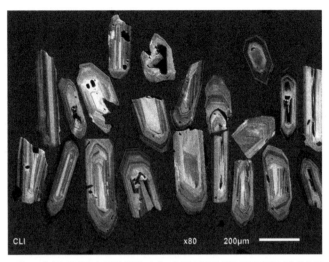

그림 21. 저어콘 결정들의 음극선발광 사진. 저어콘 결정은 처음 만들어지고 난 이후 다양한 지각변동으로 인해 덧성장하게 되며, 그 정보가 결정 내에 남아있다.

에서도 약 44억(43억 7000만) 년의 연대가 구해졌다.[3] 사암은 물의 작용으로 만들어지는 암석이다. 따라서 지구의 바다는 약 44억 년 전보다는 조금 나중에 형성되었을 가능성을 시사한다.

원시지구에서 마그마 바다가 서서히 식어가면서 표면에는 사장석의 결정들로 이루어진 회장암 껍질이 만들어지고 나머지 액은 KREEP 현무암과 같은 암석으로 굳어졌다. 결국 달과 마찬가지로 지구의 껍질인 지각은 상부에 회장암, 하부에 KREEP 현무암이 위치했다. 그리고 맨틀은 상부에 감람석과 휘석이 주로 분포했고, 깊이 내려갈수록 높은 압력에 안정한 브리지마나이트(bridgmanite)와 마그네슘 뷔스타이트(wüstite) 같은 특징적인 광물들로 채워져갔다. 하지만 맨틀의 심부에는 아직 고화되지 않은 마그마 바다가 남아있었다. 지각 아래에 맨틀, 중심엔 핵이 자리 잡으며 지구는 완벽하게 분화된 행성으로서의 모습을 갖추었다.

　그러나 이런 성층구조는 현재 우리가 아는 지구의 모습과는 조금 다르다. 가장 두드러진 차이는 바로 온도다. 마그마 바다가 굳은 직후 맨틀 최상부의 평균 온도는 현재보다 약 200℃ 이상 고온이었다. 그리고 맨틀의 상부와 하부의 온도 차이가 매우 커서 대류가 발생하게 된다. 그런데 이때의 맨틀 대류는 우리가 상식적으로 생각하는 그런 열대류는 아니다.[4] 지구의 지표 전체가 회장암과 현무암의 두 층으로 이루어진 차가운 껍질로 덮여있고, 그 아래 제한된 범위에서만 맨틀 물질이 대류했으리라 생각된다. 이 껍질을 정체덮개(stagnant lid)로 부르고 그 아래의 대류는 정체덮개 대류(stagnant lid convection)라고 부른다.[5] 딱딱한 하나의 차가운 덮개 아래서 일어나는 얇고 소규모인 대류라는 의미다. 이 모습은 현재 지구에서 여러 개의 판이 맨틀 대류에 의해 움직이는 양상과는 상당히 대조적이다. 지구 표면이 여러 개의 판으로 분리되어 상대운동을 하려면 판 자체가 더 약해져야 한다. 그리하여 지표 물질이 지구 내부로 섭입해야만 명실상부한 판구조 운동이 진행되는 것이다.

　지구 초창기엔 맨틀의 온도가 높았기 때문에 기본적인 열대류에 기초하여 맨틀 대류 역시 더 활발하게 일어났을 것으로 예상하기 쉽

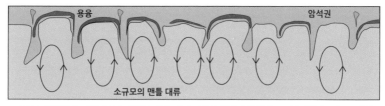

그림 22. 정체덮개 대류의 모습. 명왕누대의 지구 표층은 전체가 암석권으로 덮여있었으며, 그 아래의 맨틀에서는 얕은 깊이에서 소규모의 대류운동이 활발했을 것으로 생각된다.

다. 하지만 21세기에 들어서 지구 초기의 대류가 더 활발했다고 하는 기존 개념을 반박하는 연구 결과들이 발표되었다.

지구 내부에서는 방사성 원소의 붕괴에너지에 의한 발열로 온도가 쉽게 내려가지 않는다. 그러나 만약 맨틀 대류가 지나치게 활발하다면 열에너지가 운동에너지로 소모되고, 또한 많은 열이 우주 공간으로 방출되어 지구는 훨씬 빨리 식었을 것이다. 그리고 명왕누대와 시생누대의 암석들에 대한 연구에서도 지구 초기에 맨틀 대류가 빨랐다는 증거는 나오지 않는다. 오히려 그 반대의 증거가 보고되고 있다. 실제로 암석학과 유체역학을 조합하여 맨틀 대류에 대한 수치 계산을 하면, 맨틀이 뜨거울수록 대류가 느려질 수도 있다는 의외의 결과도 나오지만 검토가 더 필요하다.[6]

여하튼 지구의 초기 암석권은 딱딱하고 차가운 하나의 덮개와 그 아래 제한적인 대류를 하고 있던 맨틀의 상부로 구성되어있다. 그러면 이런 상태가 얼마나 유지되었을까? 초창기 지구의 지각들이 시간이 지남에 따라 약해졌다는 연구 결과가 있다.[7] 지구 내부의 열로 인해 껍질이 팽창하여 균열이 발생한다는 생각인데, 그 과정은 다음과 같다.

뜨거운 맨틀 내부에서 생성된 마그마는 화산으로 분출하고, 이 화산 물질이 지표에서 냉각하는 과정이 반복해서 일어난다. 다시 말해 맨틀에서는 뜨거운 물질이 빠져나가고 지표에서는 차가워진 물질이 쌓여간다. 그리고 차가운 지표의 물질이 두꺼워지면서 계속 깊어지면 암석권은 식게 되고 서서히 지구 전체가 냉각하면서 화산활동 또한 감소해간다. 하지만 맨틀의 최상부가 조금 식었을 뿐이고 대부분의 맨틀은 뜨겁다. 어느 순간 맨틀 심부로부터의 올라오는 뜨거운 열이 상부의 암석권을 다시 가열시키면서 열적 팽창을 일으키게 만든다. 만약 지구의 고체 암석권이 충분히 열적으로 팽창한다면 군데군데 균열이 발생하고, 그 균열들이 빠르게 퍼져나가 암석권은 여러 조각으로 나뉠 수 있다.

과연 지구 초기의 지각이 균열을 만들 수 있는 깨지기 쉬운 성질이었는지는 확인할 필요가 있다. 현재 지구에 남아있는 오래된 대륙지각들을 살펴보면 약 40억 년 이전의 지각을 이루던 암석은 발견하기 어렵다. 초기 지각은 거의 대부분 소멸되었다는 뜻이다. 하지만 약 44억 년의 나이를 가리키는 광물, 즉 저어콘의 존재는 소멸된 물질들이 재순환되었음을 가리킨다. 명왕누대의 원초대륙들은 약하고 깨지기 쉬워 소멸되었다가 다시 재순환되고, 점차 더 강하고 안정한 대륙들로 진화해갔음이 밝혀지고 있다.[8]

지구 최초의 판구조 운동과 원초대륙의 소멸

지구 최초의 판구조 운동이 언제 어떻게 일어났느냐는 오랜 미스터리다. 여러 가설이 있으나 완전히 합의된 설명은 아직 없다. 아무튼 초기 지구의 표면 상태로부터 한번 유추해보기로 하자.

지표 온도가 내려가고는 있으나 아직도 내부는 뜨거운 상태다. 달걀 반숙을 생각해보자. 껍질은 살짝 굳었지만 안쪽은 아직 뜨거운 부분이 많은 상태다. 맨틀도 대부분 굳어가고 있으나 맨틀 전체의 온도 구조를 보면 표층에서는 온도가 낮고, 깊은 곳에서는 아직도 온도가 높다. 그리고 맨틀의 바닥은 아직도 굳지 않고 마그마 상태를 유지했을 가능성도 있다. 이런 구조에서는 당연히 온도 차이에 의한 대류가 일어난다. 맨틀에서의 대류 운동이 생기면서 맨틀 위를 덮고 있는 얇은 지각은 대류의 흐름에 따라 이동하려 한다. 이런 움직임이 생긴다면 지구에서 가장 이른 시기에 일어난 판구조 운동이 될 것이다.

앞에서 언급했듯이 맨틀 대류로 말미암아 지표에 판구조 운동이 활발해지려면 표면의 정체된 암석권의 덮개가 여러 개로 쪼개져야 한다. 그리고 위에서 살펴본 바와 같이 열적 팽창으로 암석권에 균열이 발생했을 수도 있다. 하지만 암석권이 조각난다고 해서 바로 판구조 운동이 일어난다기엔 곤란한 문제가 남아있다. 판의 운동은 상대적인 것으로, 성질이 다른 여러 판들은 서로 다른 방향으로 움직인다.

초기 지구의 지각 껍질은 전체가 비교적 균질한 회장암과 KREEP 현무암으로 이루어져있었다. 이런 껍질이 식어가면서 깨진다고 해도 서로의 물성이 비슷하기 때문에 한쪽이 다른 쪽 아래로 섭입하기는 쉽지 않다. 껍질에 다른 종류의 암석으로 된 지각이 필요하다.

여기서 나온 아이디어가 또 다른 거대충돌이다.[9] 약 44억 년 전 식어가던 지구에 지름이 약 1,000km에 이르는 미행성이 와서 충돌한다. 달이 만들어질 때는 지구가 대부분 녹아있었지만, 지금은 상당히 굳어진 상태다. 그러면 지구의 표층은 파괴되고 엄청난 구덩이와 깨진 틈이 만들어진다. 그리고 충돌의 여파로 생긴 반동으로 맨틀이 솟아오르면서 상승류가 형성된다. 곳곳의 깨진 틈으로 녹은 맨틀 물질이 분출하여 구덩이와 같은 낮은 지형을 채운다.

그때 만들어진 암석이 지금의 중앙해령에서 만들어지는 현무암(mid-oceanic ridge basalt, MORB)과 유사한 암석이다. 그 암석을 MORB 현무암이라고 하자. 그러면 지구 표면에 생긴 엄청난 구덩이에는 MORB 현무암이 생기고 주변의 물이 흘러들어 거대한 바다를 이루게 된다. 이 아이디어를 제안한 연구자들은 일련의 사건이 일어난 시기가 대략 43억 7000만 년 전에서 42억 년 사이로 생각했다. 그리고 이때 만들어진 구덩이, 즉 충돌 크레이터의 크기는 대략 3,000~1만 km 정도로 추산된다.

어마어마한 저지대가 지구 표면에 만들어진다. 결과적으로 이 구덩이야말로 지구 최초의 해양지각이 만들어진 장소다. 주로 회장암으로 되어있던 지각과는 달리 MORB 현무암의 해양지각은 더 무겁다. 또한 바다의 특정 지역에는 맨틀 대류가 상승하게 되고 그곳에서 MORB 현무암이 계속 만들어지는데 상승류의 장소이기에 주변보다 솟아오른 지형이 된다. 무거운 지각이 주위보다 높다 보니 자연스레 양쪽의 낮은 지역으로 미끄러져 이동한다. 지각이 이동하는 순간이다. 맨틀의 대류와 해양지각의 이동은 우리가 잘 알고 있는 판구조 운동이 일어나는 바로 그 모습이다. 지구에서 판의 운동이 시작된다.

어쨌든 명왕누대(지구 탄생~약 40억 년 전)에 이미 지구 상층부에서는 판구조 운동이 시작되었다. 맨틀이 대류하면서 뜨거운 상승류인 플룸에 의해 지표가 들려 올라간다. 판이 섭입하는 곳에서는 해구처럼 움푹 팬 곳이 생긴다. 맨틀 대류의 수평 이동에 따라 육지가 쪼개지고 이동하고, 이동하다 다른 육지를 만나 충돌하고 산맥이 만들어지면 수 km 이상의 고지대가 형성된다. 두꺼운 육지는 대륙이라 할 수 있다.

대륙이 생성되면 없어지지 않는다고 생각하지만, 이 시기의 대륙은 그렇지 않다. 한번 대륙은 영원한 대륙이 아니다. 대륙이 없어질 수도 있는데, 아주 특이한 현상 때문이다. 지체구조 침식(tectonic erosion)으로 불리는 과정으로 두 대륙이 맞닿은 곳에서 계속 침식이 일어나고, 그 깨진 파편들이 지속적으로 맨틀로 기어 내려간다. 지구 최초의 판구조 운동이 시작되고 쪼개진 두 판이 서로 접근하는 곳에서 한쪽의 판이 다른 쪽 판 아래로 기어들면서 원초대륙의 지각이 파괴되고 맨틀 아래로 운반되었다. 40억 년 전까지 이런 판구조 운동으로 원초대륙의 땅덩어리는 거의 대부분 맨틀 아래로 사라져버렸다. 대륙이 사라졌다.

제임스 허턴(James Hutton, 1726~1797)이 말한 바와 같이 지질학에

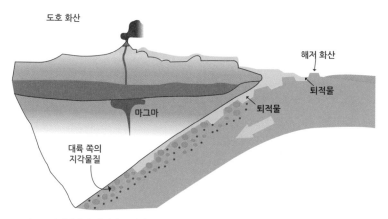

그림 23. 섭입대에서 일어나는 지체구조 침식의 모식도. 초창기 지구표층의 섭입대에서는 대륙으로부터 침식된 지각물질들이 섭입하는 판을 따라 맨틀 내부로 기어 들어갔을 것으로 생각된다.

서 현재는 과거의 열쇠다. 현재 진행되고 있는 다양한 지질학적 현상으로부터 우리는 과거에 일어났던 다양한 사건들을 재구성할 수 있다. 그런데 이런 논리는 정상적인 지구의 상태에서는 타당하겠지만, 초기 지구에서 확인되는 지구 표층의 열역학적인 조건과 표층에서 내부의 핵에 이르기까지의 움직임이 현재와 매우 다를 경우 고민해야 할 부분이 생긴다. 지질학적 변화의 세기와 범위가 반드시 일정한 것은 아니기 때문이다. 지금 얘기하려는 것이 그런 것이다. 명왕누대에 비록 판구조 운동이 시작했다고는 하지만 그 모습은 지금과는 달랐다. 그 차이를 아는 것은 우리 지구의 과거 40억 년의 진화를 이해하는 데 매우 중요하다.

명왕누대의 말에 일어났던 판구조 운동이란 비교적 얇은 판들이 맨틀 대류에 의해 쪼개지고 이동하여 한쪽이 다른 쪽 아래로 섭입하는 양상으로 진행되었다. 얼핏 보면 현재의 지구에도 이와 유사한 판구조 운동이 진행되고 있으며, 지금까지 우리의 해석으로는 기어 내려가는 판 위의 퇴적물들은 상대방 판 위로 깎여 올라가 부가체 프리즘(accretionary prism)이라는 독특한 퇴적층을 만들고, 이는 곧 판 경계부에서 육지의 확장으로 이어질 것으로 생각했다.

이 부가체 프리즘은 현재 지구의 곳곳에서 발견되며 판들이 섭입하는 경계의 대표적인 지질 현상으로 알려져왔다. 그리고 부가체 프리즘의 연대를 알게 되면 그 당시의 판구조 운동의 모습에 대해서도 밝혀낼 수 있다. 그런데 판의 섭입 경계에 대한 해양물리학 탐사, 특히 해구 지형에 대한 정밀 탐사를 수행하면서 우리의 상식과는 조금 다른 모습들이 드러나기 시작했다. 섭입하는 판의 앞부분에서 상대방 판의 지각이 점점 파괴되고, 그 파괴된 물질들이 맨틀 쪽으로 운반되는 모습이 발견된 것이다. 이런 현상이 바로 지체구조 침식이다.

요컨대 20세기 후반까지 판구조 운동의 섭입대에서 부가체 프리즘의 형성이 보편적으로 진행된다고 생각했으나, 21세기의 연구 결과들은 부가체 프리즘보다는 지체구조 침식이 탁월하게 진행되고 있음을 보여주고 있다.

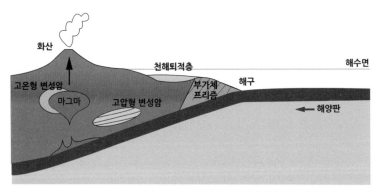

그림 24. 부가체 프리즘의 모식도. 섭입하는 판 위의 퇴적물은 상대방 판 위로 깎여 올라감으로써 독특한 퇴적층을 만들게 된다.

실제로 이런 지체구조 침식이 진행되고 있는 장소는 세계적으로 널려있다. 환태평양 지역, 남극반도에서 남아메리카 서안, 북아메리카, 알래스카, 알류샨열도, 일본열도, 필리핀에서 파푸아뉴기니, 뉴질랜드, 인도네시아, 중동에서 지중해에 이르는 지역의 섭입대에서 지체구조 침식이 발견된다. 물론 부가체 프리즘의 형성이 없는 것은 아니다. 중요한 것은 섭입대의 환경에 따라 부가체 프리즘이 형성될 수도 있고, 지체구조 침식이 탁월할 수도 있다는 점이다. 어떤 현상이 우세하게 일어날 것인가에 대한 이해가 필요한 것이다.

명왕누대에는 판구조 운동으로 지체구조 침식이 아주 탁월하게 일어났고, 그에 따라 당시의 대륙지각이 모두 사라졌다. 그 이유는 당시의 지구 내부의 온도분포가 현재와는 매우 달랐고, 그로 인한 맨틀 대류가 아주 활발하게 일어났기 때문으로 생각한다. 빈번한 섭입과 그 과정에서의 삭박으로 인해 지구 초기의 대륙은 약 40억 년 전 지구 표층에서 거의 대부분 없어져버렸다. 다만, 그때 존재했던 암석 속의 작은 광물, 저어콘은 맨틀로 들어가더라도 다시 마그마 속에서 환생하여 지표로 나오게 된다.

하지만 이런 시나리오가 확정적이라고 단언할 수는 없다. 최근 명왕누대의 지구 맨틀이 전체 지구에 걸친 대규모 순환이 아니라 아주 제한적이고 고립적인 대류를 유지했었다는 연구 결과가 발표되었다.[10] 또한 지구에서의 본격적인 판구조 운동이 더 늦은 시기, 즉 약 32억 년 전에서 30억 년 전에 시작되었다는 주장도 나오고,[11] 그 시기를 반박하면서 늦어도 약 40억 년 전에는 시작되었다는 주장도 대립하고 있어 앞으로의 연구를 더 지켜봐야 할 것이다.[12]

지구 표층의 수직 변화

약 44억 년 전 지구 표층에서 판구조 운동이 시작되었다고 생각하면, 섭입 경계부에서는 지체구조 침식 또한 진행되어 명왕누대 말기의 약 40억 년 전 무렵까지 원초대륙은 거의 깎여나가 표층에서 사라져버렸다. 실은 사라져버린 것이 아니라 표층에서 맨틀로 이동한 것이다.

원초대륙을 이루던 물질은 맨틀로 이동하더라도 일정 깊이 이상 내려가지 못한다. 왜냐면 그 깊이에서 원초대륙의 밀도가 맨틀 밀도와 거의 비슷하기 때문이고, 따라서 위로도 아래로도 이동하지 못하고 모여있게 된다. 그렇게 체류하는 장소는 대략 지하 410~660km 정도이고 이 깊이를 '맨틀 전이층'이라 부른다. 그런데 시간이 흐르면 원초대륙의 암석 속에 있던 광물은 높은 온도와 압력으로 말미암아 불안정해지고, 새로운 온도-압력 조건에 맞는 광물로 변하게 된다. 즉, 광물 결정구조의 탈바꿈이 일어나는 광물 상전이가 진행된다. 표층에서 안정하던 광물이 맨틀에 내려오면 고온고압에 적응하기 위해 좀 더 치밀한 구조를 만드는데, 체적은 줄어들면서 밀도는 커진다. 시간이 지나면서 체류 물질들이 무거워지기 때문이다. 맨틀 전이층에 체류하던 원초대륙의 암석들은 점점 맨틀의 바닥을 향해 가라앉게 된다. 만약 그때까지 맨틀과 핵의 경계에 마그마 바다가 존재한다면, 그 마그마 바다 속으로 조금씩 가라앉으며 녹게 된다.

한편, 판의 운동이 시작되면서 섭입하던 판의 일부가 녹아 지하에 서는 안산암과 화강암의 마그마가 만들어지고 대륙지각을 관입하거 나 뚫고 나와 화산으로 분출한다. 이때의 화강암은 우리가 흔히 아 는 화강암과도 조금 다른 암석이다. 이 암석은 섭입하는 판의 온도가 높을 때 용융되는 물질에서 유래하는데, 흔히 TTG(Tonalite-Trondhjemite-Granodiorite) 암석이라고도 불리는 화강암질 암석의 일종이다.

바다에는 화산섬이 활 모양으로 죽 늘어선 도호(島弧, island arc)의 형 태를 이루지만, 도호 역시 판 경계부에서의 섭입으로 말미암아 다시 맨틀로 기어 내려가버린다. 맨틀로 섭입한 이 화강암질 지각 또한 맨 틀 전이층에 쌓여 체류하며 비교적 중력적으로 안정한 층을 이루게 된다. 마치 맨틀 내에 또 하나의 대륙지각이 있는 신비한 모습이다.[13] 판의 경계에 있는 섭입대에서는 이처럼 원초대륙도, 도호의 지각도

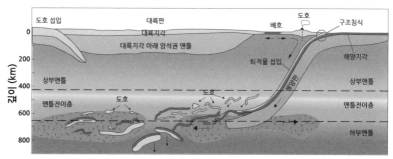

그림 25. 맨틀 전이층에 지각물질이 쌓이는 모습. 맨틀로 섭입한 지각이나 도호는 맨틀 전이층에 쌓 여 체류하며 일정 기간 안정한 층을 이룬다.

맨틀로 침강할 뿐만 아니라, 중앙해령에서 만들어진 해양지각 또한 섭입하여 맨틀 전이층에 모인다. 그리고 이 전이층에 모여있던 커다란 덩어리는 자체 밀도가 주변보다 커질 때 비로소 맨틀의 바닥 쪽으로 낙하하게 된다. 엄청난 규모의 붕락이다.

이러한 표층 암석들의 수직적인 변화는 어떻게 검증할 수 있을까? 그것은 암석의 밀도가 지구의 깊이에 따라 어떻게 변하는지를 살펴봄으로써 알 수 있다.[14] 지표 부근에서 밀도가 낮은 순서로 보면, 먼저 원초대륙을 구성하는 주요 암석인 회장암의 밀도가 가장 낮다. 그다음으로는 도호의 화성활동으로 만들어진 화강암의 밀도가 낮다. 중앙해령의 현무암은 앞의 두 암석보다는 밀도가 높지만, 맨틀의 주요 암석보다는 밀도가 낮다. 요컨대 원초대륙이 표층 부근에서 가장 가볍다.

하지만 원초대륙이 섭입대에서 지체구조 침식으로 말미암아 맨틀 아래로 침강하면 상전이에 의해 밀도가 높아지게 되고, 하부맨틀에서는 밀도가 가장 커짐이 밝혀져있다. 이처럼 지체구조 침식으로 지표의 원초대륙이 사라지게 되면 지구의 표층 환경은 크게 변하기 마련이다. 생명에게 필수불가결한 풍부한 영양염의 공급원이었던 원초대륙의 소실은 당시에 있었을지도 모르는 원시생명에게는 엄청난 재앙이었을 것이다. 지표에는 원시생명에게 원초대륙 대신에 생명을 앗아가는 맹독의 바다만이 남게 되었다.

원초대륙이 사라진 시점에 명왕누대가 끝이 나고 시생누대(약 40억 년 전~약 25억 년 전)가 시작된다. 대륙이 없어졌기 때문에 지구의 표면은 바다만이 출렁거리는 모습이었다. 물론 독성이 강한 바다다. 대륙은 표층에서 사라졌지만 아직 판의 운동은 완전히 끝난 것은 아니다.

기어 내려가던 판이 용융되어 거기서 마그마가 생기고 그 마그마는 지표를 뚫고 올라와 화산으로 분출했다. 한편, 맨틀이 계속 대류하고 있기 때문에 뜨거운 상승류의 장소에서도 마그마의 분출이 있었을 것으로 생각된다. 마치 현재의 하와이와 같은 열점의 방식으로 마그마가 지표로 흘러나왔을 것이다. 이 마그마는 코마티아이트(komatiite)라고 하는, 특히 마그네슘 함량이 아주 높은 매우 특이한 화산암을 만들었다. 그러고 보니 시생누대의 처음에는 지구의 표면을 덮은 바다에 화산섬들이 떠있는 모습이었을 것이다.

그건 그렇다 치더라도 아직 머릿속에 진한 의문이 남는다. 사라진 대륙은 어디로 갔을까?

맨틀의 자리 바꾸기

시생누대에도 지표에서의 커다란 환경 변화가 계속되고 더불어 지하의 맨틀에서는 믿기지 않는 현상 하나가 꿈틀대고 있었다. 맨틀오버턴(mantle overturn)이라 불리는, 상부맨틀과 하부맨틀이 서로 자리바꿈하는 현상이다.[15] 초기에 맨틀의 온도가 높았을 때 상부맨틀과 하부맨틀에서 일어나는 대류는 서로 별개의 운동이 되고 지하 660km를 경계로 맨틀의 상부와 하부는 뚜렷이 분리되었다.

상부맨틀에서는 판의 운동으로 말미암아 중앙해령에서 생긴 해양 지각이 수평으로 이동하여 섭입대의 해구에서 상부맨틀과 하부맨틀의 경계인 660km 깊이까지 내려간다. 이런 순환이 계속되면서 상부맨틀은 점차 에너지를 소비하여 냉각되고 무거워져간다. 반면, 하부맨틀은 위에 놓인 상부맨틀이 마치 담요처럼 덮고 있기 때문에 쉽게 냉각되지 않는다. 시간이 점차 흘러 두 맨틀 사이의 밀도 차이가 작아짐에 따라 부분적으로 밀도의 역전이 생기게 되는데, 이때 상부맨틀이 하부맨틀과 자리를 바꾸게 되고 뚜렷하고 분리된 두 개 층의 대류에 변화가 생기기 시작했다.

그러니까 원래 시생누대의 맨틀은 상부맨틀과 하부맨틀이 각각 대류하며 섞이지 않는 뚜렷한 두 개의 층을 이루고 있었다. 그런데 상대적으로 지표에 가까운 상부맨틀은 빨리 식어갔고, 반면 하부맨틀은 더디게 식었다. 하부맨틀의 냉각이 느렸던 것은 여러 가지 요인이 있는데, 상부맨틀이 열의 방출을 방해하는 담요 역할을 하여 하부맨틀에 포함된 방사성 원소의 발열이 보존되었을 것이고, 그리고 핵으로부터 방출되던 열로 인해 하부맨틀의 아래가 데워졌기 때문이다. 계속하여 냉각하던 상부맨틀의 구성 물질은 그 아래에 놓인 하부맨틀보다 부분적으로 밀도가 더 높아지는 현상이 발생하게 된다. 즉, 차가워져 무거워진 상부맨틀의 일부가 하부맨틀 쪽으로 침강하며 위치가서로 뒤바뀌게 된다. 이것이 맨틀오버턴이다.

한쪽 장소에서 상부맨틀의 식은 덩어리가 낙하하면 동시에 다른 장소에서 따뜻한 하부맨틀의 구성 물질이 위로 상승한다. 이렇게 상

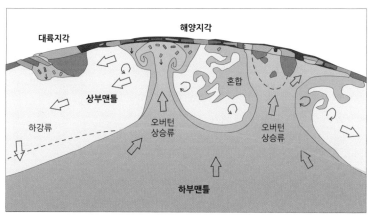

그림 26. 상부맨틀과 하부맨틀의 위치가 바뀌는 맨틀오버턴의 모식도. 상부맨틀에서 차갑고 무거워진 물질이 심부로 하강하고, 하부맨틀에서는 뜨겁고 가벼운 물질이 상승함으로써 서로 위치를 바꾸는 오버턴 현상이 발생한다.

승한 하부맨틀의 물질은 따뜻하다고 해도 여전히 고체의 암석들이다. 그러나 얕은 곳으로 올라오면서 온도의 변화는 적고 대신 압력의 감소가 커지게 되면 고체의 암석은 녹게 된다. 압력이 낮아지면서 용융이 일어나는 이른바 감압용융이다.

맨틀오버턴으로 상부로 올라온 하부맨틀의 암석이 녹게 되고 많은 양의 마그마를 만들어 지표에 분출한다. 엄청난 양의 마그마가 지표에 쏟아지는데, 이 마그마는 점성이 낮아 물처럼 잘 흐른다. 마치 큰비가 올 때처럼 많은 양의 용암이 한꺼번에 지표를 흘러가는 모습으로, 이 상태를 범람현무암(flood basalt)이라 부른다. 점성이 낮고 광물의 반정이 거의 없는 특별한 현무암이며, 시생누대 말기에 전 지구적인 규모로 분출한 기록들이 여기저기 남아있다(제9장 참고). 지구에는 25억 년 전보다 오래된 조산대가 분포하고 있는데, 그런 장소에 범람현무암의 흔적이 있다. 그 용암류의 두께는 평균 2~3km로 매우 두꺼워 약 27억 년 전에서 25억 년 전에 아주 넓은 지역에 범람현무암이 분출했음을 알 수 있으며, 맨틀오버턴의 중요한 증거가 된다.

핵과 지구자기장의 형성

　지구의 가장 깊은 곳, 핵. 지구가 만들어지던 초기에 핵은 맨틀로부터 분리되었다. 우리는 핵의 물질이 대부분 철과 약간의 니켈로 되어있고 내핵이 고체, 외핵이 액체라는 사실도 너무나 뻔한 상식으로 알고 있다. 그런데 1950년대 초 외핵의 밀도가 철과 니켈의 금속만으로 되어있지 않고 가벼운 원소가 포함되어있다는 사실이 알려졌다. 이 문제를 핵의 밀도 손실이라 하고 지구과학의 난제 중 난제이며 아직 미해결 상태다.[16] 도대체 무슨 일이 생겼던 것일까?

　대부분 철과 니켈로 이루어진 핵은 밀도가 작은 맨틀에 비해 중력적으로 안정되어있어서 핵과 맨틀 사이에는 물질의 교환이 없다고 생각되어왔다. 하지만 수억 년 간격으로 낙하하고 상승하는 물질의 흐름(플룸)을 통해 핵과 맨틀 사이에 원소의 교환이 일어났을 가능성이 제기되었다. 우선 맨틀오버턴에 의해 하부맨틀로 내려간 상부맨틀의 물질에서 그 실마리를 찾아볼 수 있다. 식어서 무거워진 상부맨틀의 물질은 하부맨틀을 통과해 맨틀-핵의 경계까지 내려가서 핵의 외부를 선택적으로 식히게 된다. 하부맨틀의 바닥의 온도는 대략

4,000℃ 정도로 추정되지만 저온의 상부맨틀 물질이 낙하한 장소의 온도는 2,000℃ 정도로 내려가고 결과적으로 맨틀-핵 경계부에서는 수평 방향으로 커다란 온도 차이가 발생한다. 또한 부분적으로 차가워진 핵의 외곽 부분은 그 아래와의 온도 차이 역시 커지게 되면서 수직 방향의 열 흐름, 즉 대류가 일어날 것으로 생각된다.

핵의 외곽에서 상대적으로 저온이 된 철의 용융체는 점차 핵의 중심을 향해 가라앉게 되고, 점점 압력이 높아지면서 고체의 결정이 되어간다. 요컨대 철의 용융체가 철의 결정으로 석출되면서 고체 핵이 성장하게 되는 것이다. 핵 외곽의 냉각으로 말미암아 핵의 내부가 중심의 고체 핵과 바깥의 액체 핵이라는 두 개의 층으로 나뉘게 된다.

한편, 지진파의 연구에서 밝혀진 바로는 바깥쪽 외핵은 횡파를 통과시키지 않기 때문에 구성 물질인 철과 니켈이 액체 상태이다. 그런데 액체인 외핵을 통과하는 종파(P파)의 관측과 실험 자료를 검토해 보면, 외핵을 액체 상태의 순수한 철이라고 가정할 때보다 지진파의 속도는 10% 정도 빠르고, 밀도는 5% 정도 낮음을 가리킨다. 이 사실은 외핵에는 철과 니켈 이외에 가벼운 원소가 어느 정도 포함되어야 함을 시사하는 것이다. 반면, 외핵 아래의 내핵은 반경 1,300km 정도의 고체이고 철과 니켈의 합금으로 이루어져있다.

핵에 들어있을 만한 가벼운 원소는 수소, 탄소, 질소, 산소, 규소, 유황 등의 여섯 종류이며, 이 중에서 철과의 친화력이 약한 질소를 제외한 나머지 원소들은 핵에 충분히 들어있을 것으로 생각된다. 어떻게 이토록 가벼운 원소들이 핵에 들어갈 수 있었을까? 한 가지 추정해볼 수 있는 것은 지구자기장의 존재이다. 지구자기장은 철(금속)과 같은 높은 전기전도도를 가진 물질의 흐름에 의해 생기는 전자유도 자기장이다. 그리고 지구자기장의 기록은 약 35억 년 전의 암석에도 남아 있기 때문에 핵 전체가 액체로서 대류한 현상은 오랜 기간 이어져왔을 것으로 생각할 수 있다. 그리고 현재는 중심의 내핵이 고체로 되어 있음에 주목해야 한다. 즉, 금속으로 이루어진 내핵이 고체가 되면서 원래 액체 상태의 핵 전체에 퍼져있던 소량의 가벼운 원소들이 핵의 바깥쪽으로 이동했고, 그에 따라 가벼워진 나머지 핵의 성분들이 상승하여 외핵을 형성했을 가능성이 있다. 이는 단순한 조성적 대류로 설명된다.

한편, 최근 제기되고 있는 외핵/내핵 분리 과정은 지구 구성 물질의 기본이 되는 이산화규소(SiO_2)와 관계있다.[17] 지각구성 8대 원소의 첫째와 둘째에 해당하는 산소와 규소는 지구 초창기부터 풍부했을 것이며 지각, 맨틀, 핵으로 밀도 분리가 일어날 당시에도 맨틀의 기본 물질로 존재했다. 핵을 이룬 금속들이 맨틀로부터 지구 중심으로 낙하하는 과정에서 일부 산소와 규소 성분이 액체 금속으로 들어갔을 것으로 생각된다. 즉, 초기의 핵의 성분에 산소와 규소가 존재했다는 의미다. 그리고 핵의 온도가 내려가면서 산소와 규소가 이산화규소의 화합물로 결정화되고 떠오르면, 나머지 액체 핵 속에는 가벼운 성분이 빠져나가면서 무거워지고 가라앉아 대부분 금속만으로 된 내핵이 만들어지게 된다.

그런데 지금의 외핵은 규소와 산소를 대부분 잃어버렸기 때문에, 그 밀도를 설명하기에는 다른 가벼운 원소가 필요하다. 가장 유력한 후보는 현재 수소로 생각된다. 수소를 포함한 액체 철(Fe-H)은 현재 외핵의 밀도와 지진파 속도를 잘 설명할 수 있다.[18] 핵에 수소가 다량 포함되어있다는 것은, 핵 형성 시에 지구에 물이 많이 존재했음을 시사한다. 그 양은 해수의 수십 배에 이른다. 실제로 최근의 행성 형성 이론에 의하면 해수의 수십 배에서 100배 정도의 물이 지구 집적 시에 운반되어왔을 가능성이 높다. 하여간 핵의 역사에 대해 아직 모르는 부분들이 많은 만큼 더 많은 연구가 필요하다.

핵의 움직임 가운데 생물에게 가장 중요한 것은 외핵의 대류로 인한 강한 지구자기장의 형성이다. 지구의 강한 자기장의 원인은, 지구 중심에 영구자석이 있기 때문이라고 상상할 수 있다. 그러나 그러기엔 외핵의 온도는 4,000℃를 넘어 자기적 성질을 보존하기 위한 온도를 훨씬 초과하기 때문에 외핵이 자화된 상태를 그대로 가지는 영구자석일 가능성은 없다. 다른 하나의 가능성으로는 외핵 속에는 격렬한 전류의 흐름이 있고, 그 전기가 자석을 만들고 있다고 생각하는 것이다. 이를 전자유도 다이나모라고 한다.

지구 다이나모를 만든 규칙적인 대류운동을 일으키는 원인은 플룸구조론(plume tectonics)에서 찾을 수 있다. 현재 지구의 내부에는 섭입된 지각물질이 약 660km 깊이에서 체류하다 외핵 쪽으로 침강하는 차가운 물질의 흐름, 즉 콜드플룸이 있고, 반대로 맨틀과 외핵의 경계부에서 지표를 향해 상승하는 뜨거운 물질의 흐름인 핫플룸이 있다. 이런 플룸의 움직임으로 지구 내부와 지표의 변동을 함께 살피는 이론이 플룸구조론이다. 하강한 콜드플룸이 외핵의 경계에 이르면 외핵의 바깥쪽으로부터 부분적인 냉각이 일어나고, 그것이 대류를 일으키는 원인이 된다는 것이다.

그런데 시생누대의 경우는 현대적 플룸구조론과는 다르지만 유사한 움직임이 있었다. 가령 27억 년 전에 맨틀오버턴으로 말미암아, 맨틀 대류가 상부맨틀과 하부맨틀이 각각 대류하는 2층 대류에서 맨틀

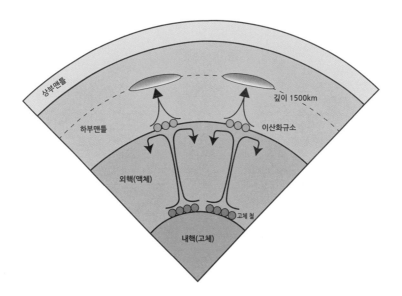

그림 27. 외핵에서의 이산화규소 결정작용과 대류. 지구 초기에 규소와 산소가 풍부한 액체 철은 핵의 최상부, 즉 맨틀과의 경계부에서 이산화규소의 결정을 만든다. 그 뒤 남은 액체가 무거워지면서 침강하게 되는데, 이것이 외핵을 대류시킨다. 한편, 내핵에서 고체 철의 결정화도 외핵의 대류에 기여했을 것으로 생각된다. 핵-맨틀 경계부에서 만들어진 이산화규소는 주위와의 밀도가 같아지는 깊이 약 1,500km까지 상승했을 가능성이 있다.

전체 대류로 변하게 된다. 상부맨틀과 하부맨틀의 경계층에 머물던 차가운 덩어리가 갑자기 외핵 표면까지 붕락하는 변동이 일어나는 것이다. 가라앉은 상부맨틀의 식은 덩어리가 외핵의 표층을 냉각시키면 차가워져 무거워진 표층의 외핵 물질은 아래로 가라앉고, 대신 외핵 내부의 뜨거운 물질이 상승하여 대류가 활발해진다. 이때 지구 다이나모가 작동하고 강력한 지구자기장이 탄생하게 되는 것이다.

　과거 지질시대의 암석에 남겨진 지구자기장의 흔적을 조사하여 정리하면, 약 35억 년 전부터 28억 년 전 무렵까지의 지구자기장 강도는 매우 낮았지만, 약 27억 년 전 무렵부터 급속도로 강해져 현재의 값과 가까워졌다. 아직 지구자기장의 형성 원인이 완전히 밝혀진 것은 아니며, 다양한 주장들이 존재한다. 지구자기장 강도의 증가가 고체 핵의 탄생에 원인이 있다는 주장도 있고, 외핵과 내핵의 분리가 지구-달 시스템의 역학적인 공명에 기인한다는 주장도 있다.

제3부

월씬 오래전부터
나타난 생명

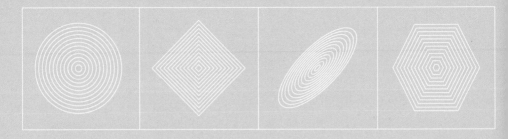

제6장 | 생명,
그 신비함의 출발

약 45억 6700만 년 전
지구 형성

마그마 바다

약 44억 년 전
원시대기와 원시바다 형성

원초대륙 소멸 이전에 생명 탄생
(간헐천 모델)

약 40억 년 전
최초 생물로 가는 진화 진행
(심해 열수계 모델)

생명이란 무엇인가?

이제는 우리가 우주의 중심이라는 생각을 가진 사람은 드물 것이라 생각한다. 우리는 우주의 한쪽 가장자리에서 삶을 영위하는 그저 그런 주변적인 존재에 불과하다. 스티븐 제이 굴드(Stephen Jay Gould, 1941~2002)가 말했듯이 물리학과 천문학은 우리 지구를 우주의 한쪽 구석으로 쫓아내고, 생물학은 인간의 지위를 신의 형상으로부터 직립한 벌거벗은 원숭이로 바꾸어놓았다.[1] 이런 차가운 인식에 대한 정신적인 포용은 쉽지 않다. 내 삶의 주인이 내가 되어야 한다는 자기 최면 속에서 하루하루 버텨나가는 현대인에게 우주의 실상은 받아들이기 만만치 않다. 하지만 언젠가 소멸해야 할 운명 속에서도 인류는 오늘의 삶에 나름의 가치를 부여하고 있다. 왜냐하면 이 우주의 변방에서 하나의 생명이 태어나고 자라나기까지는 그리 쉬운 여정이 아니었기 때문이다.

우주 공간에 우리와 같은 생명이 더 있을 수도 있고 아닐 수도 있지만, 분명한 것은 우리 정도의 생명이 있기 위해서는 만족해야 할 조건이 그리 간단치 않다는 점이다. 별 볼 일 없는 존재일지 모르나 그렇다고 가치 없는 생명도 아니다.

지구에 어떻게 생명이 출현하게 되었을까? 학생 때 분명 배운 적이 있다. 오파린의 가설이나 유리 · 밀러 실험을 통해 생명의 기원이 화학적인 반응에서 유래했을 가능성을 들어본 적이 있다. 유리 밀러의 실험은 초창기의 지구와 비슷한 물리화학적 환경을 만들어주고 거기에 고에너지를 가해 무기물질로부터 아미노산과 같은 유기물을 합성하는 실험이다. 그리고 더 복잡한 유기물을 만들기 위한 지구의 환경이 어떠했을 것이라고 유추하기도 했다.

그 이외에도 지구의 생명 자체가 우주에서 왔다고 하는 설도 있었는데, 화성을 경유해서 지구에 도착했다는 설도 있었다. 근래에는 아주 깊은 바다에서 뿜어져 나오는 열수(hydrothermal fluid, 지하의 뜨거운 마그마에 의해 데워진 물)기둥의 주변에서 생명이 탄생했다는 설도 있다. 우리는 어쩔 수 없는 호기심에 이런 이야기들에 귀를 기울인다. 우리의 출발점이 어디인지 궁금하기 때문이다. 우리는 어떻게 만들어진 것일까?

지구에서 생명이 출현하게 된 과정을 살피는 데 우선 필요한 것이 생명이란 무엇인가에 대한 정의다. 사실 이런 정의는 절대적일 수 없고, 현재까지도 완전하게 합의된 정의란 존재하지 않는다. 무언가에 대해 규정한다는 행위는 인위적인 것이다. 자연에 대해 정의하고, 구분하고, 분류하는 행위 자체가 자연에 대한 인간의 개입이다. 자연은 스스로 그런 행위를 하지 않는다. 다만 인간은 자신의 이해를 돕기 위해 의도적으로, 그것도 위계를 만들어서 사물과 생명을 정의하고 있다.

그런 맥락에서 생명을 정의해보자. 만약 물질로서 생명을 정의한다면 그것을 구성하는 원소로 나열할 수 있다. 주요 원소가 탄소(C), 수소(H), 산소(O), 질소(N)임은 이미 상식적으로 알고 있다. 그러나 이 네 가지 원소만으로는 생명을 만들 수 없고, 거기에 인(P)과 유황(S) 그리고 포타슘(K)이 필수적으로 있어야 한다. 그 외에도 20여 개의 금속원소가 필요하다. 이런 원소들로 만들어진 것을 생명으로 정의할지도 모른다.

지구의 생명은 탄소, 수소, 산소, 질소 네 가지 원소를 기본으로 하고, 이 원소들이 결합하여 거대 분자로 이루어진 고분자 화합물, 즉 단백질, 핵산, 탄수화물, 지질 등을 만든다. 이 고분자 화합물들부터 일정한 구조와 기능을 가진 세포 소기관이 만들어지는데 핵, 미토콘드리아, 엽록체, 소포체, 액포 등이 그에 해당한다. 그리고 세포 소기관은 세포를 구성하는 기관이다. 생명에 대한 가장 보편적인 정의에서 보면 바로 세포가 생명의 기본 단위다. 그 이유는 하나의 세포 안에 그 생물의 모든 유전정보가 들어있기 때문이다.

우리는 앞으로 지구에서의 생물 진화를 살펴볼 것이다. 그 과정은 지구상에 나타난 과거 생명의 흔적과 그들의 변화을 찾아보는 것이고, 그 기본 역시 세포다. 세포에는 핵이 없고 크기가 작으며 단순한 구조를 가지는 원핵세포와, 유전 물질을 가진 핵과 여러 세포 소기관을 가진 진핵세포가 있다. 세포 내에 핵이 있든 없든 하나의 세포로 이루어진 생물은 단세포 생물이다. 반면, 여러 세포가 모여 새로운 기능을 가진 하나의 생물이 되면 다세포생물이고, 모두 진핵세포로 이루어진다.

한편, 지구에는 산소를 제외하고 가장 많은 원소가 규소(Si)이다. 하지만 규소를 중심으로 한 생물은 발견된 바 없다. 지각과 맨틀 같은 고체 지구의 기본은 규소이지만 생명체와는 거리가 멀다. 그리고 규소는 탄소처럼 고리형 화합물을 만들지도 못한다. 지구에서는 고체는 규소, 생명은 탄소라는 서로 다른 원소를 매개로 40억 년 이상의 세월을 진화해왔다.

생명의 기원

지구의 생명은 언제 어떻게 탄생한 것일까? 이는 과학계에서 아직도 정답을 찾지 못한 난제 중 하나이며, 마땅한 답을 찾기 위한 노력이 계속되고 있다. 지구가 언제 태어났을까에 대한 다양한 생각이 있었듯이 생명의 기원에 대해서도 신화와 종교를 포함하여 다양한 설이 있었다.

1860년에 파스퇴르(Louis Pasteur, 1822~1895)는 '어떠한 생물도 자연 발생하지 않는다'는 것을 실험적으로 증명했다. 거의 같은 시기인 1859년 다윈(Charles Robert Darwin, 1809~1882)은 『종의 기원』을 저술하고 생물 '종'은 오랜 기간에 걸쳐 소수의 공통조상으로부터 점진적으로 진화해왔다고 주장했지만, 생명의 기원에 대해서는 가급적 논의를 피했다. 그러나 당시의 여러 정황으로 보건대 다윈은 생명이 자연 발생했을 것으로 생각했던 것 같다.[2]

그러면 최초의 가장 간단한 생명은 어떻게 탄생한 것일까? 생명의 기원 연구가 본격화된 것은 1950년대부터이며, 이는 분자생물학과 행성 탐사의 여명기와 겹친다. 1953년 왓슨(James Dewey Watson, 1928~)과

크릭(Francis Harry Compton Crick, 1916~2004)은 DNA 이중나선 구조를 밝혀냄으로써 생명과학, 특히 분자생물학이 크게 발전하는 계기를 마련했다.[3] 한편 옛 소련은 1957년 최초의 인공위성 스푸트니크 1호를 쏘아 올렸고 미국과 소련을 중심으로 달탐사가 진행되었다. 분자생물학과 행성 탐사는 이윽고 생명의 기원 연구를 뒷밀이하게 된다.

현재 생명의 기원에 대한 과학적인 생각은 크게 두 가지로 나뉜다. 첫째는 우주에 생명 혹은 생명의 배아(씨앗)와 같은 것이 존재하며 그것이 초기 지구에 날아왔다고 하는 '판스페르미아(Panspermia)설'로 불리는 것이다. 고대 그리스어로 '판'은 '모든', '스페르미아'는 '씨앗'이라는 뜻이다.

공상과학 소설에나 나올 법한 이야기처럼 들리지만 그리 터무니없는 얘기는 아니다. 가령 생명이 존재하던 행성에 다른 천체가 충돌하게 되면 행성 물질의 일부가 우주 공간으로 방출되고, 혹시라도 방출된 파편에 생명체가 포함되어있다면 그 상태로 우주 공간을 이동할 수도 있을 것이다. 다만 생명이 유지되도록 해로운 광선으로부터 보호되어야만 한다. 하지만 이 판스페르미아 가설은 언제 어디서 생명이 태어났는지 구체적으로 설명할 수 없기 때문에 지구 생명을 포함하여 생명의 기원 그 자체에 대한 설명이라고 보기는 어렵다.

둘째는 초기 지구환경에서 무기물로부터 유기물이 만들어졌고 그로부터 최초의 생명이 탄생했다고 하는 '화학진화설'이다. 생명을 구성하는 유기물이 무기적인 합성으로 만들어진다고 하는, 어떻게 보면 화학적으로 아주 자연스러운 생각이기에 현재까지 많은 사람들이 지지하고 검증해왔다. 이 가설은 20세기 초 알렉산드르 오파린(Alexander Oparin, 1894~1980)이 그의 저서 『생명의 기원』에서 제창한 것이다.[4] 무기물로부터 만들어진 유기물이 초기의 바닷물 속에 축적되어 있었을 것으로 생각했는데, 초기 바닷물 속에 세포막과 같은 구조가 형성되고 유기물이 그 속으로 들어가 물질대사의 반응이 일어나 결과적으로 생명이 탄생했다는 것이다.

이 최초의 생명은 주위의 유기물을 섭취하여 대사하는 종속영양 생물이었던 것으로 생각된다. 1953년에 해럴드 유리(Harold Clayton Urey, 1893~1981)와 그의 학생이었던 스탠리 밀러(Stanley Lloyd Miller, 1930~2007)는 실제 생명의 재료 물질이 되는 아미노산과 같은 단순한 유기물로부터 무기적 합성이 가능함을 보였다.[5] '유리 · 밀러 실험'으로 알려진 아주 유명한 실험이다. 그들은 지구의 초기 대기를 모방하기 위해 플라스크에 메테인, 암모니아, 수소의 가스를 주입하고 물을 가열하여 수증기를 순환시키는 한편, 벼락을 모사한 불꽃방전을 일으킨 결과로 아미노산이 생성되었다. 이 실험은 초기 지구환경에서도 무기물로부터 유기물이 합성되고, 결과적으로 생명 탄생에 이를 수 있다고 하는 화학진화의 강력한 근거가 되었다.

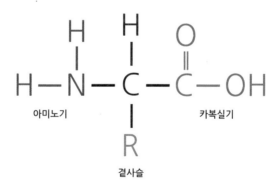

그림 28. 아미노산의 기본 구조.

생명을 이루는 물질

　20세기 중반 지구의 원시대기의 조성에 대한 두 가지 주장이 있었다. 하나는 메테인, 암모니아를 주로 하는 강한 환원형 대기라는 입장이고, 다른 하나는 이산화탄소, 질소를 주로 하는 비환원형 혹은 산화형 대기라는 주장이었다. 유리와 밀러는 강한 환원형 대기에 기초하여 메테인, 암모니아, 수소, 수증기의 혼합 기체 속에 방전을 일으켜 단백질의 주요 구성 분자인 아미노산이 아주 간단하게 생성될 수 있음을 보였다. 그들은 지구는 티끌이 모여 형성되고, 저온 조건에서 주위의 가스를 포획했다고 생각했다. 그리고 그 경우, 초기의 대기는 메테인, 암모니아, 수소 같은 환원적인 조성이 된다고 보았다. 그러한 대기를 '1차 대기'라고 부른다. 현재 목성의 대기가 그런 1차 대기이고, 유리 · 밀러의 실험에서 그런 초기 대기를 가정한 것이다. 그 후 유사한 실험이 많이 진행되었고 강한 환원형 대기로부터 자외선, 열, 충격파 등에 의해 아미노산이 수월하게 생성됨이 보고되었다.

　하지만 유리 · 밀러의 실험이 이루어지던 바로 그 무렵, 희가스(rare gas), 즉 헬륨, 네온, 아르곤 등과 같은 비활성기체의 연구로부터 원시

지구의 대기가 1차 대기가 아니었다는 것이 밝혀졌다. 원시지구대기는 태양 대기보다도 운석에 포함된 희가스 조성에 가깝다는 사실이 확인된 것이다.

다시 말해 원시지구대기는 원시태양계 원반 속에 포함되어있던 가스와 같은 강한 환원형의 1차 대기가 아니라, 미행성들이 충돌하여 그 속에 들어있던 가스 성분이 방출되어 만들어진 탈가스 대기로서 이산화탄소, 일산화탄소, 질소, 수증기 등으로 이루어졌다고 생각하게 된 것이다. 이러한 대기는 '2차 대기'로 불리며 덜 환원적인 또는 조금은 산화적인 대기 조성이다. 그러나 환원적인 물질인 유기물이 2차 대기의 조성으로부터는 생성되기 어렵고, 탄소가 전부 이산화탄소로서 존재하는 경우에는 아미노산이 거의 생성되지 않는다는 사실도 지적되었다.

20세기 후반 들어 행성 탐사의 결과들이 속속 발표되고, 행성계 형성에 대한 과학적 연구 결과들이 알려지면서 지구의 탄생에 대한 새로운 스토리가 만들어졌다. 지구는 미행성의 충돌이 셀 수 없이 거듭되고 합체되면서 성장하였다. 그리고 거대충돌로 인해 마그마 바다가 형성되면서 초기의 대기 조성도 그 영향을 받게 된다. 지구의 핵이 철금속으로 되어있다는 사실은 마그마 바다에 상당량의 철 성분이 포함되어있었다는 확실한 증거다.

대기와 마그마 바다에 포함된 철이 반응함으로써 초기 대기는 수증기와 이산화탄소뿐만 아니라 수소와 일산화탄소 등을 많이 포함하는 조성이 된다는 사실이 밝혀졌다. 그리고 탄소의 화합물로서 이산화탄소뿐만 아니라 일산화탄소와 메테인이 조금이라도 포함되어있으면 아미노산이 생성될 수 있다는 실험 결과도 알려졌다. 이 경우 아미노산이 얼마나 생성되는가는 원시대기 중의 일산화탄소와 메테인의 양, 즉 분압에 강하게 좌우된다. 요컨대 초기 지구의 환경이 어떠했는지는 생명의 탄생에 매우 중요했다.

한편, 우주에 생명의 씨앗이 존재한다는 판스페르미아설은 천체들의 관측으로부터 검증되었는데, 아미노산이 성간 분자구름의 티끌 표면에서 반응으로 생성될 수 있음도 알려졌다. 실제로 전파망원경을 사용하여 성간 분자구름을 관측하면 가장 간단한 아미노산(글리신)의 전구체인 메틸아민이 다량으로 존재함이 밝혀졌다. 그리고 최근에는 탄소질 콘드라이트로부터 여러 종류의 아미노산과 핵산 염기 등이 검출되었을 뿐만 아니라, 당(리보오스)도 검출되었다.

또한 1986년 핼리 혜성 근접 때 탐사기 베가 1호와 지오토(Giotto)는 혜성으로부터 뿜어져 나온 티끌을 분석하였는데, 분자량 100 이상의 복잡한 유기물이 다수 검출되었다. 그 후 혜성 탐사기 스타더스트와 로제타에 의해서도 아미노산을 포함한 다양한 종류의 복잡한 유기물이 혜성들에 포함되어있음이 확인되었다. 그뿐만이 아니다. 남극의 얼음 속에서 회수된 우주 티끌 속에서도 복잡한 유기물이 포함되어있음이 알려졌다. 이런 관측과 분석의 결과들이 시사하는 것은 지구 최초의 생명이 우주로부터 지구에 운반된 유기물을 재료로 사용했을 가능성이다.[6]

그렇다면 지구의 경우 생명의 재료가 된 유기물의 생성 장소로 우선 원시태양계를 만든 분자구름(암흑성운)을 고려할 수 있다. 분자구름의 내부는 분자와 티끌의 밀도가 높기 때문에 별빛이 들어가지 않고, 온도가 10K 정도로 아주 저온이다. 이 때문에 티끌 표면에는 분자구름에 존재하는 여러 분자들(물, 일산화탄소, 메탄올, 암모니아, 질소 등)

이 동결하여 '아이스맨틀(ice mantle)'이라는 얼음 입자를 형성하고 있다. 이러한 얼음에 고에너지의 우주선 및 자외선이 조사되면 유기물을 생성할 것으로 생각된다. 결국, 생명 탄생에 필요한 유기물은 우주에서도 보편적으로 생성될 수 있음이 알려진 것이다.

태양계 형성 후에 남겨진 소행성의 내부에서 액체의 물이 생기는 것도 알려져왔는데, 이러한 소행성 내부에서도 물에 녹아있는 포름알데히드(HCHO)와 암모니아의 반응으로 아미노산 전구체가 생기는 것이 실험에서 확인되었다. 앞서 제3장에서 살펴보았듯이 지구 역사 초기의 수억 년 동안에는 소행성이 빈번하게 지구에 충돌했다. 따라서 소행성에 실려 온 대량의 아미노산이 지구에 쏟아졌을 것이다. 한편, 소행성의 충돌이나 지구의 해저 열수작용으로 아미노산이 생성됨이 실험을 통해서도 밝혀졌다. 해저 열수작용과 소행성 충돌은 초기 지구에서 일어났던 사건들이기 때문에 당시 지구에서는 아미노산이 매우 효과적으로 만들어졌을 것으로 생각할 수 있다. 따라서 초기 지구에서도 그리고 지구 바깥의 우주에서도 아미노산은 그리 드물지 않았고 지구 생명의 재료 물질이 되었을 가능성이 있다.

생명 탄생의 과정

　지구와 우주에서 아미노산이 흔한 물질이었는지 모르지만, 아미노산은 어디까지나 생명 재료 물질의 하나에 불과하다. 아미노산이 서로 결합하여 단백질 같은 큰 분자의 화합물이 만들기 위해서는 중합의 과정을 거쳐야 한다. 그러나 중합반응은 그리 간단히 일어나지는 않으므로 반응이 일어나기 위한 특별한 조건이 필요하다. 가령 지구에서 조간대처럼 밀물과 썰물에 의해 땅이 물속에 잠겼다 드러났다를 반복하는 환경, 즉 습윤과 건조가 반복되는 조건에서 중합반응이 잘 일어난다는 실험 결과가 있다.[7] 물속의 퇴적물에는 점토가 포함되어있고 점토의 표면에서 중합반응이 촉진된다는 결과도 있다. 조간대와 같은 육지 환경이 생명 탄생에 적합했을 가능성이 있고, 해저의 퇴적물 또한 중요한 역할을 했을 것으로 생각할 수 있다. 이런 조건들이 만족되면 아미노산의 중합반응으로 단백질이 만들어졌을 것이다. 그런데 단백질로부터 최초의 생명에 이르는 과정에는 어려움이 있다. 단백질에는 자기 복제능력이 없기 때문이다.

　현생 생물에서 단백질이 만들어지는 과정은 잘 알려져있다. DNA

에 저장되어있는 유전정보가 메신저-RNA(mRNA)로 전사되고, 그것
이 세포질에 존재하는 리보솜에서 트랜스퍼-RNA(tRNA)에 의해 운
반되어온 아미노산들의 연결을 통해 단백질로 번역된다. DNA로부
터 단백질이 만들어지는 흐름을 센트럴 도그마(Central Dogma), 즉 생
명 중심원리라 부른다.

그러면 최초의 생명에 이르는 과정은 DNA로부터 시작하는 것인
가? 그렇지 않다. 골치 아픈 문제가 하나 있다. DNA를 만들 때 DNA
합성 효소가 필요하고 또 DNA로부터 RNA를 만들 때 RNA 합성 효
소가 필요한데, 효소는 모두 단백질이다. 즉, 단백질이 효소로서 물질
대사의 촉매 역할을 하지 못하면 DNA가 만들어지지 않는다. 반대로

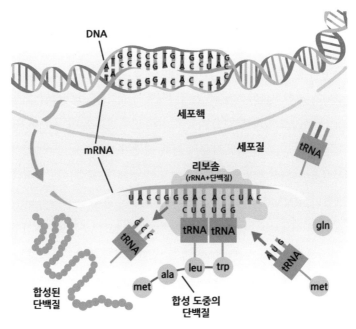

그림 29. 단백질 합성의 과정.

단백질을 만들기 위해서는 DNA가 필요하다. 어느 쪽이 먼저였을까? 이는 마치 닭과 달걀의 관계이며, 생물학 최대의 난제 중 하나라고 할 수 있다. 생명에 이르는 과정에서 생명 유전정보의 복제나 축적을 주로 DNA가 담당했다고 하는 'DNA 월드 가설'과 최초에 단백질이 출현하고 최초의 생명을 탄생시켰다는 '단백질 월드 가설'이 있으나 양쪽 모두 치명적인 문제를 안고 있다. DNA는 효소로서 기능하지 못하는 단점을 가지고, 단백질은 자기복제 능력이 없기 때문이다. 그리고 현재 많은 연구자가 지지하고 있는 것은 제3의 가설, 즉 초기의 생명은 RNA를 기초로 하고 있었다고 하는 'RNA 월드 가설'이다.

1. RNA 월드

지구에서 생명이 탄생한 것은 약 40억 년 전 무렵으로 생각한다. 그때까지의 화학진화의 모습은 원시바다에서 작은 분자가 조금씩 결합하여 큰 분자로 진화해가며, 이윽고 원시 단백질과 원시 핵산인 RNA가 생성되고, 이들의 상호작용에 의해 생명이 되었다는 것이다. 앞서 얘기했듯이 단백질과 핵산의 어느 쪽이 먼저 탄생했는지가 커다란 문제였다. RNA는 리보뉴클레오타이드(5탄당, 인산, 염기가 연결된 RNA를 구성하는 기본 단위)가 연결된 리보핵산으로, DNA와 같은 유전정보를 간직하고 있다. 그런데 놀랍게도 1970년대에 리보자임이라는 효소 기능을 가진 RNA가 발견되고서부터 1980년대 초에 생명은 자기복제 기능과 효소 기능을 아울러 가진 RNA로부터 시작되었다고 하는 RNA 월드 가설이 제창되어,[8] 분자생물학자들로부터 널리 지지되었다.

리보자임 RNA는 자신을 절단하기도 하고, 붙이기도 하고, 삽입하기도 하고, 이동하기도 하는 소위 자가 이어맞추기(self-splicing)라 불리는 기능을 가진다. 이는 초기의 생명이 유전정보와 효소 기능의 양쪽을 담당하고 있었던 RNA로부터 출발했다는 근거가 되었다. 과학자들은 RNA가 생성되었음을 전제로 하여 시험관 속에서 RNA 기능을 가진 것으로 진화시키기도 하고, 인공적으로 합성한 RNA와 단백질 등으로부터 인공세포를 만들기도 하여 생물기능을 만들어낼 수 있게 되었다.

그러나 RNA의 기본 구성요소인 리보뉴클레오타이드가 어떻게 생성되었는지에 대해서는 의문이 남는다. 핵산 염기와 리보오스는 운석 속에서도 발견되고 있지만, 그들과 인산을 정확한 위치에서 결합시키지 않으면 리보뉴클레오타이드는 만들어지지 않는다. 최근 리보뉴클레오타이드를 생명 탄생 전의 환경에서 합성했다는 연구 결과가 발표되었으나 아직도 많은 문제가 남아있다. 한편 아미노산은 우주에서도 비교적 쉽게 만들어지는 분자이지만 단백질이 되기 위해서는 아미노산이 정확한 순서로 길게 연결되어야 한다. 요컨대 핵산과 단백질과 같은 생체고분자가 화학반응에 의해 무생물적으로 느닷없이 생성되었다고는 생각하기 어렵다는 말이다.

2. 정크(잡동사니) 월드

탄소질 콘드라이트와 우주 먼지 속에서 발견되는 많은 유기물은 케로젠과 같은 고분자의 불용성 유기물이다. 탄소질 콘드라이트 속에는 가용성 유기물도 존재하는데, 그들은 아미노산 같은 작은 수용성 화합물에서 더 큰 비극성 탄화수소에 이르기까지 4만 6,000종 이상의 원소 조성을 가진다고 알려져있다.[9] 또 모의 성간물질에 방사선을 조사시킬 때 만들어지는 것도 고분자의 복잡한 유기물이었다. 이들은 화학반응을 촉진하는 촉매 활성의 성질을 가지고 있으며 가수분해하면 아미노산이 만들어진다.

이런 사실로부터 다음과 같은 과정을 생각할 수 있다. 원시대기와 분자구름 속의 성간 티끌 위에서 일산화탄소, 질소 등의 단순한 분자로부터 우주선 에너지에 의해 복잡한 유기물이 생긴다. 이 유기물은 잡다한 분자의 집합체이고 대부분은 쓸모없는 잡동사니 분자이지만, 그 일부는 촉매 활성의 기능을 가지고 또 가수분해되면서 아미노산을 만들어낸다.[10] 이윽고 이 잡동사니 분자 속에 자기 자신을 기질로 하여 자신과 같은 분자를 만들어내는 자기 촉매 분자가 나타났다. 이 분자는 잡동사니 분자의 공급이 계속되는 한 증식해갈 것이다. 이러한 '정크 월드' 속에서 결국 자기 촉매 분자는 주변에 존재하는 아미노산과 핵산 염기를 이용하여 기능을 진화시켜 RNA 월드 쪽으로 옮겨가고, 이윽고 공통조상의 탄생에 이르게 된다.

그러나 이런 가상의 시나리오를 뒷받침할 만한 증거는 현재 지구상에는 남아있지 않다. 앞으로의 행성 탐사가 그 가능성을 검토할 것이며, 최근 소행성 탐사의 결과가 주목되는 이유이기도 하다.

3. 공통조상

RNA 월드나 정크 월드의 개념은 생명에 이르는 과정이 어디서부터 출발했느냐를 설명하고 있지만, 사실 생명 탄생의 과정을 그 시작부터 찾는 것은 쉬운 일이 아니다. 그보다는 현생 생물로부터 생명의 기원에 가까운 곳까지 거슬러 올라가보는 쪽이 오히려 쉬울지도 모른다. 찰스 다윈이 지적한 대로 지구의 모든 생물이 단 하나의 공통조상으로부터 진화했다고 가정하여 하나씩 거슬러 가보는 것이다.

생물이 진화하는 과정에서 하나의 생물로부터 여러 생물로 나뉘는 경우를 생각한다. 가령 두 종류의 생물이 있을 때, 그 두 종류의 생물이 나뉘기 이전의 생물이 바로 공통조상이 된다. 나뉘기 이전의 생물이 나뉜 이후의 모든 생물의 공통조상이 되는 것이지만, 특히 나뉘기 직전의 생물만을 가리키고자 한다면 '최후의 공통조상(LUCA, Last Universal Common Ancestor)'이라고도 부른다.

한편, 공통조상이란 의미가 지구에 출현한 가장 오랜 생명을 가리키는 것은 아니다. 공통조상은 진화의 계통수에서 현재 생물이 분기된 가장 오랜 시기의 생명을 뜻하고, 최초 분기 이전의 생명이 죽었든 살았든 아무런 관계가 없다. 지금 우리는 지구 최초의 생명이 이미 멸종해버렸다고 생각하고 있다. 게다가 모든 생물학자가 현생 생물이 하나의 공통조상으로부터 진화했다고 믿는 것도 아니다. 그럼에도 불구하고 현재 지구의 생물들은 생명 활동의 기본 요소에서 분명하게 공통의 특징을 가지고 있다. 즉, 네 종류의 염기로 된 DNA를 가지고, 단백질에는 20여 개의 공통의 아미노산을 사용하며, DNA에 기록된 유전정보를 바탕으로 단백질을 만드는 방식도 공통적이다.

이런 점에서 지구의 현생 생물은 하나의 공통조상으로부터의 자손이든지, 적어도 유전 체계에 있어서는 동일한 특징을 가지는 하나의 종으로부터 진화했을 가능성이 있기 때문에 이론적으로는 지구 생물에 대한 공통조상의 존재가 지지되고 있다.

생명 탄생에 필요한 지표 환경과 생명 탄생의 장소

생명의 주요 원소는 탄소(C), 수소(H), 산소(O), 질소(N) 이외에 인 (P), 포타슘(K)을 비롯하여 20여 개의 금속원소들이다. 원시지구에서 이 원소들의 공급처는 사실상 정해져있었던 것이나 다름없다. 인과 포타슘은 육지의 암석에서 공급된다. 그리고 이산화탄소와 질소는 대기로부터, 물은 바다로부터 유래된다. 따라서 지구에 생명이 존재 하게 된 장소는 육지-대기-바다가 접했던 곳이 유력하다. 그리고 그 곳에 화학반응을 일으킬 수 있는 에너지가 있으면 모든 조건은 충족 된다.

원시지구의 육지에서 공급될 수 있었던 성분 중에서 인(P)은 생명 탄생과 유지에 너무나도 중요하다. 인은 유전 물질인 DNA, 에너지 저장소인 ATP, 골격을 이루는 인산염, 세포막 내 인지질 등을 구성하 는 필수 성분이다. 즉, 인 성분 없이는 지구에 생명의 탄생은 애당초 생각도 못 할 일이다. 비록 인의 기원에 대한 여러 주장이 있지만, 원 시지구 탄생 때 미행성으로부터 유래되었을 가능성이 가장 크다. 최 근의 연구에서는 원시지구에 유입된 인화 광물은 지구에 충돌하면서 대기권에서 소실되고 기화된 일부를 제외하고 그 양이 $10^{16}{\sim}10^{17}$kg 에 이를 것으로 추산하고 있다.[11]

원시지구가 탄생하고서 처음 3000만 년 동안을 되돌아보면 지표 는 마그마 바다로 덮여있었고 점차 황량하고 시뻘건 껍질로 식어갔 다. 지표의 마그마 바다가 굳어가면서 슈라이버사이트[schreibersite, (Fe, Ni)$_3$P]와 같은 인화 광물이 많이 만들어졌는데, 그 당시 지구에 는 대기가 없어 산화광물과 규산염광물 같은 우리에게 친숙한 광물 은 만들 수 없었기에 대신 인화 광물을 만들었던 것이다. 그리고 1억 년 정도의 세월이 흐른 다음 비로소 원시대기와 원시바다가 생겼다. 이때 슈라이버사이트는 물과 아주 격렬하게 반응하고 그로부터 복잡 하면서도 다양한 고분자 유기화합물이 만들어지며 생명 합성 반응이 시작되었다. 생명현상의 본질은 유기화학 반응이고, 대사 반응을 시 작하기 위해서는 두 가지 단성분인 아주 산화적인 물과 아주 환원적 인 광물 성분, 즉 슈라이버사이트의 혼합이 필요하다. 그리고 이 두 성분이 접촉함으로써 인산화반응(phosphorylation)이 일어나 가장 초기 의 대사반응이 시작되고 점점 복잡한 반응들이 진행되었다.[12]

약 44억 년 전 무렵에 지구에는 대기와 바다가 형성되었으며 두꺼 운 대기로 말미암아 태양에너지가 지표에 도달하지 못했다. 그러다 점차 대기가 얇아지고 대기압이 수 기압 정도로 내려가면 지표의 환 경은 훨씬 다양해진다. 최초의 대륙이라 할 수 있는 지각의 껍질에는 호수, 산맥, 하천과 같은 지형들이 만들어졌고, 대기와 물 그리고 지 표 아래 뜨거운 맨틀로부터의 다양한 현상들이 만든 지질학적 과정 들이 여러 화학 성분들을 운반하는 매우 다채로운 환경들이 존재했 을 것이다. 즉, 초기 대륙의 암석으로부터 여러 성분들이 생명이 탄생하는 장소로 이동해야 한다. 그러기 위해서는 땅과 바다의 조화가 필요했다. 그런데 바다의 두께는 문제가 된다.

초창기 지구의 육지 지형을 살피건대 아직 완전하게 성장하지 못한 땅덩어리의 높이는 그다지 높지 않았을 것이다. 따라서 바다의 두께가 너무 두꺼워 해수면이 높아지면 드러나는 육지의 면적은 극단적으로 줄어든다. 이 경우 육지 암석으로부터의 필요한 화학 성분의 공급은 어려워진다. 대기와 해양에서 생명 탄생의 출발 물질인 이산화탄소, 질소 그리고 물 등을 확보할 수 있지만, 그 외 필수적인 인과 포타슘 그리고 다른 금속원소의 공급은 쉽지 않고, 결과적으로 생명 탄생은 불가능하다.

바다가 만들어지더라도 해수면 위로 육지의 상당 부분이 드러날 수 있어야 한다. 그리고 그에 합당한 바다의 두께는 약 3~5km 정도로 추산된다. 그래야만 지구의 지표에 다양한 환경을 만들 수 있다. 그리고 바다의 형성과 더불어 지표 아래 뜨거운 맨틀에서의 운동에 의한 판구조 운동이 서서히 시작되고, 최초의 지각은 쪼개져 분열하고 이동하며 나중에는 서로 충돌하여 산맥을 만들기도 하는 등 지표는 격렬한 변화를 경험할 것이다. 이런 역동적인 환경 변화와 더불어 생명의 탄생도 극적인 전환기를 맞이한다.

약 40억 년 전의 명왕누대 지구의 어디서 어떻게 생명이 탄생했을까에 대한 답은 현재 두 가지 시나리오로 집약되는 듯하다. 하나는 지구의 깊은 바닷속 열수 환경을 대상으로 한다. 이런 열수가 다시 뿜어져 나오는 구멍(열수공) 부근에서는 다양한 비생물적 유기물이 생성된다. 게다가 자연발전 현상에 수반된 전기화학적인 원시적 물질대사가 진행됨으로써 주변의 무기물로부터 유기물을 합성하여 이용하는 독립영양생물을 만들어낸다는 시나리오다.

다른 하나는 일단 지구에 생명을 만드는 재료가 우주로부터 운반되어왔든지 아니면 당시의 대기 및 육지 환경에서 생성되었음을 전제로 한다. 그 생명의 재료 물질들이 육상 온천환경, 즉 간헐천에 집적되고 거기서 화학진화가 일어나게 되면 주변의 유기물을 이용하여 살아가는 종속영양생물이 탄생한다는 시나리오다.

양쪽 시나리오에 공통적으로 포함되어있는 것은 뜨거운 물, 즉 열수다. 지표의 물과 바닷물이 땅속이나 해저 깊이 스며들어 고온의 암석이나 마그마에 의해 데워져 열수가 된 다음 다시 지표와 해저에 분출하는데, 바로 그 장소가 생명 탄생의 요람이 된다. 두 가지 시나리오는 각각 장단점을 가지고 있으며, 어느 쪽의 가능성이 더 높은지 결론 내리기는 매우 어렵다.

1. 간헐천 환경

지구 초창기에 어떤 형태의 생명현상을 만들 것인가도 중요하지만 과연 태양에너지가 지표에 도달하지 못하는 상황에서 생명 유지를 위한 에너지를 어디서 얻을 것인가 또한 중요한 문제다. 그 해답은 초기 지각의 구성 성분에 있다.

행성으로서의 지구가 지각-맨틀-핵으로 분화되고 난 다음, 지각의 물질 속에는 붕괴시간의 길고 짧음에 상관없이 다양한 형태의 방사성 동위원소가 포함되어있었다. 특히 우라늄과 같은 원소들이 밀집되어 나타나는 광상이 여기저기 분포했으리라 생각된다. 그리고 그 장소는 자연 원자로의 역할을 수행했다. 우라늄의 핵분열 에너지가 당분간 태양에너지를 대체하게 된 것이다.

생명현상에 필수적인 이산화탄소, 질소, 물은 열역학적으로 아주 안정한 물질이기 때문에 이들을 이용하여 생명에 필요한 물질을 만들기 위해서는 안정한 상태에서 불안정한 상태로 만들어 격렬하게 화학반응을 일으키기 위한 에너지가 필요하다. 그 에너지원이 바로 우라늄 광상이다. 그리고 그곳이 우라늄이 핵분열하여 높은 에너지를 가진 입자를 방출하는 자연적인 원자로가 되며, 지구 최초의 생물을 탄생시킨 장소가 되었을 것이다. 지하의 우라늄 광상 주변에 물이 흘러들면 그 물이 데워져 지표로 뿜게 되는 간헐천이 만들어진다고 하여 '원자로 간헐천 모델'이라 부른다.[13]

그러면 간헐천은 어떤 모습일까? 지하에는 지표와 연결된 빈 공간이 있다. 그리고 그 공간에는 지표에서 물이 스며들어 점점 물로 채워진다. 그 공간 바로 아래에는 열원이 되는 우라늄 광상이 위치한다. 지표의 하천을 흐르던 물이 지하로 스며들어 거기에 저장된다. 그 물은 주변 우라늄 광상에서 우라늄의 핵분열 에너지에 의해 데워져 끓게 되며 체적은 급격하게 팽창한다. 지하의 공간에 물이 채워지고 끓게 된 물이 지표로 뿜어져 나가 간헐천이 된다. 그러면 지하의 공간은 다시 비게 되고 차가운 물이 다시 공급된다. 이 현상이 주기적으로 반복된다.

지구에서 초기의 생명이 탄생한 장소로서 지하의 간헐천을 고려하게 되는 이유는 몇 가지의 장점이 있기 때문이다. 첫째, 아미노산과 같은 환원적인 생명 구성단위를 합성하기 위해서는 지역적으로 환원 환경이 필요하다. 이를 위해 필요한 수소와 시안화수소(HCN) 같

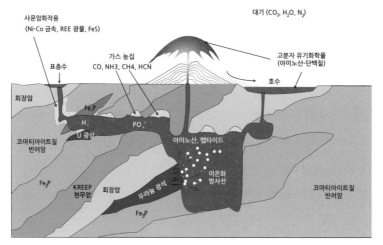

사문암작용
(Ni-Co 금속, REE 광물, FeS)

대기 (CO₂, H₂O, N₂)

가스 농집
CO, NH3, CH4, HCN

고분자 유기화학물
(아미노산-단백질)

표층수

호수

회장암

Fe,P

H,

PO,

코마티아이트질
반려암

U 광상

아미노산, 펩타이드

Fe₃P

KREEP
현무암

회장암

우라늄 광석

이온화
방사선

코마티아이트질
반려암

Fe₃P

그림 30. 간헐천 모델의 모식도.

은 기체는 지하에서 물-암석 반응으로 생성되기 쉽다. 둘째, 환원적인 물질과 영양염을 모으기 위한 공간으로 지하의 빈 공간이 적절한데, 지표의 경우에는 생성된 가벼운 휘발성 성분들은 모두 확산되거나 분해되어버리기 때문이다. 셋째, 아직 두꺼운 대기로 말미암아 태양에너지의 활용이 어렵기 때문에 자연 원자로의 에너지는 태양과 동일한 역할을 수행할 수 있다. 넷째, 간헐천의 주기적인 활동은 유기물의 순환에 관여하고 아미노산의 중축합에 의한 고분자화를 실현하는데 유리하다.

그러면 간헐천 환경을 생명 탄생의 환경으로 생각해보자. 지구 최초의 대륙이라 할 수 있는 원초대륙의 모습을 그려보자. 산의 정상에는 호수가 있고, 주변에 생물에게 필요한 영양염이 풍부한 암석과 광물이 있다. 그리고 곳곳에서 간헐천이 뿜고 있다. 급경사의 폭포에서 낙하한 물이 빠른 유속으로 달리고 지나쳐가는 기반암의 광물들과 반응하여 여러 금속 원소들을 뽑아내는 한편, 국지적인 환원장을 만든다. 산의 높은 곳에서 아래를 향하여 다양한 환경이 만들어지고 거기서 다양한 유기화합물이 생성되어, 생명 구성단위의 작은 것에서 큰 것까지 합성이 진행되며 하류에서 합류하여 최종적으로는 공통조상이 탄생하게 된다.

생명의 구성단위가 단순한 것에서부터 점차 복잡화하여 최종적으로 생명이 탄생한다는 과정은 아주 간단한 듯하지만 실제로 이 과정에는 몇억 년의 시간이 걸린다. RNA에서 DNA의 벽은 아주 높고, 공통조상의 탄생에 이르는 과정은 1억 년 혹은 2억 년이라는 긴 시간이 걸린다. 그러나 그렇게 탄생한 무수한 공통조상, 즉 초기 생명들은 판구조 운동에 의한 대륙의 분열, 지체구조 침식에 의한 대륙의 소실에 의해 맹독의 바다와 만나게 되면서 멸종하고 만다. 너무나도 어처구니없다. 수억 년 동안의 노력이 한순간에 물거품이 된다. 하지만 그게 끝이 아니다. 자연은 실패로부터 배운다.

2. 심해 열수 환경

이번엔 지구 생명의 탄생으로부터 최후의 공통조상에 이르는 지구 생명의 초기 진화 과정이 약 40억 년 전 심해저의 보편적인 열수계에서 일어났다고 생각해보자. 생명 탄생의 장소가 심해저 열수계라는 가설은 1980년대 초에 제안되었다.[14] 심해저의 열수 활동과 그곳에서 풍부한 화학합성 생태계가 발견된 직후의 일이었다. 그리고 이 놀라운 발견이야말로 지구 생명의 탄생이 심해저 열수계라는 주장의 원동력이 되었다. 그리고 심해 열수 환경이 생명 탄생의 유력한 환경으로 받아들여지게 되었다. 그러나 당시에는 심해 열수 활동에 대한 지질학적 배경과 그곳의 물리화학적 환경에 대한 지식이 부족했었고, 어떠한 과정으로 생명이 탄생했는가에 대한 구체적인 고찰도 적었다.

한편, 계속된 심해 열수계의 발견과 관측은 지구과학과 생명과학의 여러 영역에서 놀라운 결과를 생산해냈다. 열수계에는 다양한 초호열성 화학합성 미생물이 서식하고 있다. 이 미생물은 $100\,℃$를 넘는 고온 조건에서 심해 열수에 의해 공급되는 무기 에너지와 영양원만을 이용하여 생육할 수 있는 생명체다. 심해 열수 환경에 서식하는 극한 환경 미생물에 대한 연구는 생물 진화계통을 해독하는 연구와 연결됨으로써 새로운 분류체계가 만들어지는 계기가 되었다. 지구 생

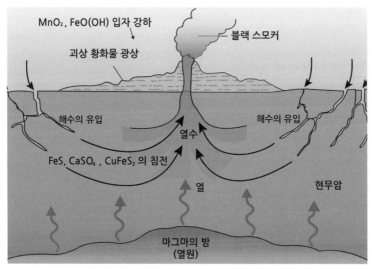

그림 31. 해저 열수계의 모식도.

명의 분류에서 3대 도메인(세균, 고세균, 진핵생물)의 진화, 요컨대 공통조상(LUCA)으로부터 먼저 세균과 고세균이 분기하고 그 후 진핵생물이 탄생했다고 하는 경로가 밝혀지게 되었다.

그뿐만이 아니라 그때까지 상상에 그쳤던 공통조상의 유전적 및 생리적 성질에 대해 역방향으로 진화적 고찰을 하게 되었는데, 계통관계를 거슬러 올라가면서 현존하는 생물이 가진 성질의 공통점으로부터 조상형 생물의 성질을 귀납적으로 살필 수 있게 되었다. 전체 생물의 계통수에서 공통조상에 가장 근접한 세균과 고세균의 계통은 전부 초호열성이며 화학합성을 하는 독립영양 미생물, 더욱이 심해 열수계에 서식하는 무리(속)에 들어감을 알 수 있다. 이로부터 공통조상이 심해 열수에 서식하는 초호열성 화학합성 독립영양 미생물이었으며, 심해 열수 환경이야말로 공통조상이 탄생한 환경이라는 시나리오로 이어지게 되었다.

이렇다보니 일반적으로 심해 열수 환경이 생명 탄생의 환경이자 공통조상 탄생의 환경이라고 이해되는 경우가 많다. 그러나 생명 탄생과 공통조상 탄생이 반드시 시공간적으로, 좀 더 구체적으로는 동일 생명 시스템으로서의 연속성이 있는 것은 아니다. 게다가 공통조상이란 현존하는 지구생물의 유전정보(게놈)와 연속적인 관계를 가지는 조상을 의미하며, 그들의 유전정보에 대해 과학적인 검증이 가능하다. 그러나 최초 생명의 탄생이라는 사건은 사실상 과학적 검증이 불가능하다.

한편 공통조상에 대한 과학적 검증은 21세기 들어 대규모 극한 환경 미생물의 게놈 해독과 생물정보학적 해석을 실현하는 기술의 개발로 말미암아 가능해진 성과다. 그리고 공통조상 게놈의 역진화적

재구성을 통해 공통조상이 심해 열수계에 서식하는 수소와 이산화탄소를 이용한 화학합성 미생물이었음이 강하게 주장되었다. 이런 검증을 통해 심해 열수 환경이 공통조상 탄생의 장소라는 것은 상당히 확증에 가까운 것이 되었다.

생명의 탄생과 공통조상의 탄생이라는 두 가지 사건이 반드시 연속성이 있는 것은 아니라고 해도 생명의 연속성을 고려하지 않고서는 전체의 진화를 살피기 어렵다. 최초 생명과 공통조상 사이의 간극이 시공간적으로 단절되어 지구에서 그 실체를 찾지 못한다고 해도, 가장 초기의 정보가 어딘가 남아있거나, 아니면 다른 행성에서 진행되고 있을지도 모른다. 최근 태양계 내에 존재하는 천체 중 토성의 위성인 엔켈라두스의 내부에 바다가 존재하고 그곳에서 열수 활동이 확인되고 있기 때문에 지구 바깥 심해 열수계에서의 생명 활동의 가능성을 고려하게 되었다. 만약 얼음 행성의 심해 열수에 관한 탐사가 실현되고 지구 바깥 생명의 존재가 발견된다면, 그리고 그 생명 시스템의 이해에 이른다면, 인류는 처음으로 생명의 기원에 대한 결정적인 해답을 얻게 될지도 모른다.

지구에 바다가 만들어졌다고는 하지만 그 바다는 강산성에 중금속이 많고 또한 고염분인 맹독의 바다이기 때문에 모든 생물의 반응은 정지되어버린다. 아마 몇만, 몇억의 이미 출현한 공통조상들은 탄생과 대량멸종 사이를 오가는 운명이었다. 그러나 이 대량멸종이야말로 지구 생명을 탄생시킨 중요한 사건임을 잊지 말아야 한다.

현재 우리 지구 생명은 22종류[15]의 한정된 아미노산밖에 사용하지 않는, 아주 특수한 생명체이다. 명왕누대의 다양한 환경을 생각하면, 그때 탄생했던 공통조상은 아주 다양한 종류의 아미노산을 사용했을 것으로 생각된다. 그런데 왜 현재의 지구 생물은 20종류 남짓의 한정된 아미노산밖에 사용하지 않는 것일까? 그 답은 분명하다. 명왕누대에 탄생한 원시생명이 두 종류를 남기고 나머지는 멸종했기 때문이다. 이 두 종류의 생명이 현재 우리들 동물의 조상이 된 고세균과, 식물의 선조가 된 세균이다. 명왕누대 말에 거의 모든 공통조상은 사멸했으나, 두 종류의 원시생명은 오랜 시간에 걸쳐 복잡한 생물로 진화하고, 이윽고 최후의 6억 년간 후생동물과 식물로 진화하게 된다.

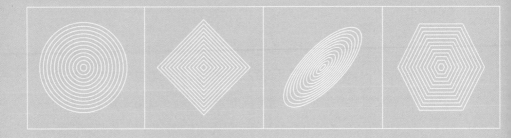

제7장 | 아주 오랜
생명의 흔적

약 40억 년 전
아카스타 편마암체

약 39억 3000만 년 전
눌리악 표성암류에서 탄질물 발견

약 38억 년 전

약 37억 7000만 년 전
누부아기툭 표성암대 생명 흔적

약 37억 년 전

이수아 표성암대
스트로마톨라이트

약 30억 년 전
75℃의 해수

약 29억 년 전

시아노박테리아의
광합성 및
스트로마톨라이트
형성
이때의 산소로
3가 철이 생성되어
호상철광층 형성

약 27억 년 전
맨틀오버턴으로 고체 핵 형성
및 외핵 대류로 자기장 강화

약 26억 년 전

아직도 희미한 명왕누대와 생명의 흔적

최근 초기 생명에 대한 지질학적 연구에서 두 가지 커다란 진전이 있었다. 하나는 시생누대 중에서 가장 이른 시기의 지층이 새로 발견된 것인데, 시생누대 초기의 암석에 생명의 증거가 나타남에 따라 생명의 탄생이 명왕누대까지 거슬러 올라갈지도 모른다는 기대감이 서서히 높아지고 있는 것이다. 다른 하나는 분석기술의 진보로 말미암아 명왕누대의 생명 활동의 흔적이 발견되기 시작한 것이다. 원래 명왕누대는 암석 기록이 남아있지 않은 오리무중의 시대를 의미하고, 시생누대는 생명이 탄생했던 시대라는 의미다. 하지만 생명의 탄생이 명왕누대까지 거슬러 올라갈 경우 시생누대를 다른 말로 바꾸어야 한다는 주장도 있다.

앞서 제3장~제5장에서 살펴보았듯이, 명왕누대에는 원시지구의 탄생, 거대 가스형 행성의 이동과 행성계의 재배열, 거대충돌과 달의 형성, 대기와 해양의 탄생, 최초 지각의 탄생과 소멸 등의 사건들이 일어났다. 또한 가장 시원적인 생명도 탄생했을 가능성이 있으며, 판구조 운동의 시작도 이 시대로 거슬러 올라간다고 알려져있으나 좀 더 확실한 증거를 찾아야 한다. 그리고 명왕누대와 시생누대의 경계는 애초에 가장 오래된 암석과 지질의 기록으로부터 약 36억 년으로 제안되었으나, 현재 그 경계의 연대는 약 40억 3000만 년 정도로 본다. 하지만 경계가 되는 지질 현상이 과연 무엇이냐에 대한 논란은 남아있어 앞으로의 연구에 따라 정의가 바뀔 가능성도 있다. 하여간 명왕누대라는 시대는 아직도 어두운 시대임에는 틀림없다.

최근에 무기질의 광물 속에서 탄질물이 검출되고, 그 광물의 나이가 명왕누대까지 올라간다는 보고가 있었다.[1] 서호주의 잭힐스(Jack Hills) 지역에는 약 30억 년 전에 퇴적한 역암이 분포하는데, 그 암석에서 약 1만 개의 쇄설성 저어콘을 분리하여 조사해본 결과 1개의 입자 속에는 생물 특유의 탄소 동위원소비를 가진 탄질물이 포함되어있었다. 그리고 그 저어콘 입자의 방사성연대를 측정해보니 약 41억 년 전(명왕누대)의 연대가 나온 것이다.

서호주 잭힐즈의 저어콘 입자 속의 탄질물을 다양하게 분석하고 관찰한 결과, 처음부터 광물 속에 들어있었으며 나중에 들어갔을 가능성은 낮은 것으로 생각된다. 어떻게 뜨거운 마그마로부터 정출한 저어콘 속에 생명 유래의 탄질물이 들어있었는지 더 검토해야 하지만, 명왕누대의 생명의 흔적으로서 현재까지는 가장 유력하다고 할 수 있다.

또한, 캐나다 북부에 분포하는 아카스타 편마암체는 원래 화강암이었던 암석이 약 40억 년 전에 변성된 것으로, 그 속에서 유황 동위원소비가 이상함이 발견되었다. 그리고 변성된 화강암은 이전에 존재한 현무암과 퇴적암이 녹아서 만들어졌을 것으로 생각된다. 따라서 아카스타의 암석에서 나타나는 유황 동위원소비의 이상은 지각과

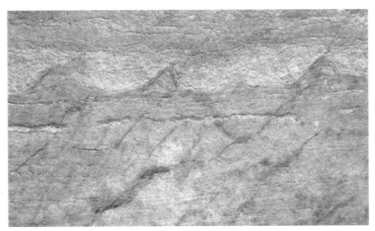

그림 32. 이수아 지역 스트로마톨라이트(Allen Nutman). 사진 중간의 수평층으로부터 위로 볼록하게 성장한 형태가 스트로마 톨라이트의 구조라고 생각된다.

해양 중에 서식하고 있던 황산 환원균(황산을 황화물 이온으로 환원함으로써 에너지를 획득하는 세균)이 퇴적암에 포함되어있었고, 그 퇴적암이 약 40억 년 전 이전에 용융돼 화강암이 형성되었음을 가리킨다. 이는 비록 완전히 확증된 것은 아니라고 해도 황산 환원균의 활동이 명왕누대까지 거슬러 올라갈 수 있음을 시사한다.[2]

그린란드의 서남부에 해당하는 이수아 지역에는 표성암(supracrustal rocks)이 넓게 분포하고 있다. 표성암은 기반암이라고 부르는 원래 땅을 이루던 지각의 암석 위에 아주 오래전에 퇴적되었거나(퇴적암) 분출되었던 암석(화산암)을 뜻하며 대개는 변성작용을 받아 변성암의 형태를 띤다. 이수아 표성암대는 시생누대의 아주 이른 시기인 약 38억 년 전에서 37억 년 전의 암석층에 해당하며, 변성과 변형의 정도가 비교적 낮은 것이 특징이고, 지구의 과거 표층 환경과 생명 진화에 대한 연구의 주요 대상 지역이었다. 특히 그 속에 38억 년 전의 퇴적암 내

그림 33. 미국 와이오밍주 신생대 에오세의 스트로마톨라이트.

에 포함된 탄질물의 탄소와 질소 동위원소비 그리고 황화물의 철 동위원소비와 같은 화학적 특성뿐만 아니라, 생물 유래로 생각되는 유기 분자의 증거도 수집되고 있다. 그리고 최근에는 아주 흥미로운 발견도 있었는데, 현생의 스트로마톨라이트와 닮은 퇴적구조가 발견된 것이다.[3] 스트로마톨라이트는 수평한 아래층으로부터 볼록하게 층상으로 성장한 비대칭적 퇴적구조이며, 일반적으로 산소 발생형 광합성을 하는 시아노박테리아(남세균)의 활동으로 만들어진다.

만약 이수아 지역에서 발견된 퇴적구조가 정말로 스트로마톨라이트의 구조라고 한다면, 적어도 두 가지 중요한 시사점을 던진다. 첫째는 이 퇴적 장소가 빛이 도달하는 천해였다는 것이고, 둘째는 광합성 생물이 서식하고 있었을 가능성이다. 이전에는 이 스트로마톨라이트가 발견된 지층이 깊은 바다에서 생성되는 심해성 퇴적물의 특징을 가지기 때문에 먼바다에서 퇴적되었다고 생각했었는데, 광합성의 특징으로부터 얕은 바다일 가능성이 제기된 것이다. 또한 광합성 생물이 개입된 구조처럼 보이지만, 초기 시생누대의 암석층에서는 당시의 대기에 충분한 양의 산소가 확인되지 않는다는 문제가 있다. 따라서 이 생물은 산소 발생형 광합성 생물이 아니라, 수소, 황화수소, 철 등을 이용한 비산소 발생형의 광합성 생물일 가능성이 있다.

한편, 캐나다 동부 퀘벡주 북부의 누부아기툭(Nuvvuagittuq) 표성암대에서 채집한 암석으로부터 생물이 활동하고 있던 흔적이 발견되었다. 누부아기툭 표성암대의 연대는 약 42억 8000만 년 전이기 때문에 명왕누대의 생물 활동 기록이라는 놀랄 만한 발견이었다. 그러나 실제로는 생명 활동의 흔적에 2차적인 영향이 나타나고, 결국 실제 연대가 약 37억 7000만 년 전일 가능성이 제기되었다. 하지만 해저 열수작용에 의한 침전물 같은 것이 발견되는데, 특히 현재 해저 열수계에서 보이는 필라멘트 모양의 미생물과 아주 닮은 구조가 남아있어 주목을 끌고 있다. 앞 장에서 살펴보았듯이 생명이 해저 열수계에서

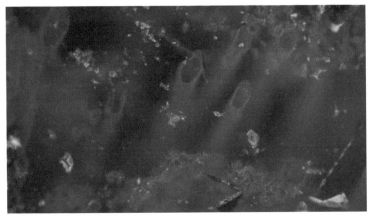

그림 34. 누부아기툭 표성암대에서 발견된 아주 오랜 생명의 흔적. 철 성분이 풍부한 튜브 형태의 구조물에 대한 전자현미경 사진이다(출처 : https://www.dailysabah.com/science/2017/03/02/earliest-evidence-of-life-discovered-in-canadas-quebec).

탄생했을 가능성도 있어 이는 그에 대한 증거가 될지도 모른다. 최근에는 누부아기툭 표성암대 중의 철광석으로부터 철산화 세균과 닮은 생물 종의 튜브 형태의 구조도 보고되었다.[4]

누부아기툭 표성암대에서 발견된 생물 활동의 흔적은 중요한 시사점을 던진다. 그때까지 발견된 초기 시생누대의 생명 증거의 대다수는 화학적인 지표에 의한 것이고, 같은 시기의 암석층으로부터 생물의 형태가 인정되는 화석이 발견되지 않는 것이 곤란한 문제였다. 화학 조성만으로는 나중의 혼입이나 오염 가능성을 완전하게 배제할 수 없고, 또한 생물의 증거로 취급되어온 화학적 지표들이 다양한 조건에서 무기적으로도 생길 가능성 또한 있기 때문이다. 그런데 누부아기툭 표성암대의 생물 구조 화석의 발견으로부터 화석 자체의 연대측정과 더불어 생물의 형태와 화학조성을 조합한 연구가 가능해졌다. 따라서 앞으로 더 신뢰할 수 있는 초기 시생누대의 생명체가 확인될 것으로 기대되고 있다.

캐나다 동쪽 끄트머리의 래브라도(Labrador)반도는 대서양을 사이에 두고 그린란드와 마주 보고 있으며, 거기에는 초기 시생누대의 화강암과 표성암이 변성된 사글렉(Saglek) 암체가 분포하고 있다. 약 39억 3000만 년 전의 연대를 보이는 화강암 유래의 변성암이 눌리악(Nulliak) 표성암류를 관입하고 있어 눌리악 표성암류는 39억 3000만 년보다 더 오래됨을 가리킨다.[5] 요컨대 눌리악 표성암류는 현존하는 가장 오래된 표성암인데, 그 속에서 탄질물이 발견되었고 나중에 혼입되어 생긴 것이 아님이 확인되었다. 역암과 이질암 속에 포함된 탄질물은 수십~수백 μm의 크기로 퇴적구조를 따라 광물의 입자 경계 혹은 광물 속에 분포하고 있다. 그런 산출 상태는 애초에 탄질물들이 점토광물이나 석영과 함께 퇴적되었음을 나타낸다. 또 탄산염암 속에서는 생물 모양과 비슷한 구상(球狀)의 탄질물도 발견되었다.[6]

눌리악 표성암 중의 이질암, 역암, 탄산염암에 대한 탄소 동위원소 비의 분석 결과가 흥미롭다. 생물은 무거운 탄소동위원소(^{13}C)보다 가벼운 탄소동위원소(^{12}C)를 보다 선택적으로 이용하기 때문에, 탄소동위원소 비(^{12}C에 대한 ^{13}C의 비)를 조사하면 생물 활동 여부를 유추할 수 있다. 탄산염암은 바닷물 속에 포함된 탄산이온이 침전하여 만들어지기도 하고 생물들의 유해가 쌓여 만들어지기도 하기 때문에 무기적인 탄소와 유기적인 탄소를 모두 가지고 있다. 눌리악의 탄산염암의 무기탄소 동위원소비는 −3.8∼−2.6‰(천분율, 퍼밀)이고, 유기탄소 동위원소비는 −28.2∼−6.9‰이다. 여기서 탄소 동위원소비는 표준시료에 대한 상대적 탄소 동위원소비에 1을 빼고 1000을 곱하여 구한 값인데, 음의 큰 값을 가지는 것은 곧 생물 기원의 탄소 동위원소비를 나타내는 것이다. 한편, 역암과 이질암의 전암 유기탄소 동위원소비의 대다수는 −20‰ 이하로 낮으며, −28.2‰에 이르는 것도 존재한다.

일반적으로 비생물기원의 탄질물은 −15∼0‰로 비교적 높은 탄소 동위원소비를 가진다. 반면, 독립영양생물은 탄소 고정 때 가벼운 탄소 동위원소를 선택적으로 동화하기 때문에, 대사를 이용하는 탄소 고정 회로의 종류에 따라서는 −20‰ 이하의 낮은 탄소 동위원소비를 가질 수 있다. 특히 눌리악 지역의 탄질물의 탄소 동위원소비는 환원적 아세틸−CoA 경로(메테인 생성균)와 칼빈 회로(철산화균과 황산화균)를 통해 이산화탄소를 고정하는 탄소 동위원소비에 해당한다고 보고되었다. 즉, 이 탄질물들은 생명 활동에 의해 생성된 것이다. 이런 결과는 지금까지 약 38억 년 전의 이수아 지역 퇴적암에서 발견된 탄질물이 가장 오랜 생명의 증거로 취급되어왔으나, 생명의 탄생이 1억 년 이상 더 오래된 39억 3000만 년 전 이전으로 거슬러 올라감을 지시하는 것이다.

초기 시생누대의 암석층에 대한 새로운 발견과 암석과 광물 속에 포함된 물질에 대한 다양한 연구는 지구의 초기 생명에 대한 새롭고 놀라운 증거를 보여주기 시작했다. 그리고 이어지는 연구들은 시생누대에 들어서자마자 이미 현생 생물과 유사한 대사 기능을 가진 미생물이 존재했음을 보여주고, 생명이 탄생하고부터 얼마간의 시간이 흘렀음을 시사하고 있다. 요컨대, 생명의 기원은 명왕누대까지 거슬러 올라갈 것이다. 명왕누대에는 지구 생명의 흔적이 없다고 하는 예전의 사고는 바뀌어야 한다. 지구 바깥의 행성계에서 생명의 흔적을 찾는 것도 중요하지만, 아직도 지구의 어딘가에는 최초 생명의 흔적이 더 남아있을지도 모른다. 21세기에도 지질학자들의 면밀한 조사가 더 필요하다.

시생누대의 흔적들

1. 지구 표층의 초기 변동

행성으로서의 지구가 탄생하고서 명왕누대에 해당하는 처음 6억 년 동안의 모습은 마치 격렬한 전쟁터와도 같았다. 자욱한 포탄의 연기가 채 가시기도 전에 폐허가 된 땅 위로 시커먼 비가 내려 대지를 적시고, 빗물은 참호 속으로 흘러 들어가 웅덩이를 만들었다. 처참한 광경 속에서 생명의 씨앗은 움트기와 시들기를 반복했다. 그러고는 모든 장면은 하나의 초점을 중심으로 갑자기 사라져갔다. 우리는 사라져버린 6억 년을 어떻게 기억해야 하는지 알 도리가 없었다. 최근까지는.

지금으로부터 약 40억 년 전부터 25억 년 전까지의 15억 년간은 시생누대로 불리는 시대이다. 명왕누대에 비해 그나마 지질학적 증거가 남아있고 많은 연구가 이루어졌다고 할 수 있으나, 아주 오래된 시대인 것에는 차이가 없고 지질학적 증거 또한 불완전하다. 때문에 그 해석은 여전히 어려움이 많다.

지구의 표층에 드넓은 원초대륙이 있었다가 사라진 이후, 시생누대에 들어서 지구는 대륙이 거의 없는 바다의 행성이 되어버렸다. 대륙이 있음으로 해서 다양해질 수 있었던 환경이 온통 바닷물로 둘러싸인 매우 단조로운 환경이 되어버렸다. 그럼에도 불구하고 아직 가라앉지 않고 원초대륙의 흔적으로 남아 물 위로 얼굴을 내민 곳곳의 땅덩어리에는 광합성을 하는 원시생물이 조금씩 출현하기 시작했다. 바로 시아노박테리아다. 그들의 무리가 만든 흔적이 스트로마톨라이트이며 층 모양의 돔 구조가 특징적인 화석이다. 지구 대기에 산소농도가 조금씩 증가하기 시작한 시기로부터 추측하건대, 적어도 29억 년 전에는 이 원시생물이 지구에 나타났을 것으로 생각한다.

스트로마톨라이트의 특이한 구조는 시아노박테리아가 강한 태양에너지로부터 몸을 보호하기 위해 만든 것으로 보인다. 생물이 태양에너지를 회피한다는 이상한 설명이지만, 당시에는 그럴 수밖에 도리가 없었다. 태양도, 물도, 공기도 생물에게는 전부가 해로운 요소들이었다. 결국 시아노박테리아는 집을 지었다. 복굴절률이 아주 큰 방해석(탄산칼슘)의 작은 결정들을 임의의 방향으로 쌓아 태양 빛을 난반사시켜 강력한 자외선으로부터 몸을 보호하는 구조물을 만든 것이다. 그러나 폐쇄된 공간 속에 살면서 광합성으로 생겨난 산소의 농집은 오히려 독이 되었고, 그런 산소의 독성으로부터 몸을 보호하는 시스템이 점차 생겨나게 된다.[7]

당시의 바다도 지금처럼 푸른 빛을 띠었으리라는 예상은 접어두는 편이 낫다. 바닷물 속에 산소가 적고 철이 많이 녹아있었기 때문에 검은색의 바다였다. 여기저기 물 위에 드러난 자투리 대륙 주변부의 얕은 해역에서는 스트로마톨라이트를 만드는 광합성 생물이 많이 나타났다. 그리고 바다의 표면은 점차 산화적으로 변해갔다. 광합성으로 증가한 산소는 바닷물에 녹아있던 2가 철(Fe^{2+})을 3가 철(Fe^{3+})로 바꾸고 그에 따라 해양에서의 철의 용해도가 변했다. 3가 철은 바닷물에 녹지 않기 때문에 철의 산화물로 해저에 침전했다. 이때 상당한 두께로 철의 퇴적층이 쌓였는데, 바로 띠 모양의 철광층이 만든 호상철광층(Banded Iron Formation, BIF)이다. 그러니까 호상철광층의 존재는 해양에서의 산화도가 증가했음을 지시한다. 대기에 산소가 증가함에 따라 해양 역시 마찬가지로 조금씩 산화적으로 변해갔고, 검은색의 바다는 붉은색으로 갈아입었다. 한편, 바닷물 속에 메테인 균이 발생했는데 이들은 보다 환원적인 심해에 서식했다. 하지만 얕은 바다에서는 메테인 가스를 산화시켜 에너지를 얻는 메테인 산화균이 탄생했다고 추정된다.

시생누대의 약 29억 년 전 무렵에 시아노박테리아가 출현하면서 대기 중의 산소가 증가하기 시작했다는 것인데 어떤 이유로 시아노

그림 35. 호상철광층(출처 : https://en.wikipedia.org/wiki/Banded_iron_formation).

박테리아가 출현하여 대기 성분을 변화시켰을까? 간단히 말하자면 시생누대에 새로운 대륙이 만들어졌기 때문이다. 명왕누대에 원초대륙이 거의 소실되었지만, 시생누대 들어서 일어나기 시작한 새로운 지표의 변동은 대륙의 면적을 증가시키게 된다. 대륙 가장자리나 호수 그리고 하천 등에 서식하게 된 광합성 생물들이 증식하게 되고 결과적으로 산소의 생산량도 그만큼 늘어난 것이다.

시아노박테리아의 출현과 더불어 대기 중의 산소농도 또한 증가하였으며 해양의 조성도 변화함으로써 지구의 표층은 명왕누대와는 전혀 다른 모습을 갖게 되었다. 바야흐로 지구의 생명이 환경을 변화시키는 시대가 된 것이다. 시생누대는 지구 역사에 있어서 커다란 전환점이 되는 시기였으며, 앞의 내용을 포함해 그 과정을 간단히 알아보자.

시생누대는 명왕누대와는 전혀 다른 환경에서 시작했으나 지구와 생명이 크게 진화하는 여명기와도 같았다. 그리고 그 시작을 알리는 신호탄이 원초대륙의 소멸이었다. 명왕누대의 비교적 이른 시기인 약 44억 년 전에 해양의 탄생과 더불어 판 운동이 시작되었고 그로 말미암아 대륙 물질이 맨틀로 사라져갔다. 명왕누대가 끝이 나고 시생누대로 접어들던 약 40억 년 전까지 원초대륙은 사라졌고 지구 표면에 대륙은 약간의 흔적만을 남긴 채 거의 사라졌다.

지구는 바야흐로 육지의 지구에서 해양의 지구로 변했으며, 해수면 위로 도호가 만들어졌고 안산암과 화강암 같은 암석이 생성되었다. 원초대륙의 가장자리나 대륙의 내부에 서식하고 있던 초기 생명은 맹독의 바다에 떠있던 작은 화산섬에 달라붙어 생존하거나, 해저의 열수계 환경으로 서식지를 옮겨 적응하기에 이른다.

시생누대의 중기에 이르면서 계속된 판 운동의 결과로 다시 육지가 지표에 드러나기 시작한다. 그리고 육지면적의 증가는 지구 표층 환경을 변동시키는 원인이 되었다. 산소를 만드는 광합성 생물이 출현하게 된 것이다. 비록 생명에게는 가혹한 시대였지만 적어도 29억 년 전에는 시아노박테리아가 탄생했다고 생각된다.

육지가 늘어나면서 광합성 생물의 서식지가 확대되는데, 그렇게 증식한 시아노박테리아는 대륙 연변부뿐만 아니라 하천의 습지대, 호소에 서식 지역을 넓히고 대기에 산소를 증가시켜 대기의 조성을 변화시켰다. 초기 산소의 양은 현재 산소농도의 1,000분의 1 정도로 추산되지만, 시생누대 말인 약 26억 년 무렵에는 산소농도가 상당히 높아졌다. 바닷물 속의 철 2가 이온은 늘어난 산소로 말미암아 산화되어 3가 이온이 되면서 철의 광물로 침전하여 호상철광층을 형성했다. 산소의 증가로부터 혐기성 생물이 맹독의 산소에서도 생존할 수 있는 신체 구조를 만들어야 했다. 맹독의 산소로부터 DNA를 보호하기 위해 이중막으로 이루어진 핵 속에 DNA를 저장하는 진핵생물이 출현하게 된 것이다.

시생누대의 말기에 접어들면서 상부맨틀과 하부맨틀이 뒤바뀌는 맨틀오버턴이 일어난다. 이는 지구 역사의 한 획을 긋는 사건이었다. 뜨거운 하부맨틀의 물질이 지표 가까이 올라와 엄청난 양의 현무암 용암을 지표로 쏟아내 범람현무암을 만들었다. 반대로 차갑고 무거워진 상부맨틀의 물질은 핵과 맨틀의 경계까지 내려가고 거기서 외핵 표층을 냉각시켰다. 맨틀 전체가 2개에서 1개의 대류층을 갖게 되었고, 약 27억 년 전에는 지구 중심에 고체의 핵이 탄생했으며,[8] 외핵 내부에서의 온도 차이는 활발한 대류를 만들면서 강한 자기장을 형성시켰다. 우주와 태양으로부터 지구로 쏟아지는 고에너지 입자에 대한 방패막이를 만든 것이다. 덕분에 시아노박테리아와 같은 원핵생물로 이루어진 생물권이 보다 안정적인 환경에서 서식하게 되었다.

2. 생명 활동이 활발했던 시생누대

시생누대의 지구환경은 주로 퇴적암의 화학적인 성분에 기초하여 알아보고 있다. 특히 궁금한 것 중 하나는 해수의 온도다. 바닷물의 성분과 더불어 온도는 생물의 탄생과 진화에 중요한 요소이다. 당시의 바다 온도를 직접적으로 알 수 있는 방법은 없으나, 간접적으로 바다에서 형성된 물질로부터 추정할 수는 있다. 가령 퇴적암 속에 포함된 동위원소의 교환반응은 온도 의존성이 있고, 그로부터 해수의 온도를 추산할 수 있다.

처트라는 퇴적암이 있다. 이 암석은 거의 미세한 이산화규소, 즉 실리카(SiO_2) 성분으로 이루어져있는데, 생물 기원의 경우 주로 방산충과 같이 실리카 껍질을 가진 미생물의 잔해가 먼바다 해저에 퇴적된 것이고, 비생물 기원의 경우는 해저 열수 활동에 수반되어 방출된 실리카가 퇴적된 것이다.

처트를 구성하는 산소와 규소 둘 다 동위원소를 가지고 있으며 각각의 동위원소 교환반응을 통해 온도를 추정할 수 있다. 산소 동위원소비를 이용한 연구에서 30억 년 전 이전의 해수 온도는 55~85℃ 정도였을 가능성이 있고, 30억 년 전 정도부터 서서히 낮아져 현재에 이른 것 같다.[9] 규소 동위원소를 이용한 추정으로부터도 거의 같은 결과가 얻어졌다. 다만, 처트가 형성되는 장소가 주로 깊은 바다이기 때문에 생물이 주로 서식하던 해양 표층의 온도를 나타내는 것은 아니다. 한편, 주로 해양 표층에서 형성되는 인산염의 경우 산소 동위원소비로부터 시생누대의 해수 온도가 30℃ 정도였을 것으로 추정되었다.

그런데 최근에 완전히 새로운, 분자생물학적 연구 방법을 이용한 흥미로운 결과가 발표되었다. 그것은 단백질이 온도 변화에 매우 민감하다는데 착목한 것으로, 단백질의 열안정성을 검토하여 주변 환경의 온도를 추정하는 것이다.[10] 주요 연구 대상은 시생누대의 시아노박테리아, 원생누대 후기의 녹조류, 현생누대 초기의 육상식물 등이다. 특히 광합성 생물인 시아노박테리아는 햇빛이 투과하는 얕은 깊이(100m 정도)에 서식하고 있기에 시생누대의 해양 표층 환경을 지시한다. 연구 대상이 되는 각 생물의 현생 게놈 배열을 이용하면 분자계통학적으로 거슬러 올라가 조상이 되는 단백질을 찾아낼 수 있다. 그리고 이 조상이 되는 단백질의 열안정성을 검토하여 당시의 온도를 도출할 수 있었다. 시아노박테리아를 비롯한 생물들의 조상형 단백질의 열안정성은 시대를 거슬러 올라갈수록 높은 온도가 되고, 이를 통해 약 30억 년 전의 해수 온도는 약 75℃ 정도이며, 약 4억 2000만 년 전의 데본기에 약 35℃까지 냉각했음이 밝혀졌다. 따라서 시생누대는 상당히 고온 환경이었고 현재보다는 훨씬 따뜻했다.

시생누대의 생물 활동에 대해서는 화석에 대한 연구에서도 확인된다. 당시의 생물은 전부 단세포의 미생물로서 생물의 분류로 말하면 원핵생물, 즉 세균과 고세균이고, 골격이나 껍데기를 갖지 않기 때문에 화석으로 거의 남지 못한다. 그러나 아주 드물게 미화석의 형태로 보존된 경우가 나타났다. 서호주 필바라 지역의 약 35억 년 전의 지층에서 발견된 화석은 그 형태가 아주 복잡하면서 다양하다고 알려졌으나 그들이 어떠한 생물이었는지는 확실하지 않다.

한편, 스트로마톨라이트로 불리는 구조물은 시생누대와 원생누대의 지층에서 보편적으로 발견된다. 미생물의 활동으로 형성된 이런 구조물로부터 간접적으로나마 생물 활동의 흔적을 볼 수 있다. 지금도 일부 지역에서는 스트로마톨라이트가 형성되고 있다. 보통 시아노박테리아에 의해 형성되며, 유기물과 모래와 진흙의 얇은 층이 중첩된 매트, 돔, 기둥 모양의 다양한 형태로 나타난다. 그런데 오랜 시대의 스트로마톨라이트에는 보통 생물 화석과 유기물이 남아있지 않기 때문에 과연 정말로 생물 기원인지는 알 수 없다. 그러나 서호주 필바라지역의 약 27억 년 전 스트로마톨라이트의 미세구조를 상세히 분석한 결과, 남아있는 유기물이 확인되어 생물이 관여한 퇴적구조임이 확실하다고 생각된다.

현재 1차 생산(독립 영양 생물의 유기물 생산)의 대부분은 광합성 생물이 맡고 있다. 바다에서는 조류(藻類), 육지에서는 육상식물이다. 이들은 모두 진핵생물로 분류되고 산소 발생형 광합성을 하고 있으며, 광합성을 담당하는 소기관은 세포 내의 엽록체. 이 엽록체의 기원이 진핵세포에 공생하던 산소 발생형 광합성 세균, 즉 시아노박테리아라고 생각된다. 시아노박테리아는 이름 그대로 박테리아, 즉 세균으로 분류되고 산소 발생형 광합성을 하는 최초의 생물로 생각된다. 그러면 시아노박테리아는 언제 출현한 것일까?

시아노박테리아는 스트로마톨라이트를 만든다. 앞서 살핀 것처럼 스트로마톨라이트와 닮은 퇴적구조가 그린란드 이수아 지역에서 발견되며, 그 연대는 약 38억 년 전에서 37억 년 전까지 거슬러 올라간다. 하지만 이수아 지역의 스트로마톨라이트가 광합성 생물인 시아노박테리아가 만든 것으로 확정하기 위해서는 풀어야 할 과제가 남아 있다. 한편, 호주의 필바라 지역에서 약 35억 년 전의 시아노박테리아의 아주 작은 화석, 즉 미화석이 산출되었다는 보고가 있었다. 그러나 화석이 발견된 장소는 과거에 깊은 해저에서 열수작용이 일어나던 지역이었기 때문에 해양 표층에서 광합성을 하던 생물이 서식하던 장소일 리 만무했다. 따라서 가장 최초의 시아노박테리아의 출현 시기에 대해서는 좀 더 살펴봐야 한다.

스트로마톨라이트가 있으면 시아노박테리아가 존재했다는 등식은 항상 성립하지는 않는데, 시아노박테리아 이외의 미생물이 스트로마톨라이트와 같은 구조를 만들었다는 보고도 있기 때문이다. 따라서 스트로마톨라이트와 시아노박테리아는 상관관계는 있으나 인과관계가 반드시 성립되지는 않는다. 결국 스트로마톨라이트의 발견을 통해 시아노박테리아의 출현 시기를 결정하기는 어렵다. 그러면 방법이 없는 것일까?

생각해 볼 수 있는 것은 시아노박테리아의 광합성을 통한 산소 발생이다. 지구 역사에서 대기 중의 산소농도 변화를 추적해보면 어느 시기엔가 산소농도가 급속히 증가하게 된다. 산소는 지표에서 무기적인 반응으로 거의 생성되지 않는 기체이기 때문에 산소농도의 증가는 광합성을 통한 산소 발생 이외에는 생각할 수 없다. 따라서 산소농도의 증가가 돋보이는 시생누대에는 시아노박테리아가 이미 출현했을 가능성이 높다고 볼 수 있으며 대략 29억 년 전 무렵으로 추정된다.

시아노박테리아는 대기 중의 산소농도의 상승을 통해 지구환경을 극적으로 바꾼 생물이다. 시아노박테리아에 의해 현재와 같은 산소가 풍부한 대기가 형성되었다. 우리 인류를 비롯한 산소호흡을 하는 복잡한 생물의 번성은 풍부한 산소 대기의 덕분이다. 그런 의미에서 시아노박테리아의 출현은 지구와 생물의 진화 양쪽에서 매우 중요한 사건이었다고 할 수 있을 것이다.

어두운 젊은 태양의 역설과
원시 미생물 생태계

시생누대의 바다 온도가 상당히 높았다는 사실은 앞에서 살펴보았다. 당시 지구의 환경은 온난했을 것으로 생각되지만 문제가 하나 있다. 바로 태양이 탄생하고 초창기의 밝기가 현재의 70% 정도에 머물러 지금보다 상당히 어두웠다는 것이고 이는 시생누대에도 그다지 나아지지 않았다는 점이다.

이는 '어두운 젊은 태양의 역설(faint young Sun paradox)'이라 불리는 것으로,[11] 만약 태양의 복사에너지가 낮았을 경우 지구는 완전히 얼어붙어야 하는데 그런 증거는 없고 지표에 물이 존재했었다는 것이 서로 모순적인 입장이라는 것이다. 그리고 태양에너지는 10억 년에 6~7%씩 증가해왔다고 추정한다.

이런 모순을 해결하기 위한 여러 연구가 있었는데, 가장 쉬운 방법으로 암모니아와 이산화탄소에 의한 온실효과가 부족한 태양에너지를 대체했다는 생각이 있다. 그러나 최근에 이들 기체의 효과만으로는 충분하지 않은 것으로 확인되면서 메테인의 역할이 강조되었다.

어두운 태양의 문제는 이산화탄소와 메테인의 조합으로 해결될 수

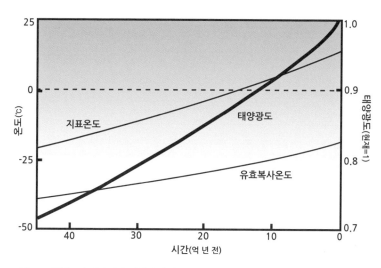

그림 36. 태양광도의 시간 변화. 태양의 탄생 초창기의 밝기는 현재의 70%에 머물렀고, 점차 밝아졌다고 생각된다. 그림의 점선은 동결온도를 나타낸다. 현재 대기 조성에서의 지표온도(지표온도)의 변화와 대기가 없는 경우의 지표온도(유효복사온도)의 변화를 함께 나타냈다.

있을지도 모른다.[12] 그러나 지구 초창기에 정말로 메테인의 농도가 지표 온도에 영향을 끼칠 만큼 높았는지에 대해서는 아직 검증이 끝나지 않았다. 메테인은 메테인균의 활동으로 생산되고 그 원재료는 유기물이다. 광합성에 의한 1차 생산으로 만들어진 유기물은 다양한 산화 과정으로 분해되는데, 최종 단계에서는 메테인 발효가 일어나 메테인이 생산된다.

그러면 시생누대 동안 메테인균의 활동으로 메테인을 생성하기 위한 유기물의 생산, 즉 1차 생산은 어느 정도였을까?

현재의 지구환경과 비교할 때 태양 복사에너지가 낮았던 시생누대의 1차 생산은 당연히 적었을 것이다. 따라서 생산된 유기물이 너무 적으면 메테인의 생산도 적어지고 결과적으로 대기 중의 메테인 농도 역시 낮을 수밖에 없다. 1차 생산의 대부분은 광합성 생물이 담당하지만 시생누대 당시에는 광합성 세균이라 불리는 박테리아에 의해 산소를 발생하지 않는 비산소 발생형의 광합성이 진행되었을 따름이다. 약 29억 년 전에 이르러 비로소 시아노박테리아에 의한 산소 발생형 광합성이 시작된다.

현재의 지구에서 광합성이 진행되면 조류와 육상식물은 물을 전자 공여체로 이용하여 이산화탄소를 고정하고, 산소를 부산물로 배출하고 있다. 이 과정은 이산화탄소에서 산소를 떼어내고 탄소와 수소를 결합시켜 유기물을 만들기 위함이다. 그런데 이산화탄소에서 산소를 떼어내기가 쉽지 않기 때문에 전기음성도가 더 낮은 물속의 수소를 이용하고, 그 결과로 산소가 발생한다.

그러나 시생누대에 산소를 발생시키지 않는 광합성 세균은 물 대신에 주변의 수소, 철 그리고 황화수소 등을 전자 공여체로 이용한다. 비록 당시의 지구에는 바다가 있었음에도 불구하고 전자공여체로서 물을 사용하지 못했던 것이다. 오히려 양이 아주 적었던 수소, 철, 황화수소 등을 사용함으로써 1차 생산의 효율이 그다지 높지 않았다. 결국 메테인을 생성하기 위한 1차 생산이 적었기 때문에 메테인의 생산량 또한 높지 않았고, 어두운 태양의 문제를 해결하기 위한 메테인의 역할은 확인되지 않는다.

최근에 진행된 연구에서는 광합성 세균들이 공존하는 원시 미생물 생태계를 만들어 메테인 생산에 대한 검토를 진행하고 있다. 현재까지의 결과로는 여러 종으로 이루어진 복잡한 미생물 생태계가 성립된다면, 대기 중의 메테인 농도가 높아질 수 있음이 보고되고 있다. 하지만 아직은 예비적인 단계이기 때문에 향후의 연구에 기대하는

바가 크다. 과연 원시 미생물 생태계가 시생누대의 기후 형성에 깊이
관여하고 있었는지, 지구환경과 생물 진화의 관계에서 아주 흥미로
운 문제다.

제8장 │ 눈덩이 지구와
생물의 진화

약 25억 년 전
현재의 77% 광도의 태양

휴토니안 빙하시대

약 24억 년 전
눈덩이 지구 사이의 대산화 사건

약 23억 년 전
안정육괴 분리, 열곡대 형성

약 22억 년 전
눈덩이 지구 종료 후 대산화 사건

산소
오버슈트

약 21억 년 전
오클로 천연 원자로의 다세포생물
화석 프랑스빌 생물군

다세포
진핵생물 탄생

약 20억 년 전

약 19억 년 전
가장 오래된 다세포 진핵생물
화석의 하나인 그리파니아
스피랄리스

크라이오제니안기
(스터시안 빙하시대
+ 마리노안 빙하시대)

약 7억 5000만 년 전

두오산투오층의
가장 오래된
동물 배아 화석

약 6억 5000만 년 전

약 6억 3000만 년 전

약 5억 8000만 년 전
가스키어스 빙하시대

에디아카라
동물군

약 5억 4100만 년 전
현재의 94% 광도의 태양

원생누대의 특징

명왕누대에 원시지구로부터 최초의 대륙과 최초의 생명체가 탄생했지만 대부분의 흔적은 사라져버렸다. 시생누대에 접어들면서 해수면 위로 고개를 내밀던 화산섬들을 비롯하여 조금씩 육지의 면적이 늘어났고, 그에 따라 광합성 생물이 출현하고 서식지가 넓어짐에 따라 산소의 양도 증가했다. 지구의 지표에 다양한 환경이 만들어지는 한편, 지구 내부에서는 맨틀오버턴이 나타났다. 맨틀오버턴으로 인해 외핵이 대류를 시작함으로써 강한 자기장이 만들어져 생물에게는 보다 안정적인 지표환경이 만들어졌다. 그리고 약 25억 년 전 새로운 지구의 역사가 시작된다.

지금으로부터 약 25억 년 전부터 약 5억 4100만 년 전까지 거의 20억 년에 가까운 세월 동안 지구의 변화를 주도해왔던 시대가 원생누대이다. 어쩌면 현재의 우리가 존재하기 위해 가장 극적인 드라마가 만들어졌던 시기일지 모른다. 25억 년 전을 경계로 그 앞의 20억 년과 그 후의 20억 년은 변화의 속도와 다양성에서 커다란 차이가 있다. 대륙의 진화에서도 그렇고 생물의 진화에서도 마찬가지다. 원생누대에 대한 이해야말로 현재 지구의 모습을 살피는 데 중요한 바탕이 된다. 이 기간 동안 대륙이 성장하여 초대륙이 형성되기도 하고 또한 분열하여 조각나기도 하는 등 육지의 이합집산이 반복적으로 일어났다. 그런가 하면 지구 전체가 완전히 얼어붙어 마치 눈덩이(snow-ball)와 같은 상황이 세 차례나 있었다. 대륙의 변화와 눈덩이 지구는 생물의 발생과 진화에 커다란 영향을 주었음을 말할 나위도 없다. 대격변의 시대가 눈앞에서 펼쳐지게 된다.

지구 전체가 얼어붙었다

　원생누대에 들어서면서 지구에는 한랭기가 찾아왔다. 특히 원생누대의 초기와 후기의 한랭기는 지구 전체를 꽁꽁 얼게 만든 사건으로 기록된다. 원생누대 초기에 있었던 한랭기의 흔적은 북아메리카, 남아프리카, 호주, 북유럽 등지에서 발견된다. 그중에서 캐나다 남동부 지역에 분포하는 휴로니안(Huronian) 누층군으로 불리는 지층에는 약 24억 5000만 년 전부터 약 22억 2000만 년 전에 걸쳐 빙하시대(Huronian glaciation)가 반복된 기록이 남아있다.[1] 그리고 남아프리카에 분포하는 빙하성 퇴적물은 맥가니엔(Makganyene) 빙하시대라 불리는 한랭기의 흔적으로, 같은 시기에 분출한 용암의 연대측정에 의해 약 24억 년 전에 일어났음이 알려졌다. 남아프리카의 맥가니엔 빙하시대는 북아메리카의 휴로니언 빙하시대와 같은 지구 한랭기에 해당한다고 생각되며, 원생누대 초기의 2억 년가량 여러 차례의 빙하시대가 반복하여 찾아왔던 것으로 생각된다.

　그런데 맥가니엔 빙하시대에 분출한 용암의 고지자기학 연구에서 의외의 사실이 드러났다. 고지자기학 연구에서는 암석에 남아있는

그림 37. 캐나다 온타리오주에 분포하는 약 23억 년 전의 빙하성 퇴적물(다이아믹타이트, 출처 https://www.flickr.com/photos/jsjgeology/40760432653/).

과거 지구의 자기장에 대한 정보로부터 당시의 땅이 어디에 위치했었는지를 알아낼 수 있다. 그러니까 맥가니엔 빙하시대에 퇴적된 빙하성 퇴적물과 그때 분출한 용암의 고지자기 정보로부터 그들이 지구의 어디쯤 위치했었는지를 알 수 있는 것이다. 그런데 놀랍게도 그 암석들이 포함된 당시의 남아프리카는 적도에서 그리 멀지 않은 위도 11°에 위치했었다. 용암은 그렇다 치더라도 빙하성 퇴적물이 한랭한 고위도 지역이 아니라 적도 가까운 곳에서 만들어진 것이다.[2]

과거 지구 역사를 통해 여러 차례 반복해서 일어난 빙하시대의 증거 중에서도 원생누대 후기의 빙하퇴적물은 전 세계에 걸쳐 분포하고 있음이 이전부터 알려져있었다. 1980년대 후반 조지프 커슈빙크 (Joseph Kirschvink, 1953~)는 호주에 드러나있는 약 6억 4000만 년 전의 지층에서 빙상(ice sheet 또는 ice cover)의 증거가 되는 빙하성 퇴적물을 밝혀내고, 그 지역이 당시는 저위도에 있었던 것을 증명하여 1992년

그림 38. 지구 전체가 동결한 눈덩이 지구(Snowball Earth)의 상상도.

에 '눈덩이 지구(Snowball Earth)' 가설을 제창했다.[3] 커슈빙크는 고지자기학 검증을 통해 그 퇴적물이 틀림없이 적도 지역에서 형성된 것임을 입증하였으며, 저위도 지역에 널리 빙상이 발달했다면 당시의 지구 표면은 거의 얼음으로 덮여있었을 것이라는 결론에 이르렀던 것이다.

저위도 빙상이 존재한다고 하는 고지자기학적 증거로부터 원생누대 초기의 맥가니엔 빙하시대 그리고 원생누대 후기의 스터시안 빙하시대(Sturtian glaciation, 약 7억 2000만 년 전~6억 4300만 년 전)와 마리노안 빙하시대(Marinoan glaciation, 6억 5000만 년 전~6억 3500만 년 전) 등이 확인되는데, 적어도 원생누대 초기에 1회, 원생누대 후기에 2회의 눈덩이 지구 사건이 일어났다고 생각된다.

원생누대 후기의 스터시안과 마리노안 빙하시대가 있었던 약 7억 2000만 년 전부터 약 6억 3500만 년 전의 기간을 크라이오제니안(Cryogenian)기라고 부른다. '크라이오'는 고대 그리스어로 '한랭한' 또는 '동결된'의 뜻을 가지고 있다. 한편, 원생누대 말기의 약 5억 8000만 년 전에도 가스키어스 빙하시대(Gaskiers glaciation)로 불리는 빙하작용의 존재가 알려져있으나, 현재 시점에서 지구 전체가 얼어붙은 눈덩이 지구 사건인지 여부는 확실하지 않다.

오래전부터 눈덩이 지구, 즉 지구 전체의 동결 상태가 물리적으로 가능하다고 지적되어왔다.[4] 지구에서의 기후변동을 설명하기 위해 기후 모델을 만들어 사용하기도 하는데, 한 예로 극지방과 적도 사이에서 발생하는 위도에 따른 태양복사와 지구복사의 차이 그리고 열 에너지의 수송을 고려하여 만든 '에너지-균형 기후 모델(energy-balance climate models)'이 있다.[5]

이 모델에 따르면, 빙상이 극지방에서 저위도 쪽으로 확장하게 되면 어느 특정 지점에서 에너지 균형이 불안정해진다. 그리고 결과적으로 양쪽 극지방에서 적도에 이르기까지 전체 지역을 빙상이 덮어버리는 지구동결 현상이 일어난다. 다시 말해, 빙상이 확대되면 반사되어버리는 태양복사가 많아지기 때문에 지구가 받는 에너지가 줄어들어 한랭화가 더 심해지는 연쇄작용이 일어나는 것이다. 가령 빙상이 위도 30도 부근까지 발달하면 에너지 균형이 무너져 지구 전체가 동결하게 되는데, 특히 빙상 자체의 태양복사에 대한 알베도(반사율)가 높은 데 기인한다. 이런 현상은 '얼음 알베도 피드백(ice albedo feedback)' 효과로 알려져있으며, 저위도 해역에서 에너지 균형이 불안정해졌기 때문에 일어난다. 따라서 원생누대에 저위도 해역에 빙상이 존재했던 증거는 당시의 지구 전체가 동결 상태에 있었던 가능성을 나타내는 것이다.

지구 전체가 동결했다고 생각하면 저위도 빙상의 존재가 설명되는 것은 물론, 독특한 지질 현상으로 호상철광층이 형성된 사실도 설명할 수 있다. 해양 표층이 동결하면 해수와 대기의 가스 교환이 차단되기 때문에, 해양심층수에 열수 기원의 철 이온이 상당히 많이 축적된다. 그리고 나중에 얼음이 녹게 되면 심층수에 축적되어 있던 철 이온이 해양 표층으로 용승하여 산소와 결합하고 침전함으로써 철광층이 만들어졌다고 생각할 수 있기 때문이다.

　그런데 최근에는 호상철광층이 눈덩이 지구 상태에서도 만들어질 수 있다는 주장이 대두되었다.[6] 그 과정은 이렇다. 눈이 계속해 쌓이고 동결되어 빙상이 형성되면 대기 중의 산소는 빙상 속에 갇히게 된다. 눈덩이 지구 상태에서 빙상이 해양으로 확대되고 빙상의 바닥면이 해수와 접하게 되면, 산소를 포함한 물이 얼음에서 녹아 나온다. 이 물과 철 이온을 함유한 심층수가 서로 혼합되어 철이 풍부한 침전층을 만들 수 있다는 것이다. 이 주장은 현생의 지질학적 증거가 없어 논란이 되고는 있으나, 최근 남극의 라슨 빙붕에서 유사한 현상이 지적되었다.[7]

　한편, 커슈빙크는 완전히 얼어붙은 지구에서는 대기 중의 이산화탄소가 소비되지 않음에 주목했다. 보통 대기 중의 이산화탄소는 빗물 속에 들어가 탄산 이온으로 바뀌면서 풍화 반응에 참여하고 소비된다. 그리고 바닷물 속에 녹아 들어간 이산화탄소는 탄산 이온으로 바뀌고 금속 양이온과 결합하여 탄산염 광물로 침전되면서 소비된다. 하지만 동결 상태에서는 물이 얼어버리고 지표면의 화학 풍화가 일어나지 않기 때문에 대기 중의 이산화탄소는 소비되지 않는다. 또한 생물의 광합성 활동이 정지되면 탄소 고정도 일어나지 않는다.

눈덩이 지구 가설이 제안된 후, 폴 호프만(Paul F. Hoffman, 1941~)은 아프리카 남부의 나미비아 공화국 북부에 노출된 오타비 층군(Otavi Group)에 관한 아주 흥미로운 조사 결과를 발표했다.[8] 가우브 층(Ghaub Formation)을 이루는 다이아믹타이트(일종의 빙하성 역암) 바로 위에 마이에버그 층(Maieberg Formation)의 탄산염암이 두껍게 퇴적되어 있다. 이 탄산염암은 빙하 퇴적물을 덮고 있어 탄산염 덮개암(Cap Carbonate)으로 불리는데, 그 탄소 동위원소비는 맨틀 기원의 화산 가스와 같은 값을 보인다. 이 사실은 지구동결 사이에도 화산활동이 계속되어 대기 중에 이산화탄소가 축적되었으며, 축적된 이산화탄소로 말미암아 온실효과가 작동하여 지구 전체를 덮고 있던 얼음이 녹게 되었을 가능성을 나타낸다.

약 6억 3500만 년 전의 지층에 나타나는 마이에버그 층의 탄산염 덮개암은 대기 중에 축적된 이산화탄소로 말미암아 온난한 환경으로 바뀌면서 지구동결상태에서 벗어났고, 대기 중의 이산화탄소가 바다에 녹아 들어가 탄산염암으로 퇴적된 결과이다. 그리고 당시 대기 중의 이산화탄소는 눈덩이 지구 시대에 점차 높아졌다가 탄산염암을 퇴적시키면서 소비되었고, 눈덩이 지구가 끝난 약 5억 5000만 년 전 무렵에는 약 7억 5000만 년 전의 수준까지 낮아졌다고 추정하고 있다.[9]

그러면 지구동결상태를 벗어나기 위해 필요한 이산화탄소의 양은 얼마 정도면 될까? 대략 대기 중에 현재의 250배에 이르는 0.1기압 규모라는 주장도 있고, 그 정도 양으로는 지구동결로부터 탈출할 수 없다는 지적도 있다.[10] 하여간 화산 가스로부터 필요한 양의 이산화탄소를 축적하려면 현재와 같은 화산 탈가스 비율을 가정할 때 약 400만 년 정도 걸린다. 0.1기압 규모의 이산화탄소의 온실효과는 지구 표층을 고온 환경(~60℃)으로 만들게 되고, 이는 탄산염 덮개암의 형성과도 조화를 이룬다.

여기서 가장 궁금한 문제를 생각해보자. 지구가 전부 얼어붙게 된 가장 근본적인 원인은 무엇일까? 많은 논의가 있으나 정확한 답은 아직 없다고 해야 옳다. 기본적으로는 대기 중의 온실효과 기체의 농도가 낮아진 것이 직접적인 원인으로 생각되지만, 그 온실효과 기체가 이산화탄소인지 메테인인지도 불분명하다.

대기 중의 이산화탄소 농도가 낮아진 경우 그 원인으로 생각되는 것은 다량의 유기 탄소가 땅에 매몰되거나, 화산활동의 저하로 이산화탄소의 공급이 감소되거나, 또는 초대륙 분열로 풍화가 가속되면서 이산화탄소가 소비되거나 했을 가능성이다.[11] 만약 메테인 농도가 낮아진 경우라면, 원생누대 초기에는 광합성 생물에 의한 산소방출로 메테인이 연소되었을 가능성과, 원생누대 후기에는 수소와 이산화탄소로 이루어진 메테인하이드레이트의 분해가 돌연 정지되었을 가능성 등이 제기된다.[12]

한편, 최근 들어 상당한 주목을 받고 있는 것으로 지구동결의 원인을 지구 바깥에서 찾는 주장도 있다.[13] 그 출발점은 태양계가 은하계 내의 암흑성운과 같은 거대 분자구름을 통과했으며, 그로 말미암아 우주에는 새로운 별들이 탄생하는 스타버스트 현상이 일어났다는 것이다. 원생누대 초기의 스타버스트는 지구 역사상 가장 큰 규모였는데, 이로 인해 태양의 방호벽인 태양권계면의 크기가 100AU에서 1AU 미만으로 엄청나게 줄어들었고, 결과적으로 대량의 은하 우주선(cosmic rays)이 지구로 유입되었다. 우주선은 아주 큰 에너지를 가진 입자다. 이런 입자가 지구대기권에 다량으로 침투해 들어오면 구

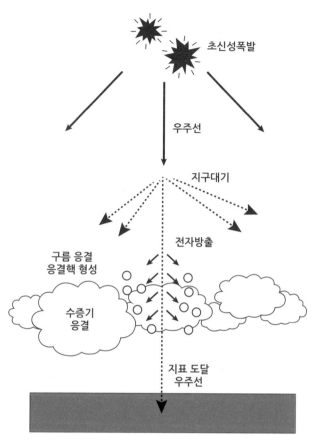

그림 39. 스타버스트에 의한 우주선의 지구 유입. 스타버스트에 의한 우주선은 큰 에너지를 가진 입자이며 지구대기권에서 구름을 만드는 응결핵을 형성한다.

름을 만드는 응결핵의 형성이 촉진되고 따라서 구름의 양이 급격하게 증가한다. 두꺼운 구름이 지표에 도달하던 태양 복사에너지의 양을 감소시키고 지구의 기온은 갑자기 내려가기 시작한다. 눈이 내려 지표에서 얼어붙으면서 적도조차 지표가 얼어붙게 되었다.

원생누대 후기에도 또 다른 스타버스트가 있었다. 그리고 이번에는 지구의 자기장에도 변화가 생겼다. 우리가 아는 지구의 자기장은 두 극지방에 두 개의 자극이 있는 쌍극자 모양이다. 그런데 이 당시 지구의 자극은 4개로 소위 4중극 자기장의 형태였으며 전체 자기장의 강도가 낮아졌다. 이렇게 되면 태양이나 우주로부터 들어오는 고에너지 입자를 유효하게 차단할 수 없게 된다. 그대로 은하 우주선에 노출되었고 결과적으로 구름의 형성이 매우 높아져 지구 전체가 얼어붙었다는 얘기다.

온실효과 기체의 양이 줄어든 것이든 우주선에 의한 응결핵 형성의 촉진이든 모두 가능성이 있지만, 실제로 어떤 것이 진짜 원인이었는지는 실제 지질학적 증거와 연결시키기가 쉽지 않다. 그리고 세 차례의 눈덩이 지구가 모두 같은 원인으로 일어났다고 확정할 수도 없기 때문에, 앞으로의 연구에서 밝혀야 할 부분이다. 그럼에도 불구하고 눈덩이 지구 가설은 원생대 후기의 빙하퇴적물에 수반된 다양한 특징을 통일적으로 설명할 수 있는 가설로서 아주 뛰어나다고 할 수 있다.

지구동결과 생명의 생존

1. 해양 표층의 동결

그 원인이야 무엇이든 간에 눈덩이 지구 가설에 따르면, 해양 표층은 완전히 얼어버린다. 일단 지구 표면이 얼음으로 덮이면, 얼음의 알베도는 아주 높기 때문에 일사량의 상당 부분(60~70% 정도)을 반사해버린다. 그 결과 지구의 평균 온도는 -50~-40℃까지 낮아진다. 그러면 해양은 표면부터 냉각하기 시작하고 이윽고 완전히 동결하게 된다. 물이 응결할 때 방출하는 잠열을 고려하면 바다가 얼어붙는 데 수십만 년 정도 걸리지만, 만약 잠열이 없다면 기껏해야 1,000년 정도에 완전히 동결해버릴 것으로 예상된다.[14]

하지만 실제로는 '지각열류량'이라 부르는 지구 내부에서 지표로 흘러나오는 열에너지가 중요한 역할을 한다. 해저로부터 방출된 열은 바닷물과 얼음을 통해 대기로 빠져나간다. 그런데 얼음은 전도를 통해서만 열을 운반하기 때문에, 열 수송 효율이 매우 나쁘다. 만약 얼음이 얇으면 해저로부터의 열은 효율적으로 대기로 운반되지만,

얼음이 두꺼워지면 해저에서 방출된 열을 효율적으로 수송할 수 없게 된다. 원생누대의 지구 내부는 현재보다도 고온이었다고 생각되기 때문에, 지각열류량도 현재보다 컸을 것이다. 그리고 해양 표층의 약 1,000m 정도가 동결하면 지각열류량이 얼음의 전도에 의해 표면까지 운반될 수 있는 한계 두께에 도달하고, 거기서 열평형 상태가 이루어진다. 다시 말해 바다가 얼어붙는 것은 표층에서 약 1,000m 정도이고 해양의 심층은 동결하지 않는다.

약 1,000m 두께의 해양 표층이 완전히 동결하게 되면 생물은 엄청난 피해를 입게 된다. 세균과 고세균 같은 원핵생물이라면 그러한 가혹한 환경을 견뎌냈을지도 모른다.[15] 그러나 진핵생물의 경우는 상황이 전혀 녹록지 않다. 원생누대 후기의 눈덩이 지구 이전부터 이미 진핵생물인 홍조류와 녹조류, 갈조류 등의 광합성 조류가 출현하였으며, 원생누대 후기의 빙하시대를 견뎌냈음이 알려져있다. 그러나 일반적으로 바다에서 태양광이 투과할 수 있는 것은 겨우 100~200m 정도이고, 해양 표층의 약 1,000m가 수백만 년에 걸쳐 얼어버리는 눈덩이 지구의 상황에서 광합성 조류가 살아남는 것은 불가능하다. 또한 바다 표면이 완전히 얼음으로 닫혀버린 경우 얼음 아래의 해수는 무산소상태가 될 것이고, 생존에 산소가 필요한 진핵생물은 그런 환경에서 살아남기 어렵다. 이처럼 지구동결에 의해 해양 표층이 완전히 얼어붙은 경우, 이미 지구상에 출현한 진핵생물의 생존 여부는 눈덩이 지구 가설의 최대 쟁점이기도 하다.

2. 약한 눈덩이와 강한 눈덩이

에너지-균형 기후 모델에 따라 만약 저위도에 대륙 빙상이 존재했다고 한다면, 그것은 바로 지구 전체가 동결했다는 의미다. 그러나 좀 더 복합적인 기후 모델을 사용한 연구에 따르면,[16] 대륙은 빙상으로 덮였을지라도 열대 해역을 중심으로 한 바다는 동결하지 않았을 가능성이 제기된다. 특히 원생누대에 어두운 태양과 이산화탄소 농도의 조건에 대한 검토 결과를 살필 수 있다. 태양은 탄생 후 진화하면서 밝기가 증가해왔으므로 원생누대 전기 및 후기에서는 각각 현재보다 23% 및 6% 정도 어두웠다고 추정된다.[17] 그리고 이산화탄소 농도가 현재와 같든지 또는 그 절반의 경우, 해양은 급격하게 해빙(海氷, sea ice)으로 덮이고 전체가 얼었다. 그러나 이산화탄소 농도가 현재의 2~2.5배로 높아지면 열대 해역의 바다에는 얼음이 생기지 않는다는 결과가 얻어졌고, 따라서 해빙은 극지방에서부터 위도 25도까지밖에 확대하지 않는다.

대륙은 얼음으로 덮였으나 바다는 완전하게 동결하지 않았던 상황이라면, 진핵생물이 원생누대 후기의 빙하시대를 살아남을 수 있었으리라 짐작된다. 이러한 경우를 '약한 눈덩이(soft-snowball)' 또는 '슬러시덩이(slushball)'라고 부른다. 이에 비해 바다를 포함하여 지구 전체가 동결해버린 경우를 '강한 눈덩이(hard-snowball)'라고 부른다. 실제로 일어난 것이 약한 눈덩이인지 강한 눈덩이인지, 커다란 논쟁이 되고 있다.[18]

약한 눈덩이 설은 진핵생물이 살아남았음을 설명하는 데는 아주 편리하다. 그러나 이 경우에는 대기와 해양 사이에 기체 교환이 일어난 것이 되기 때문에, 강한 눈덩이 설에서 설명할 수 있는 호상철광층의 형성과 탄산염 덮개암의 형성을 설명하기는 어렵다. 또한 약한 눈덩이 상태로부터 벗어나기 위해서는 이산화탄소 농도가 현재의 고작 3.5~4배 정도면 된다고 주장하는데, 이는 이산화탄소 농도를 현재의 약 250배로 가정하는 탄산염 덮개암의 성인과는 모순이다. 게다가 그 정도의 이산화탄소 양을 화산활동으로 축적하기 위해서 필요한 기간은, 현재의 화산 탈가스 정도를 가정하면 수만 년 정도 걸려 약한 눈덩이의 계속 기간은 아주 짧아진다. 그리고 이는 수백만 년 이상 지속된 빙하시대의 기간을 설명하지 못한다.[19] 따라서 약한 눈덩이 설은 진핵생물의 생존을 설명할 수 있다는 점에서 편리하고 기후학적으로 새로운 발견이라는 의미에서 흥미롭지만, 원생대 후기의 지질학적 증거와 정말로 부합하는지 아직 그 의문이 풀리지 않았다.

3. 적도의 얼음 두께와 생물의 피난처

지구 전체가 동결해도, 적도 해역의 얼음 두께가 전술한 추정보다 훨씬 얇으면(예를 들어 10m 정도) 진핵생물은 생존할 수 있을지도 모른다. 얼음의 두께가 얇고 또한 얼음이 투명하다면, 태양광이 얼음을 투과하고 얼음 아래에서 조류가 광합성을 할 수 있을 가능성이 있기 때문이다.[20]

이런 생각의 배경에는 남극의 드라이밸리에서 호수의 동결에 관한 연구가 있다. 드라이밸리의 연평균기온은 −20℃이고, 호수에는 만년빙이 덮여있다. 그곳의 낮은 지각열류량을 고려하면 얼음의 두께가

300m 정도 되어야 하지만, 실제로는 기껏해야 5m 정도다. 이는 얼음의 표면에서 태양광이 투과하고, 얼음의 바닥면에서 동결로 인한 잠열의 방출로 얼음 내부에서는 지각열류량보다도 훨씬 큰 열의 흐름이 생겼기 때문이다.

광합성에 이용되는 파장대(400~700nm)의 태양광이 만년빙 아래까지 도달하는 투과율은 대략 1~5% 정도이다. 원생누대 후기의 태양광도는 현재보다도 6% 정도 낮았다고 추정되지만, 그래도 당시의 적도 해역은 현재의 남극보다 3~4배 커다란 일사량을 받았을 것이다. 따라서 이런 상황에서는 지구 전체가 동결하더라도 적도 해역의 얼음은 얇았을 가능성이 있다.

남극에서는 보통 태양광이 표층의 수 cm에서 산란되어 내부까지 투과할 수 없기 때문에 얼음이 아주 두껍게 발달한다. 그러나 강설이 거의 없고 얼음의 승화가 탁월한 장소에서는 얼음이 투명하고 얇다. 따라서 전체가 동결하는 지구에서도 적어도 그러한 건조 지역에서는 투명하고 얇은 얼음이 유지되며, 생물은 얇은 얼음 아래서 광합성을 했을 가능성이 충분하다.

그러면 어느 정도로 얼음이 얇아야 그 아래의 생물이 광합성을 할 수 있는 것일까? 얼음의 열전도, 태양광의 얼음 내부로의 투과, 얼음 바닥면에서 해방되는 잠열 및 지각열류량 등을 고려하여 얼음의 에너지 수지를 검토해보면, 얼음 바닥면의 성장과 얼음 표면에서의 승화 속도가 늦을수록 투명한 얼음이 형성됨이 알려졌다.[21] 투명한 얼음에서는 광합성에 이용되는 파장 700nm 이하의 태양광이 심부까지 투과한다. 그러나 얼음의 두께가 30m 정도가 되면, 투과하는 태양광은 생물의 광합성에 필요한 한곗값까지 줄어든다. 따라서 형성된 얼음의 두께가 정말로 이보다 얇았을지 어떨지가 문제다. 투명한 얼음의 가시광에 대한 알베도는 0.3 정도이며, 적도 해역의 기온이 -45℃보다도 높은 경우 두께 30m 이하의 얇은 얼음이 유지되고 얼음의 아래에서 광합성이 가능하다고 알려져있다.

한편 빙상이 해양으로 확대되고 빙상의 바닥면이 해수와 접하게 되면, 빙상에 갇혀있던 대기 중 산소는 얼음이 녹으면서 해수로 방출되는데 그때 부분적으로 산화적인 물을 생성시킨다. 그 물과 혐기적인 심층수가 섞이면서 방출되는 에너지로 말미암아 지역적인 호기적 생태계를 조성하면 지구동결의 시기에도 빙상 아래의 해양에서 진핵생물이 생존할 수 있다는 지적도 있다.[22]

지구 전체가 동결하여 적도 해역까지 두꺼운 얼음으로 덮어버렸다고 해도 육지로 둘러싸인 바다나 큰 호수, 가령 현재의 지중해, 흑해, 카스피해, 바이칼호 등과 같은 장소가 존재했을 가능성이 있고, 그런 곳에서는 얇은 얼음이 존재 가능할 것으로 생각된다. 이러한 상황이 원생누대의 지구동결 당시에 정말로 있었는지는 알 수 없지만 하나의 가능성으로서는 아주 흥미롭다. 다른 한편, 지구 전체가 거의 완전히 두꺼운 얼음으로 덮였다고 해서 지구 표면에 액체의 물이 존재할 수 없는 것은 아니다. 예를 들어, 하와이와 아이슬란드와 같은 열점 지역과 해양판의 섭입대와 같은 지열지대에서는 높은 열류량에 의해 국소적으로 얼음이 녹고, 온천 등 액체의 물이 존재할 수 있는 환경이 있었을 가능성도 충분하다.

열점뿐만 아니다. 원생누대에도 틀림없이 화산활동이 일어났을 것이며, 특히 탄산염 덮개암을 형성한 다량의 이산화탄소가 화산활동에 의해 공급되었을 가능성이 매우 크다. 따라서 가령 당시의 지구가 강한 눈덩이 상태에 빠졌다고 해도, 생물들의 '피난처'가 지구 표면의 어딘가에 존재했을 가능성이 높다. 생물은 그러한 장소에서 겨우 살아남았을지도 모른다. 지하 마그마 방의 수명은 마그마의 공급과 그 공간 규모에 의존하지만, 100만 년 이상 지구동결이 계속되더라도 마그마 활동의 환경이 유지될 가능성은 충분하다. 따라서 만약 강한 눈덩이 상태가 지속되어 적도 해역에 두꺼운 얼음이 존재했다고 해도, 생물이 살아남을 가능성은 있지 않을까 생각된다.

이처럼 지구동결이 일어나도, 진핵 조류가 생존할 수 있는 몇몇 가능성이 제안되고 있다. 예를 들어 현재 남극이나 그린란드의 빙하 표면에서는 직경 1mm 내외의 검은색 입자들이 발견되며 이를 '크라이오코나이트(cryoconite)'라고 하는데, 주로 시아노박테리아로 이루어지

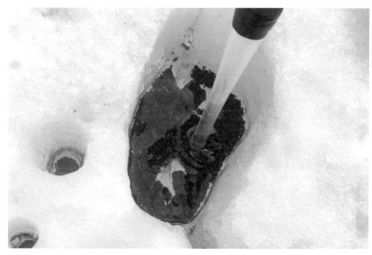

그림 40. 크라이오코나이트. 크라이오코나이트는 빙하의 눈과 얼음에 포함된 검은색의 물질이며, 주로 대기에서 유래된 광물입자와 눈과 얼음 위에 번식하는 미생물과 그 외 유기물로 구성된다. 이들은 필라멘트 모양의 시아노박테리아가 서로 얽혀 둥근 모양의 크라이오코나이트 입자를 형성한다(출처 : https://commons.wikimedia.org/wiki/File:Kr%C3%BCokoniit.jpg).

고 소량의 광물과 유기물을 포함한다. 크라이오코나이트가 검은색을 띠는 것은 시아노박테리아의 사체가 분해된 부패물 때문이며, 검기 때문에 일사광을 잘 흡수하고 여름철에는 부분적으로 얼음을 녹여 광합성 활동을 한다고 알려져있다. 이 크라이코나이트가 지구동결에도 빙하 표면에 발달했다고 한다면 조류의 생존 가능성을 고려해볼 수 있다. 좀 더 검토가 필요하지만, 원생누대 후기의 지구동결을 거치면서 진핵 조류가 살아남았다는 점에 대해서는 뭔가 설명이 될지도 모른다.

지구동결 이후의 대산화 사건

시작이 있으면 끝이 있기 마련이다. 지구 전체가 얼어붙었던 시기에 지하에서는 뜨거운 마그마가 꿈틀거리기 시작했다. 이윽고 곳곳에서 마그마의 활동이 시작되었다. 분출한 화산 가스가 지구대기를 덮고 지표는 서서히 데워지기 시작했다. 원생누대 초기의 빙하시대가 끝날 무렵 이런 마그마 활동의 증거는 여러 지층에서 확인되고 있다.[23] 눈덩이 지구가 끝나고 지구는 다시 온난해진다. 하지만 그 과정역시 간단하지는 않다. 지구 전체를 뒤덮었던 얼음이 서서히 걷혀갈무렵 지구의 표층 환경은 동결되기 이전의 상황으로 환원되는 것이아니라, 또 다른 상황을 향해 달려가게 된다. 왔던 길을 되돌아가는것이 아니라 전혀 다른 길로 접어든다. 지구의 역사는 이처럼 비평형이고 비가역적인 진화였다.

원생누대 초기의 눈덩이 지구 상태가 끝나고 바뀐 환경을 조사하다 보면 급격하게 변한 하나의 현상에 놀라게 된다. 그전까지와는 엄청나게 차별적인 대기 중 산소의 양이다. 지구대기에는 원래 산소가희박했다. 그러다가 원생누대 초기의 약 24억 년 전의 눈덩이 지구 상태가 종료되자마자 대기 산소농도가 급격하게 상승했음이 알려져있고, 이를 '대산화 사건(Great Oxidation Event, GOE)'으로 부르고 있다. 사실 대기 중의 산소농도는 25억 년 전 이전의 시생누대에서도 약간 상승했던 적이 몇 번 있었다고 최근 알려지긴 했는데, 이는 산소 발생형 광합성이 시생누대로부터 시작되었을 가능성을 시사하는 것이다. 그러나 대기 중의 산소농도가 눈에 띌 만큼 상승한 것은 원생누대 초기의 사건이었다.

원생누대 초기의 대산화 사건에 대해서 예로부터 많은 연구가 이루어져왔다. 산소는 지표에서 무기적인 반응으로는 거의 생성되지 않기 때문에 산소를 발생하는 요인은 생물에 의한 광합성에 한정된다고 생각된다. 앞서 설명했듯이 광합성에서는 두 가지 탄소 동위원소 중 무거운 ^{13}C보다는 가벼운 ^{12}C가 보다 많이 사용된다. 요컨대 광합성이 활발하면 ^{12}C가 소비되어, 주변 환경 중에는 상대적으로 ^{13}C의 비율, 즉 ^{13}C/^{12}C 비가 커진다. 이를 탄소 동위원소비의 '정이상(正異常, positive anomaly)'이라 한다. 따라서 과거의 퇴적물 속의 탄소 동위원소비가 정이상을 보이면, 그 시기에 광합성에 의한 대량의 산소 공급이 일어났다고 추측할 수 있다. 실제로 약 22억 년 전에서 21억 년 전에 대규모 정이상이 일어났음이 알려지며 대산화 사건이라고 이름 붙였던 것이다. 이 대산화 사건에 의한 대기 중의 산소농도의 증가가 그 뒤의 다세포 진핵생물의 출현에 연결되었다고 생각하고 있다.

한편, 대산화 사건이 발생한 증거는 붉게 물든 지표에서도 쉽게 찾을 수 있었다. 약 22억 년 전에 형성되었다고 생각되는 붉은색의 토양층이 세계 곳곳에서 확인되었다. 적색 토양층 또는 적색층으로 불리는 산화철을 많이 포함한 풍화 토양이다. 대기 산소농도가 증가하면 지표 암석이 화학적으로 풍화될 때 암석 속의 +2가의 철 성분이 +3가의 철 산화광물인 적철석(Fe_2O_3)으로 바뀌게 된다. 산소가 없거나 희박한 환경에서 화학적 풍화작용이 진행되면 대부분의 철은 물에 녹아 바다로 흘러가버리기 때문에 풍화된 토양 속에는 철이 많이 남지 않는다. 그러나 대기 중 산소농도가 높으면, 철은 산화광물인 적철석으로 거듭나고 토양 입자로 남게 된다. 이렇게 22억 년 전의 적색 토양층이 만들어진 것이다. 지표에서의 산화·환원 환경의 변화는 약 22억 년 전에서 21억 년 전에 걸쳐 세계 곳곳에서 나타나는 황산염 광물의 침전에서도 확인된다. 산소가 부족한 환경에서 지표 암석 속에는 철의 황화물인 황철석(FeS_2)이 포함되어있었다. 그러나 산소농도가 증가하여 산화적인 환경에서 화학적 풍화가 일어나면서 유황 성분은 황산이온(SO_4^{2-})으로 용출되어 바다로 흘러 들어간 것이다.

시생누대의 대기 속에는 산소가 거의 없었기 때문에 바다에는 황산이온이 거의 없었을 것이다. 그런데 시간이 조금 흘러 원생누대 초기가 되자 육지로부터 공급된 황산이온은 황산염 광물로 침전하게 되었다. 대기 산소농도의 변화로 말미암아 해수의 성분 또한 바뀐 것이며, 약 22억 년 전부터 21억 년 전에 걸쳐 산소농도가 일시적으로 상승한 증거가 된다. 한편, 당시의 대기 산소농도의 변화를 살펴보면 일시적으로 현재와 거의 같은 수준까지 높아진 다음, 짧은 시간 동안 현재의 1,000분의 1~100분의 1 수준까지 떨어지고서 안정하게 되는 양상이 확인된다. 즉 농도가 갑자기 증가한 채 유지되다가 빠르게 감소하여 안정화되는 양상으로 '오버슈트'라고 부른다. 원생누대 초기의 대기 산소농도의 급격한 상승 즉, 대산화 사건에서는 산소농도의 오버슈트(oxygen overshoot) 현상이 나타났을 것으로 생각된다.

한편 커슈빙크는 남아프리카의 약 22억 년 전의 빙하성 퇴적물 위에, 지구 역사에서 처음으로 이산화망간에 의한 망간광상이 형성되었음에도 주목했다. 망간이라는 원소는 산화·환원 전위가 높기 때문에 산소분자 이외에는 산화·침전시킬 수 없다. 따라서 이 망간광상의 형성은 지구동결 이벤트 직후에 대기 중의 산소농도가 증가했을 가능성을 시사한다. 비록 이런 사실이 약 22억 년 전의 지구동결 직후에 대산화 사건이 일어났음을 강력하게 시사하고 있지만, 양자의 인과관계는 수수께끼였다.

눈덩이 지구와 같은 지구동결과 대산화 사건의 관련성은 지구에 남아있는 지질학적 증거로부터도 찾을 수 있다. 북미대륙의 5대호 주변에 위치하는 미국 미시간주와 캐나다 온타리오주의 두 지역에 분포하는 약 22억 년 전의 지층에서 지구동결과 대산화 사건의 양쪽에 대한 지질 기록이 발견되었다. 그 지층에서는 빙하성 퇴적물의 바로 위에 거의 순수한 이산화규소로 이루어진 규암층(quartzite)이 쌓여있다. 이 규암은 화학적 풍화의 결과로 토양의 광물에 포함된 원소들 대부분이 빠져나가버리고 실리카(SiO_2) 성분만 남아있던 것이 변성작용을 받아 만들어진 것이다. 화학적 풍화는 기온이 높을수록 반응이 빠르게 진행되는데, 규암층처럼 완전히 풍화가 진행되는 것은 드물다. 한편, 이 규암에서 극미량의 유기물이 발견되어 탄소 동위원소비를 측정한 결과, 두 차례에 걸쳐 $^{13}C/^{12}C$ 비가 두드러지게 작아지는 부이상(負異常, negative anomaly)이 확인되었다. 이 사실은 가벼운 ^{12}C가 두 번에 걸쳐 공급되었음을 의미한다. 게다가 풍화의 정도를 나타내는 지표인 풍화도 역시 같은 시기에 두 차례에 걸쳐 급격하게 증가했다. 이는 이 시기에 아주 급격한 온난화가 일어났음을 지시한다.

이러한 급격한 온난화와 가벼운 탄소의 공급에 대한 원인으로서는 메테인하이드레이트의 분해에 의한 메테인의 공급 가능성이 점쳐지고 있다. 메테인하이드레이트는 '물 분자로 이루어진 바구니 속에 메테인 분자가 포함된 고체 결정'이며 현재에도 영구동토와 해저의 퇴적물 속에 많이 존재한다. 메테인하이드레이트의 메테인은 메테인생성균에 의해 수소와 이산화탄소로부터 만들어지며, 가벼운 ^{12}C가 많은 탄소 동위원소비를 가지고 있다. 따라서 가벼운 메테인이 대기중에 방출됨으로써 급격한 탄소 동위원소비의 부이상이 일어난 것으로 추측할 수 있다. 아마도 지구동결이 끝나고 난 뒤 온난화에 의해 메테인하이드레이트의 분해가 진행되고, 그 결과 두 번에 걸쳐 온실가스인 메테인의 대량 방출이 일어남으로써 한층 더 온난화를 가속시켰을 것이다. 그리고 이 급격한 온난화가 육지의 풍화를 극도로 재촉했다고 생각된다.

원생누대 초기 진핵생물의 출현

1. 열곡대 화산활동과 생물의 진화

원생누대 초기의 빙하시대에는 지구의 모든 곳이 얼었다. 육지도 바다 표면도 얼고 모든 생물은 갑작스러운 서식지 환경의 변화로 치명적인 영향을 받았다. 광합성이 줄어들고 산소농도 또한 낮아졌다. 지구 표층의 생태계는 붕괴되었고 낮은 산소농도에서도 생존이 가능한 혐기성 미생물만이 얼음 아래서 활동 영역을 넓혀갔을 것이다. 시간이 흘러 어느덧 눈덩이 지구는 서서히 기온을 회복한다. 마그마의 활동으로 지구는 데워지기 시작했다. 지표에는 육지가 다시 드러나고 영양염이 공급되면서 새로운 생태계가 만들어졌다. 이 시기의 새로운 생물계는 현재 아프리카와 북아메리카의 암석에서 확인되는데, 특히 대륙이 분열하는 장소인 열곡대(rift valley)에서 두드러지게 나타난다.

눈덩이 지구에서 회복된 지구에 새로운 화산활동이 일어났다. 혹독한 자연환경 속에서도 겨우 생명을 유지한 생물이 다시 번성하기 위해 필요한 것은 에너지였다. 그리고 새로운 환경에 적응하기 위해 최적의 변이가 진행되었다. 약 23억 년 전 지구 여러 곳에서는 땅이 벌어져 분지가 형성되는 지각 변동이 생겨났다. 모여있었던 여러 안정육괴들이 분리되기 시작한 것이다(제9장 참고).

무수한 정단층이 생기면서 열곡대가 만들어지고 그 틈을 따라 지하의 마그마가 지표로 분출했다. 아프리카 중앙부에 이때의 증거가 확실하게 남아있다. 정단층에 의해 만들어진 열곡대로 말미암아 퇴적분지가 만들어지고 거기에 마그마가 분출했다. 이 마그마는 방사성 동위원소를 많이 포함하고 휘발성물질에 풍부한 마그마였기 때문에 고방사성 마그마(highly radiogenic magma)로 불린다. 화산재와 같은 분출물이 주변 분지에 쌓여 그 안에 포함된 방사성 원소들이 퇴적하고 농집되었다. 그렇게 퇴적성 우라늄 광상이 만들어졌고, 천연의 원자로가 되었다. 아프라카 가봉의 오클로에서 발견된 이런 우라늄 광상을 '오클로의 천연 핵분열 원자로(Oklo natural fission reactor)'라고 부

그림 41. 중부 아프리카 서안에 위치한 가봉공화국의 오클로 천연 핵분열 원자로의 전경(출처 : http://oklo.curtin.edu.au/local/images/oklo_front.jpg).

른다.

천연 핵분열 원자로는 퇴적암 속의 우라늄이 물과 접촉하여 경수로와 같은 원자로 역할을 하는데, 그 열이 간헐천을 만든다. 간헐천 환경에서 생명이 탄생하는 모습은 제6장에서 이미 살펴본 바 있다. 천연 원자로 상부에 있는 약 21억 년 전의 퇴적암에는 화석과 함께 고분자 유기화합물이 포함되어 있고, 그 지층에 기묘한 동물처럼 보이는 화석군이 발견되었다. 이들은 '프랑스빌 생물군(Francevillian biota)'이라 불리며 가장 이른 형태의 다세포생물의 증거로 간주되기도 한다.[24] 따라서 생물의 진화과정에서 진핵생물의 탄생은 이러한 열곡대에서의 화성활동이 영향을 미쳤을 가능성이 있다.

그런데 원자로라는 얘기에서 문득 궁금해진다. 방사선이 비정상적으로 높은 상태에서 생물이 어떻게 살아남을까? 분명 유전자 변이가 진행되었을 것이며 그런 독특한 환경에서 생존에 실패한 생물은 사라져 부분적인 멸종이 일어났지만 살아남은 새로운 종이 새로운 생태계를 이끌었을 것이다. 유전자 변이에 의한 새로운 종의 탄생과 확장으로 말미암아 생명 진화는 새로운 국면을 맞이했다.

2. 대산화 사건과 진핵생물의 출현

원생누대 초기의 눈덩이 지구에서 벗어나 지구는 온난화되기 시작했다. 빙하시대를 견뎌낸 생물들이 다시 태양 아래 고개를 내밀고, 얼음이 녹은 바닷속에서 시아노박테리아가 다시 광합성을 시작하며 엄청난 양의 산소를 뿜어냈다. 그리하여 지구는 대산화 사건을 겪게 되고 생물계는 커다란 영향을 받게 된다. 대기 중의 산소농도가 증가함으로써 그때까지의 혐기적 환경에 적응해 온 생물은 치명적인 영향을 받았을 것이다. 그들에게 산소분자는 강한 산화력을 가진 독성의 기체이기 때문이다.

호흡에 산소를 사용하지 않는 절대혐기성 생물은 산소가 풍부해지면 사멸해버린다. 산소농도의 상승으로 지구 표층 환경은 크게 바뀌었고 생물은 치명상을 입게 되었다. 원생누대 초기의 산소농도 증가로 인해 당시 생물이 최대 99%까지 멸종했으리라는 보고도 있다. 대량멸종이지만 모든 생물이 사라진 것은 아니다. 호기적 환경에 적응하여 산소를 적극적으로 이용하는 생물이 나타났는데 호기성 생물의 산소호흡은 에너지 생산에 큰 이점이 있다. 혐기성 생물은 주로 유기물을 분해하면서 발효로 에너지를 생산했다. 그런데 산소호흡에서는 발효로 얻어진 에너지의 약 20배에 이르는 에너지를 얻을 수 있다. 물론 산소호흡 때 독성이 강한 활성 산소가 발생한다는 문제를 해결해야만 했다. 그리고 드디어 산소의 강한 독성으로부터 스스로를 보호할 수 있는 장치를 갖춘 생물이 등장하여 번성하게 되었다.

여기서 잠깐 생물의 분류에 대해 간단히 알아보고 가자. 생물은 세포의 종류와 유전자의 구조에 따라 크게 세 가지의 도메인(영역), 즉 세균(Bacteria), 고세균(Archaea) 그리고 진핵생물(Eukarya)로 구분된다. 세균과 고세균은 핵이 존재하지 않기에 핵이 생기기 이전이란 의미로 원핵생물이라 부른다. 반면 세포핵이 나타나면서 진핵생물이 등장하는데, 고세균의 세포 안에서 복수의 세균이 공생함으로써 진핵생물이 탄생했다고 본다. 가령 진핵세포의 미토콘드리아와 엽록체는 원래 독립된 원핵생물이지만, 두 기관이 산소호흡과 광합성을 필요로 하는 숙주 세포 내부에 공생하게 되면서 서로 분리될 수 없는 단일 생물이 되었고, 세포 소기관으로 발전했다는 것이다. 광합성을 담당하는 엽록체는 시아노박테리아, 산소호흡을 담당하는 미토콘드리아는 호기성 세균이 공생한 것이라고 생각된다.

지구환경 변화로부터 추정되는 진핵생물의 출현은 약 27억 년 전에서 26억 년 전 무렵이다. 그리고 가장 오랜 다세포 진핵생물 화석의 하나로 생각되는 그리파니아 스피랄리스(Grypania spiralis)는 원생대 초기 눈덩이 지구 이후 약 21억 년 전의 미국 미시간주의 지층에서 발견되었다(이후에 지층의 연대가 약 19억 년 전으로 수정 보고됨).[25] 그것은 폭 1mm, 길이는 최장 9cm에 이르는 가늘고 긴 필라멘트를 코일처럼 감고 있는 화석이다. 진핵생물은 세포 내의 미토콘드리아에 의해 산소호흡을 하고, 세포막에 필수 성분인 스테롤 합성에도 산소가 필요하

그림 42. 미국 미시간주 지층에서 발견되는 가장 오랜 다세포 진핵생물 화석중 하나로 생각되는 그리파니아 스피랄리스.

기 때문에 현재의 1~10% 정도의 산소농도가 필요하다. 이 사실은 산소농도의 증가와 진핵생물의 출현 사이에 인과관계가 있음을 나타내는 것이다. 이처럼 대산화 사건으로 생물은 획기적으로 진화하게 되었다고 생각되고, 그 후에도 호기적인 환경은 계속 유지되었던 것 같다. 다만, 원생누대 후기의 8억 년 전에서 6억 년 전에 이르기까지 대기 중의 산소농도는 크게 변하지 않았다.

한편, 오랜 기간 점진적으로 대륙을 만들어가면서 지구 지표의 환경은 변화를 거듭했고, 생물들도 환경에 적응하며 조금씩 진화를 거듭했다. 원생누대 동안 생물의 몸 크기는 두 차례에 걸쳐 급격하게 커진다. 첫 번째로 원핵생물에서 진핵생물로 진화하면서 약 100만 배가량 커졌다. 두 번째로 진핵생물에서 후생동물과 식물로 진화하면서 또한 100만 배가량 커졌다. 그러니까 합하여 1조 배에 이르는 크기의 변천이다.[26] 화석의 증거와 게놈 분석을 통해 과거 생명에 대한 진화계통을 살피면, 원생누대의 첫 번째 눈덩이 지구가 끝난 다음에 해당하는 약 21억 년 전에서 20억 년 전 무렵에 진핵생물이 탄생한다. 이는 앞에서 살펴본 아프리카의 프란스빌 생물군의 다세포생물에서 확인된다. 그리고 진핵생물에서 후생동물로 분기된 시기는 대략 7억 5000만 년 전에서 5억 8000만 년 전으로 밝혀졌다. 왜 하필 이 시기에 생물의 분기가 진행된 것일까?

원생누대 후기 다세포 동물의 출현

　원생누대 후기에 찾아온 두 번째의 눈덩이 지구에서도 첫 번째와 비슷한 현상들이 진행되었다. 광합성 생물들이 대폭 소멸하고, 그 결과로 대기의 산소농도는 비록 단기간이지만 눈에 띄게 줄어들었다. 그러나 얼마 후 눈덩이 지구는 끝이 나고 지구 표층은 다시 온난한 환경으로 바뀌면서 새로운 생태계가 구축되었다. 또한 지자기의 극이 네 개였던 사중극의 약한 자기장이 다시 쌍극자 자기장으로 되돌아오면서 외계로부터의 고에너지 입자의 유입도 차단되어 생물 생존에 유리한 조건이 되었다.

　원생누대 초기의 눈덩이 지구와 다른 점은 원생누대 후기의 눈덩이 지구가 종료된 시점에 지구 표층에는 이미 현재의 80%에 가까운 대륙지각이 존재했다는 것이다. 커다란 대륙의 존재는 생물에 필요한 많은 양의 영양염을 공급하고, 그 영양염을 이용하는 새로운 생물계가 나타나게 된다. 거기에 더해 대륙들이 모였다가 분리되면서 대륙과 대륙 사이의 곳곳에 만들어진 열곡대에서는 다시 고방사성 마그마의 활동이 일어나 부분 멸종과 새로운 종의 탄생이라는 생명 진화가 가속되는 현상이 생긴다. 이런 열곡대 중앙에 인산염의 대규모 광상이 배태되는데, 그런 환경 변화 속에서 에디아카라 동식물군이라 불리는 대형화석이 특징적으로 출현했다. 에디아카라 시대의 끝 무렵은 멸종과 새로운 생태계의 탄생이 반복적으로 일어난 시대이며, 생물의 황금시대인 현생누대로 이어지는 여명기에 해당한다.

한편, 원생누대 후기에 일어난 눈덩이 지구 가설의 커다란 쟁점 중 하나는 이미 그 이전에 출현해있던 진핵생물이 과연 어떻게 살아남을 수 있었겠는가이다. 그런데 원생대 후기에 이미 다세포 동물도 출현했을 가능성이 점쳐지고 있다. 지구동결이라는 가혹한 환경 속에서 어떻게 다세포생물이 생존 가능했을지 매우 의문스럽다.

1. 도우샨투오층의 동물 배아 화석

원생누대 후기의 화석 기록은 아주 한정적이나 확실히 다세포 동물로 생각되는 생물 화석이 원생누대 말기에는 출현하고 있다. 원생누대 후기의 빙하시대 이전에는 동물이 남긴 흔적 같은 밀리미터 (mm) 크기의 생흔 화석이 보고되어있지만 확실하다고 단정하기 어렵다.[27]

중국 남부에는 원생누대 말기에 형성된 대륙붕 기원의 도우샨투오층(Doushantuo Formation)이 있고 지층 내에는 인산염이 두껍게 퇴적되어있다. 1998년 놀라운 사실이 드러났는데 인산염 광물인 인회석(apatite)에는 동물의 배아처럼 보이는 밀리미터보다 작은 크기의 화석이 들어있었다.[28] 이 배아 화석은 확실하지 않지만 아마도 진정후생동물

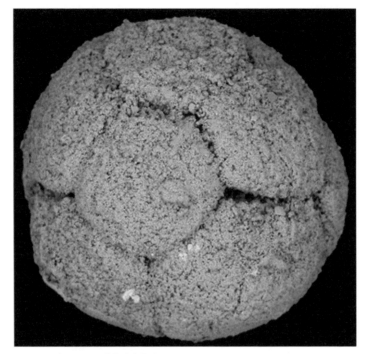

그림 43. 두오샨투오 동물 배아 화석(출처 : https://admuscente.com/research/).

(해면동물을 제외한 후생동물)의 것일 거라고 생각되며 동물화석으로서
는 가장 오래된 것이다.

　도우샨투오층은 나중에 언급할 에디아카라기에 속하는 지층이다.
즉, 크라이오제니안기가 끝난 다음에 이어진 지질시대에 속하는데,
난투오층이라 불리는 마리노안 빙하시대에 형성된 다이아믹타이트
층 위에 쌓여있다. 따라서 도우샨투오층에 나타난 동물화석은 지구
동결이 끝난 다음 지구가 온난해졌을 때 다세포동물이 출현했음을
가리키는 것이다. 지층의 연대로부터 추정하건대 배아 화석의 산출
은 젊은 것으로 약 5억 9000만 년 전, 오랜 것으로 약 6억 3000만 년

전이다. 마리노안 빙하시대가 종료된 시기는 약 6억 3500만 년 전이다. 그렇다면 가장 오래된 배아 화석은 지구동결이 끝나고 수백만 년 이내에 나타난 것이 된다. 왜 마리노안 빙하시대 직후에 그러한 일이 일어난 것일까?

지구동결이 끝난 다음 지표환경이 급격하게 변하는 것은 이미 원생누대 초기의 눈덩이 지구와 그 이후의 대산화 사건에서 살펴본 바 있다. 그리고 그 변화의 증거는 지층에 남아있다. 크라이오제니안기의 난투오층 바로 위, 즉 도우샨투오층 최하부에는 아주 얇은 철과 망간이 풍부한 이암층이 놓여있다. 그리고 이 이암층에는 몰리브덴, 바나듐, 우라늄 등의 산화·환원의 환경에 민감한 원소들, 특히 산화물을 잘 만드는 원소들이 농집되어있다. 이 사실은 마리노안 빙하시대 직후에 산소가 많은 환경이 되었음을 나타내는 것이다. 바로 원생누대 초기에 남아프리카에서 빙하성 퇴적물 위로 망간광상이 형성된 것과 같은 상황이다.

지구동결이 끝난 다음 다시 온난화가 찾아왔으며, 대륙으로부터 생물에게 필수적인 원소가 바다로 많이 공급되었고, 광합성 생물인 시아노박테리아의 폭발적인 번식이 일어났으며, 대기 중의 산소농도는 급격하게 상승했다. 이와 동시에 산소농도의 오버슈트가 생기는 것도 설명할 수 있다. 만약 이것이 사실이라면, 눈덩이 지구 직후에 산소농도의 급상승이 필연적으로 일어나는 것이 된다. 원생누대 초기의 지구동결과 그 피드백 현상이 원생누대 후기의 지구동결 직후에도 일어났을 것이다. 원생누대 후기의 두 차례에 걸친 빙하시대가 종료되고 대산화 사건이 발생하여 대기 중의 산소농도는 현재와 거의 비슷한 수준까지 상승했다고 알려져있다. 산소호흡으로 인한 충분한 에너지의 획득은 생물의 진화에 큰 영향을 끼쳤다. 몸집이 커진 다세포 동물이 나타나 번성하게 된 것이다. 이처럼 지구환경의 변화와 생물의 진화는 비록 그 전개 과정이 단속적이지만 서로에게 매우 중요한 영향을 끼쳐왔다.

2. 에디아카라 생물군

원생누대 후기 크라이오제니안기의 지구동결이 끝나고 현생누대의 고생대 캄브리아기가 시작되기 전의 약 1억 년에 못미치는 기간을 에디아카라(Ediacara)기(약 6억 3500만 년 전~약 5억 4100만 년 전)라고 한다. 앞에서 살펴본 도우샨투오층의 동물 배아 화석도 에디아카라기에 출현한 것이다. 지질시대의 경계는 이전의 생물이 멸종하고 새로운 생물이 번성하는 단속적인 변화를 나타낸다. 마리노안 빙하시대가 끝나고 지구는 온난해졌고, 몸집이 커진 다세포동물이 출현했는데 그 시기가 바로 원생누대의 마지막 지질시대인 에디아카라기다.

1933년 아프리카 나미비아에서 산출 사례가 드문 대형 생물 화석이 발견되었는데 처음에는 고생대 캄브리아기의 생물로 간주되었다. 그리고 십수 년이 지난 1940년대 후반 호주 남부의 에디아카라 구릉에서 그와 유사한 화석이 대량으로 발견되었는데 수십 cm에서 큰 것은 1~2m에 이르는, 그때까지 볼 수 없었던 크기의 다양한 생물 화석이었다. 발견된 장소의 이름을 따 '에디아카라 화석군' 또는 '에디아카라 생물군'으로 불린다.

에디아카라 생물의 분류에 대한 여러 시각이 있으나 적어도 일부

그림 44. 에디아카라 생물군의 하나인 디킨소니아 화석(출처 : https://en.wikipedia.org/wiki/Dickinsonia).

는 해면동물(비대칭동물), 자포동물(방사형동물), 좌우대칭동물 등으로 해석되고 있다.[29] 에디아카라 화석은 호주 이외에도 북아메리카, 러시아의 백해, 시베리아, 중국, 남아프리카 등지에서 산출되는데, 캐나다 동부의 뉴펀들랜드에서 발견되는 것이 좀 더 빠른 시기의 것이라고 생각된다. 그리고 에디아카라 생물군의 화석이 산출되는 지층이 지질학적으로 해성층의 특징을 보이기 때문에 생물들이 주로 얕은 대륙붕과 심해저 선상지에서 서식했음을 알 수 있다.

뉴펀들랜드에서 고전적인 에디아카라 화석은 가스키어스층의 다이아믹타이트보다도 1,500m 위의 미스테이큰 포인트층(약 5억 6500만 년 전)에서 산출되고 있다. 그러나 최근 가스키어스 층 바로 위의 드루크층으로부터 길이 2m의 차르니아 와르디(Charnia Wardi)로 이름 붙여진 엽상(葉狀)의 대형 화석이 발견되었다. 차르니아속은 에디아카라 생물군을 대표하는 표준화석의 하나로 방사형 체제를 가지며 2배엽성 동물인 자포동물로 생각된다. 즉, 가스키어스 빙하시대 직후에는 이미 2m에 이르는 대형 생물이 출현했던 것으로 보인다. 이로부터 에디아카라 생물군의 계통은 가스키어스 빙하시대 이전부터 출현하였을 가능성이 있다. 혹은 가스키어스 빙하시대가 만약 지구동결 사건이었다고 한다면, 지구동결에 의한 생물 다양성의 급격한 감소 직후에 생물의 진화 속도가 가속되면서 이러한 대형 생물이 돌연 탄생했을 가능성도 제기된다.

에디아카라 생물군은 대형으로 확실히 다세포 동물처럼 보이기 때문에, 동물의 조상에 해당할 가능성이 제기된다. 앞에서 언급한 도우산투오층의 배아화석으로부터 이어지고, 그 일부는 다음의 캄브리아기에 일어난 동물의 폭발적인 다양화를 거쳐, 현생 동물에 연결되었을 가능성도 있다. 그리고 최근에는 에디아카라 생물군의 대표적인 화석의 하나인 디킨소니아로부터 동물인 증거가 발견되기도 했다. 화석으로부터 파악되는 에디아카라 생물군은 3배엽성 동물을 포함하는 다양한 생물군이었으며, 상당수가 연체동물이었다고 생각된다. 에디아카라 생물군은 일부는 캄브리아기까지 살아남았지만, 대부분은 에디아카라 말기, 즉 원생누대 말기에 멸종했다. 멸종의 원인으로 지구환경 변동, 포식자의 출현 등이 제기되고 있다.

생물 진화에서 포식자가 출현했다는 것은 먹이를 식별하기 위한 뇌와 신경계, 그리고 먹이를 포획하기 위해서 근육조직을 비롯하여 높은 호흡 활성과 순환계 발달이 시작되었음을 의미한다. 그리고 그 기능들이 발달하게 된 계기는 눈덩이 지구 이후에 산소농도가 급격히 높아졌기 때문으로 추측하고 있다.[30] 그리고 포식자의 등장은 생체

광화작용으로 껍질을 가지게 된 생물의 화석이 에디아카라기 말기에 처음 발견된 것에 근거한다.[31]

지구동결과 다세포 동물의 출현과의 인과관계에 대해서는 몇 가지 가능성을 생각할 수 있다. 하나는 지구동결이 생물 진화의 거름막으로서 역할을 수행했다는 것으로, 지구동결로 인해 일시적으로 생물 다양성이 대폭적으로 감소함으로써 새로운 생물 진화를 재촉했을 가능성이다.

다른 하나는 지구동결 후에 대기 중의 산소농도가 증가함으로써 생물의 대진화가 촉진되었을 가능성이다. 산소농도는 원생누대 초기와 후기에 단계적으로 증가했다고 생각되고 있다.[32] 원생누대 초기의 산소농도 증가와 같은 메커니즘은 원생대 후기의 지구동결 사건 직후에도 일어났을 가능성에 대해서는 이미 앞에서 언급했다. 실제로 적어도 일부 에디아카라 생물군의 출현에는 산소농도의 증가가 중요했다고 생각된다. 따라서 지구동결 직후의 산소농도의 증가가 지구의 산화·환원 환경을 크게 바꾸고, 그에 따라 다세포 동물의 출현이 가능하게 되었다고 생각할 수 있다.

지구환경의 대규모 변동은 종종 생물의 대량멸종을 일으켜왔다고 생각되고, 그것이 눈덩이 지구라는 파국적 격변인 경우 생물 진화에 주는 영향은 헤아릴 수 없다. 우리는 종종 현생누대에 일어난 대여섯 차례의 대량멸종 사건을 얘기하지만, 원생누대의 지구동결과 대량멸종, 즉 잃어버린 생물 다양성은 그와 비교할 수 없을 정도일지도 모른다. 그러나 이런 멸종은 끝이 아닌 새로운 시작을 의미한다. 지구동결 후의 대기 중의 산소농도의 증가와 더불어, 다세포생물의 출현이라고 하는 생물의 대진화의 방아쇠가 되었을지도 모르기 때문이다.

제4부　　　대륙과 생명의 얽힘과
　　　　　단속적인 변화

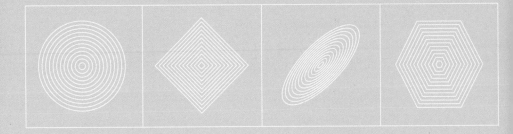

제9장 | 초대륙의 전설

27억 년 전
맨틀오버턴으로 플룸 감소 및
대형화, 초안정육괴 형성

25억 년 전

대륙성장

20억 년 전

19억 년 전
슈퍼콜드플룸 형성

17억 년 전

초대륙 누나

16억 년 전

15억 년 전

14억 년 전

13억 년 전

12억 년 전

10억 년 전

로디니아

9억 년 전

8억 년 전

6억 5000만 년 전

남반구 곤드와나

3억 8000만 년 전
로라시아 형성 및
곤드와나와의 병합

곤드와나-판게아

1억 8500만 년 전
곤드와나-판게아 분리

2억 5000만 년 후
아마시아 형성

원초대륙에서 초대륙으로의 변화

　명왕누대 말기에 원초대륙이 사라지면서 시생누대 초는 육지가 극단적으로 적고 대부분의 지표가 바다로 덮였던 환경이었다. 그러나 점차 땅이 물 위로 드러나기 시작하고 육지의 면적은 조금씩 확대되었다. 그리고 원생누대에 들어서면서 다시 대륙이라 일컬을 수 있는 넓은 땅덩어리가 나타났다. 현재 지구의 대륙으로 성장하게 될 새싹과 같은 존재다.

　이미 사라져 없어져버린 명왕누대의 원초대륙은 주로 회장암과 KREEP 현무암으로 이루어졌고, 시생누대 이후에 형성되기 시작한 대륙은 화강암, 안산암 및 현무암 등이 주 구성 암석이었다. 그런데 원생누대에 들어서 맨틀로부터 새로운 성질의 마그마가 대륙지각으로 관입해 들어왔다. 방사성 원소가 풍부한 고방사성 마그마의 주입이 발생한 것이다. 차츰 성장한 대륙지각은 주기적으로 거대한 초대륙을 형성했는데, 약 17억 년 전에서 16억 년 전에 누나(Nuna) 또는 컬럼비아(Columbia) 초대륙, 원생누대 후기인 약 10억 년 전에서 9억 년 전에 로디니아(Rodinia) 초대륙 그리고 원생누대 말의 약 6억 년 전 무렵에 곤드와나대륙이 남반구에 형성되었고 여기에 북쪽의 여러 대륙들이 결합되어 약 3억 5000만 년 무렵에는 곤드와나-판게아(Gondwana-Pangaea) 초대륙이 모습을 드러냈다. 이런 거대한 육지의 출현은 지구의 표층 환경과 생물에게 아주 중요한 분수령이 되었다.

대륙지각의 성장

지구 표층에서 대륙이 언제 어떻게 생겨났는가에 대해서는 다양한 연구가 있다. 대개의 경우 원생누대의 25억 년 전에서 20억 년 전 무렵부터 대륙이 효율적으로 성장했다고 본다. 그러면 지질학자들은 대륙의 성장과 진화를 어떻게 추정하는 것일까?

초대륙이 만들어지기 위해서는 일단 대륙들이 일정 크기 이상으로 성장해야 한다. 그리고 대륙이 얼마나 성장했는가를 대륙지각의 성장률로 나타내는데, 그에 대한 가장 간단한 검토 방법은 지질시대별 지층의 분포로부터 추산하는 것이다. 우리는 현재 지표를 구성하는 지질에 대해서 시대분포를 알고 있기 때문에 어느 시대의 땅이 얼마나 분포하는지를 계산할 수 있다. 그러면 과거로부터 최근까지의 육지 표면의 성장률이 구해진다. 하지만 이 방법에는 두 가지의 큰 문제가 있다. 첫째는 지각은 두께를 가지고 있기 때문에 표면의 지질만으로는 전체를 알 수 없다. 둘째, 지각의 물질은 한번 생성되고 난 이후 계속 보존되는 것이 아니라 상당히 광역적으로 재순환되는 시스템 속에 있다. 따라서 현재 지표 물질의 분포로부터 과거 지구 역사를 통한 대륙지각의 성장률을 구하는 것은 과학적으로 타당하다고 볼 수 없다.

대륙지각의 성장모델에 대해서는 50여 년 전부터 다양한 연구 결과가 발표되어왔다. 지금까지의 모델을 정리해보면, 크게 세 가지 정도로 구분할 수 있다. 첫째는 지구가 탄생하고서부터 5억 년 동안 대륙이 급속도로 성장하고 나머지 40억 년 정도는 거의 유지되었다는 모델, 둘째는 대륙지각은 지구가 탄생하고 5억 년 정도 흐른 다음 나타나기 시작하여 현재에 이르기까지 서서히 그리고 비교적 일정 비율로 성장했다는 모델, 그리고 마지막 세 번째로 대륙의 성장이 지구 탄생에서 40억 년 전 사이부터 시작했으나 성장 속도가 다른 몇 차례의 단계가 있었다는 모델 등이다.

첫 번째 모델의 경우 주로 지구의 열적 진화에 따라 추정한 것이다. 원시지구 초창기의 지구는 그 내부가 아주 뜨거웠다. 따라서 맨틀에서의 마그마 발생 빈도가 아주 높았을 것이고 그에 따른 지각의 생성률 또한 높았을 것이라는 추론이다.

두 번째 모델의 경우는 주로 지구화학적인 검토에 의한 것인데 이는 지각과 맨틀에 공통적으로 포함된 원소의 함량과 동위원소비로부터 대륙지각이 어느 정도의 양적 성장을 이루었는지를 추산하는 방법이다. 기본적으로 대륙지각은 맨틀 물질로부터 만들어지고 지구의 역사를 통해 맨틀의 절반 정도가 대륙지각이 되었다고 가정하며, 원소들의 이동에 관한 모델 계산을 통해 밝혀낸 대륙 성장의 경향인데, 지구의 탄생부터 현재까지 점진적으로 조금씩 성장해왔다는 결론을 도출했다.[1] 최근까지의 연구를 종합적으로 생각해보면, 마지막 세 번째 모델, 즉 여러 단계에 걸쳐 대륙이 성장했다는 모델이 좀 더 선호

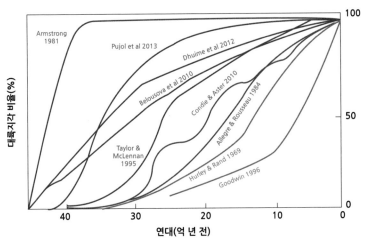

그림 45. 대륙지각의 성장에 대한 여러 가지 모델. 모델은 크게 세 가지로 구분된다. 지구 탄생 직후에 급속하게 성장한 모델, 약 40억 년 전부터 서서히 성장한 모델 그리고 약 40억 년 동안 몇 단계를 거쳐 성장한 모델 등이 있다.

되는 듯하다. 물론 대륙지각의 성장이 몇 단계로 나뉘느냐에 따라 달라지지만, 약 30억 년 전후까지 빠른 속도로 성장하다가 이후 감소하는 모델이 강조되고 있다.[2]

지각의 양이 증가하는 것은 맨틀에서 생성된 마그마가 지표에 분출하기 때문이다. 그러니까 지각의 성장이란 단순하게 맨틀의 암석이 지각의 암석으로 변하는 과정이라고 생각해도 무방하다. 맨틀에서 만들어진 마그마가 지표에 분출하는 화성활동은 판의 경계에서 두드러지게 나타나고 또한 판의 내부에서도 발생한다. 판의 경계라고 하면 두 판이 멀어지는 경계부와 두 판이 가까워지는 경계부를 말한다. 전자의 경우 해양에서는 중앙해령이 대표적인 예이고, 육지에서는 동아프리카 열곡대와 같은 확장대가 대표적인 예이다. 한편 후자의 경우 해양판이 대륙판이나 다른 해양판 아래로 섭입하는 환경으로 바다에서는 도호를, 육지에서는 대륙호를 만든다.

판의 내부에서 일어나는 화성활동의 가장 대표적인 예는 열점이다. 육지에서도 열점이 존재하지만, 해양의 하와이 열도가 그 예로 잘 알려져있다. 해양의 열점에서 일어나는 마그마의 분출은 매우 빈번하고 그 양도 많아서 앞서 예시로 보인 다른 경우들보다 지표를 덮어나가는 비율이 높으며, 10배 가까이 이를 때도 있다. 하지만 이 모든 사례들보다 10배~100배 더 많은 마그마를 분출하는 사례가 하나 있다. 그것은 대륙 내부에서 넓은 지역을 덮어버리는 범람현무암이다. 매우 짧은 시간 동안 활동하지만 그 양은 엄청나다.[3]

그런데 한 가지 생각해야 할 것이 있다. 우리는 지구의 표면과 내부가 항상 순환하고 있음을 알고 있다. 지표로 분출하여 지각에 더해진 물질도 언젠가는 판구조 운동으로 인해 섭입대에서 지체구조 침식과 섭입의 형태로 다시 맨틀로 되돌아간다. 따라서 지각의 양이 늘어나기 위해서는 맨틀로부터 유래된 물질들이 지각에 오랫동안 보존되어야 한다. 그런 상황은 섭입대의 경우 주변 해양이 닫히면서 섭입이 종료되거나, 대륙의 조산운동 말기에 지표로 물질이 부가되는 경우이다. 그렇다면 그런 환경에서 과거의 물질이 보존되었다는 사실을 어떻게 확인할 수 있을까? 여기에 아주 유용한 광물이 있다. 바로 저어콘이다.

저어콘이 밝혀주는 대륙의 성장

　저어콘은 지구 초창기의 정보를 간직한 유일한 광물이라 할 수 있다. 앞서 제3장, 제5장, 제7장에서도 언급했듯이 저어콘은 마그마로부터 정출하여 암석 속에 포함되는데, 지각의 변동에 의한 변성작용과 재용융, 지표의 변화에 따른 풍화, 침식작용에서도 그 모습을 거의 그대로 간직할 수 있기 때문에 모든 초기 암석이 사라져 재순환의 과정을 거친 후에라도 저어콘은 살아남을 수 있다. 그러니까 '지구 역사의 블랙박스'인 저어콘을 이용하면 과거 지구에 얼마만큼의 지각이 만들어졌는지에 대한 보다 구체적인 추정이 가능하다. 따라서 저어콘에 포함되어있는 화학성분을 이용하여 지각의 성장을 파악할 수 있는데, 대표적으로 우라늄(U)과 하프늄(Hf)의 방사성 동위원소가 사용된다.

　우라늄의 경우 납(Pb)으로 방사성 붕괴 과정을 살핌으로써 시간을 구할 수 있기에 저어콘이 마그마에서 만들어진 정확한 시기를 알려준다. 하프늄의 경우 루테튬(Lu)이 방사성 붕괴하여 만들어지는 하프늄 동위원소의 변화량으로부터 물질의 지각-맨틀 순환을 추적할 수 있기 때문에 저어콘이 맨틀에서 만들어졌는지 지각에서 만들어졌는지를 가늠할 수 있게 한다. 그러니까 이 두 가지 자료는 저어콘을 포함하고 있는 암석이 언제 그리고 어디서 왔는지를 알게 하는 블랙박스에 기록된 사건의 정보인 셈이다. 그리고 이런 정보는 대륙지각의 성장뿐만 아니라 나중에 언급할 초대륙이 만들어지는 사건에 대해서도 유용하게 활용된다.[4]

한편, 지표에 육지의 증가를 검토할 수 있는 것으로 퇴적암이 형성된 양을 추정하는 방법이 있다. 퇴적암은 보통 육지를 이루던 암석들이 오랜 기간 풍화되고 침식된 후 운반되고 쌓인 퇴적물이 굳어져서 만들어진 암석이다. 이 퇴적암의 양이 많다는 것은 퇴적물의 공급량이 많았다는 것을 의미하고, 이는 다시 육지의 암석이 많았음을 나타낸다. 그러므로 만약 지구 표층에 초대륙이 형성되고 시간이 흐르면 퇴적암의 양이 증가할 것이다.

예전부터 지구에서의 퇴적암의 양은 원생누대 중반 이후부터 증가했다고 추정되었다.[5] 그러면 육지가 증가한 구체적인 시기는 어떻게 추정할 수 있을까? 대륙이 커지기 위해서는 맨틀로부터의 마그마 활동이 증가하여 지표에서 암석을 계속 생성시켜야 하고, 또한 대륙 하부에서도 마그마의 관입이 지속적으로 일어나야 한다. 그리고 그때 마그마에서 생성된 하나의 광물, 즉 저어콘은 마그마 활동의 시기에 대한 정보를 간직하고 있다. 또다시 저어콘이 등장했다.

현재 지구의 하천에서 하구에 쌓인 모래 중에 저어콘 입자가 포함되어있다. 이 저어콘 입자들의 연대를 이용하여 대륙지각의 성장을 살필 수 있다는 말이다. 저어콘 결정은 퇴적작용과 변성작용의 과정에서도 거의 변질되지 않기 때문에 요컨대 퇴적물이 되어도 결정으로 생성되었을 때의 정보, 즉 마그마의 고화(固化) 연대를 간직하고 있다. 따라서 저어콘의 양으로부터 그 당시 지각으로 들어온 마그마의 양을 추산할 수 있다.

이를 이용해 세계 각지의 하천에서 모래를 채취하여 그 속에 포함된 저어콘의 양과 저어콘이 간직하고 있는 마지막 마그마 활동의 시기를 측정한다. 그러면 언제 마그마가 지표 또는 지각에 관입하여 대륙이 증가했는지 그리고 그 양적 성장이 어떠했는지를 추정할 수 있다.[6] 이런 연구의 결과는 약 18억 년 전부터 대륙지각의 양이 증가하기 시작했고, 약 6억 년 전 무렵에 급격하게 증가하여 그때까지보다 2~2.5배나 많아졌다는 것을 보여준다. 그리고 그 양에 대한 추정값은 약 6억 년 전까지 현재 대륙 면적의 약 80% 크기의 대륙이 만들어졌음을 보고하고 있다. 약 18억 년 전의 경우 초대륙 누나의 형성에, 그리고 약 6억 년 전의 시기는 거대 대륙 곤드와나의 형성과 밀접하게 관계한다. 이는 원생누대에 지구 표층에서 대륙의 면적이 급증함과 동시에 퇴적암도 급증한 시대였음을 나타낸다.

또 한편으로 지구의 여러 곳에는 지각변동으로 만들어진 조산대가 분포한다. 조산대의 시대별 형성 비율을 추정한 연구에서는 원생누대에 해당하는 약 20억 년 동안 지구 표층에서 대륙지각이 차지하던 비율이 15%에서 80%로 증가했음을 나타낸다. 조산대의 형성 연대는 곧 퇴적물의 형성 연대를 나타내는데, 조산운동이 활발히 일어날 때 퇴적작용도 활발함을 의미한다. 또한 대륙끼리 충돌하는 경계부에 흔히 조산대가 위치하기 때문에, 조산대의 형성 연대는 곧 대륙 충돌과 병합의 연대에 관련될 것이다.

한편, 위에서 하천의 저어콘 입자로부터 추산한 것이 대륙지각의 양이라면, 조산대의 양은 그에 못 미친다. 조산운동으로 조산대가 만들어지면 대륙지각의 일부는 침식되어 퇴적물을 만든다. 따라서 하천 입자로 계산된 대륙지각의 양에서 조산대의 양을 빼주면 침식된 퇴적물의 양이 구해진다. 즉, 달리 말하면 전 세계의 조산대의 양에 퇴적물의 양을 더해주면 대륙지각 전체의 양이 된다.

초대륙의 형성과 주기성

초대륙 판게아의 존재는 100여 년 전에 처음 제안되었지만, 판게아 이전에 존재했던 다른 초대륙에 대한 제안은 기껏해야 과거 20~30년 전에 이루어졌다. 최근 들어 지구에 대한 지질학적, 기후학적 및 생물학적인 다양한 기록을 토대로 초대륙의 합체와 분리가 주기적으로 그리고 단속적으로 진행되었다는 인식이 빠르게 퍼지게 되었다.[7] 초대륙 사이클을 구성하는 주기적인 초대륙의 합체와 분리의 역사는 어떤 다른 지질학적 현상보다 암석 기록에 더 영향을 주었다. 지구 내부 동역학에 대한 기본적인 이해와 최근의 인식은 판구조론 출현 이래 지구과학에서 가장 중요한 진보일 것이다.

1. 초대륙의 형성 과정

초대륙의 형성은 어떻게 시작되었을까? 그리고 초대륙을 구성하는 대륙들이 언제부터 서로 모여 결합하기 시작한 것일까? 이 문제의 답을 찾기 위해서는 지구에 나타난 대륙들의 모습을 하나하나 살펴야 한다. 명왕누대의 원초대륙은 지체구조 침식으로 남아있지 않기에 그 대상이 될 수 없고, 시생누대의 대륙으로부터 출발해야 한다. 그런데 거슬러 올라갈 수 있는 한계가 있다. 대략 30억 년 전 이후라야 가능한 것이다. 그보다 오랜 대륙의 모습은 현재 잘 모른다고 해야 옳다. 비록 약 40억 년 전의 나이가 밝혀진 암석이 있다고 해도 그런 시생누대 초기의 지역은 아주 제한적이며, 그들로부터 당시 대륙의 모습을 복원하기란 불가능하다. 따라서 현재 우리가 과학적으로 복원하고 있는 과거 대륙은 기껏해야 시생누대 말기, 즉 약 30억 년 전 이후의 나이를 가진 암석들이 분포하는 지역이다.

현재의 지구에는 오래전의 대륙이 여러 차례의 변동을 겪은 다음 구조적으로 안정된 상태에 있는 지역이 있다. 순상지나 탁상지의 형태를 띠는 이런 땅을 안정육괴 또는 크라톤(craton)이라 부른다. 가까운 시기에 격렬한 변동을 겪었거나 겪고 있는 조산대와는 아주 대조적인 땅이다. 최근까지의 자료에 의하면 시생누대 말의 나이를 가지는 안정육괴는 약 35개 정도 있는 것으로 파악되며, 이들은 더 큰 육괴로부터 갈라져 나온 조각으로 생각된다. 그리고 육괴들이 모여있었던 비정상적으로 커다란 땅을 초안정육괴(supercraton)라고 정의할 수 있고, 그 대부분이 약 27억 년 전에서 25억 년 전 사이에 형성되었다고 알려져있다. 이 초안정육괴가 원생누대에 형성되는 초대륙의 출발점이라고 생각할 수 있다.[8]

시생누대 말의 안정육괴로부터 지질학적 특징과 지층의 분포를 살피고, 그 연장을 찾음으로써 과거에 붙어있었으나 현재 흩어져있는 안정육괴의 조각들을 찾아낼 수 있다. 마치 퍼즐 맞추기 같다. 잘 알려진 사례로는 대륙이동설을 주장한 베게너(Alfred Lothar Wegener, 1880~1930)의 방법이다. 그는 남아메리카와 아프리카의 반대쪽 해안선이 일치하는 것과 석탄기-페름기 빙하작용의 흔적이 연장된다는 사실을 기초로 떨어져있던 대륙들을 맞추었다. 남아프리카의 지질학자 두토이(Alexander du Toit, 1878~1948) 역시 지질학적 증거를 바탕으로 대륙들을 연결했다. 그렇게 맞추어가면 각 안정육괴들의 유사도에 따라 4개 정도의 집단, 즉 초안정육괴를 설정할 수 있다.

아프리카 남부에 있는 카프발(Kaapvaal)과 호주 서부의 필바라(Pilbara) 안정육괴를 집단으로 하는 약 29억 년 전의 발바라(Vaalbara), 캐나다의 퀘벡, 온타리오, 남부 매니토바와 미국의 북부 미네소타 지역을 포함하는 약 27억 년 전의 슈페리아(Superia) 또는 케놀랜드(Kenorland), 캐나다 북서쪽 슬레이브 순상지로 구성되는 약 26억 년 전의 스클라비아(Sclavia)및 아프리카 짐바브웨와 호주 서부의 일가른 안정육괴로 이루어진 약 24억 년 전의 짐가른(Zimgarn) 등이 초안정육괴들로 인정되고 있다.

초안정육괴 또는 그 이후의 초대륙이 만들어지기 위해서는 대륙을 이루던 지각들이 지체구조 침식으로부터 살아남아있어야 한다. 즉 지각이 맨틀로 재순환되는 과정을 어떻게든 모면해야 한다. 그러나 시생누대 말에 이르기까지 지구 내부의 맨틀 온도가 높았고 맨틀 대류 속도 또한 빨랐을 것으로 추정되기 때문에 대륙지각은 급속도로 재순환되었을지도 모른다. 대륙지각이 살아남아 더 커지기 위한 가장 효율적인 방법은 판구조 운동이 광범위하게, 그리고 짧은 기간에 일어나는 것이다. 즉, 판 운동에 의한 섭입이 광범위하게 일어나면 맨틀로부터 대륙지각으로 상당량의 물질이 부가되어 대륙의 크기가 커지고 대륙이 모여 초안정육괴로 성장할 수 있었을지도 모른다. 당시의 맨틀은 깊이 약 660km를 경계로 상부와 하부로 나뉘어 대류하고 있었을 것으로 생각되며, 상부맨틀에서의 대류는 시생누대 말의 광범위한 판구조 운동을 야기했을 것이다.

그런데 초안정지괴들의 형성이 막바지에 이를 무렵에는 상당히 중요한 사건 하나가 기다리고 있었다. 제5장에서 살펴보았듯이, 시생누대 말 지구의 내부 구조가 자리 잡아가던 무렵 맨틀오버턴이 일어났다. 맨틀오버턴으로 인해 상부맨틀의 저온 물질은 하부맨틀과 외핵 표층을 냉각시킨다. 한편, 상부맨틀로 이동한 하부맨틀의 물질은 압력이 낮아지는 감압효과로 인해 부분적으로 녹아 마그마가 되고, 활발한 화산활동으로 지표에 분출하면서 지구 내부의 열을 우주 공간으로 방출하게 된다. 즉, 맨틀의 물질은 지각에 부가되고, 열은 빠져나간다. 맨틀오버턴에 의해 지구 내부의 물질순환이 전체 맨틀 규모인 하나의 층에서 일어나면, 맨틀 대류의 직경이 2층 대류 때의 약 660km에서 약 2,900km까지 급속하게 커지게 되었을 것이다.

맨틀이 냉각하면서 대류의 속도, 형태, 플룸의 수가 변화한다. 명왕누대로부터 시생누대 초기에 걸쳐 맨틀의 대류는 난류적인 형태였지만, 맨틀오버턴이 일어났던 시생누대 말의 약 27억 년 전에서 25억 년 전 이후에는 급속하게 냉각하여 플룸의 수는 감소하고 대형화되었으며, 약 19억 년 전에는 이윽고 하나의 거대하고 차가운 하강 플룸, 즉 수퍼콜드플룸이 탄생한 듯하다. 일단 발생한 수퍼콜드플룸 주변에서는 가벼운 대류을 실은 판을 포함해 모든 판이 지표의 한 점에서 내부에 빨려 들어가기 때문에, 시간이 지나면 초안정육괴 또는 안정육괴의 대류들은 충돌하고 결합하여 점차 커지고, 최후에는 초대륙이 탄생한다. 드디어 지구에 초대륙이 만들어졌다. 초대륙(supercontinent)이 란 그 당시 지구에 존재하던 거의 모든(75% 이상) 대륙들이 한 장소에 모여 만들어진 거대한 대륙을 말한다.[9]

대륙지각이 만들어지고 나서 대륙의 크기는 해양판이 대륙판 아래 로 섭입하면서 만들어진 산성 마그마가 관입하고, 해양퇴적물이 대 륙 연변부에 부가적으로 쌓여감으로써 조금씩 성장해왔다. 그런데 작은 대륙들이 더 커지게 된 데에는 다른 대륙들과의 충돌과 결합이 필수적인 과정이었다. 즉, 대륙의 크기 변화는 점진적인 것이 아니라 콜드플룸이나 수퍼콜드플룸의 잡아당기는 힘에 의한 소대륙들의 충 돌과 결합 정도에 따라 달라진다. 시생누대 초기의 대륙은 아주 작은 크기였을 것이며, 이후로 만들어진 소대륙들이 서로 결합하면서 조 금씩 커졌다. 시생누대 말에 접어들어 대륙들이 일부 모여 초안정육 괴를 이루었으며, 그리고 드디어 존재하던 대륙의 대부분 또는 거의 전부가 결합한 초대륙이 등장하게 되었다.

2. 세 개의 초대륙

초대륙들은 지구 역사에서 여러 차례 모였다가 흩어졌지만, 그 과 정에 대한 지질학적 기록을 바탕으로 현재 확실하게 초대륙으로 인 지할 수 있는 것은 세 개 정도이다. 약 17억 년 전에서 16억 년 전의 누나 또는 컬럼비아 초대륙, 원생누대 후기인 약 10억 년 전에서 9억 년 전의 로디니아 초대륙, 그리고 원생누대 말에서 현생누대로 이어 지는 약 6억 년 전에서 3억 년 전의 곤드와나-판게아 초대륙 등이다.

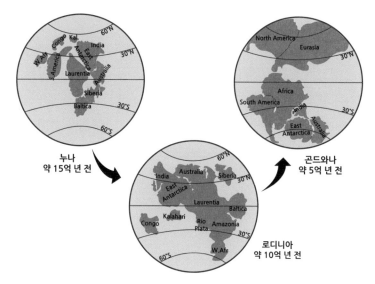

그림 46. 초대륙 누나, 로디니아, 곤드와나 형성 과정에서 대륙들의 이합 집산.

이 초대륙들이 존재했던 연대는 당시에 일어났던 화성활동의 흔적들을 살피면서 얻어지는데, 특히 마그마의 생성 연대를 오랫동안 변함없이 간직할 수 있는 저어콘의 방사성연대로부터 구해졌다. 대륙지각에서 산출되는 저어콘 연대에는 특징적으로 우세한 연대의 분포가 나타나고, 그 정점에 해당하는 시기에 거대한 지구변동, 즉 수퍼플룸의 활동이 있었을 가능성이 크기 때문이다. 언급한 세 개의 초대륙 존재시기 이외에도 약 26억 년 전에서 25억 년 전, 약 6억 년 전에서 5억 년 전의 연대도 확인되는데, 앞의 시기는 슈페리어 초안정육괴에 해당하며, 뒤의 시기는 판노티아 초대륙이라 불리는 유사 초대륙의 경우다. 그러면 이 초대륙들에 대해 간단히 알아보기로 하자.[10]

누나 초대륙은 최근의 고지자기 자료를 바탕으로 살피면 약 16억 5000만 년 전에서 15억 8000만 년 전 사이에 형성되었다. 예전에 알려진 연대, 약 18억 년 전에서 17억 년 전보다는 조금 젊어졌다. 초대륙 누나는 동쪽과 서쪽의 두 부분으로 나눌 수 있는데, 동쪽은 호주대륙과 남극의 모슨 안정육괴 그리고 북중국으로 구성되고, 서쪽은 로렌시아 대륙(북미대륙 그린란드와 유럽 일부 포함), 발티카 대륙(유라시아대륙 북서부) 그리고 시베리아로 구성된다.[11] 누나 초대륙이 언제 분열했는지에 대해서는 의견이 나뉘지만, 대체로 14억 5000만 년 전에서 13억 8000만 년 전에 동쪽으로부터 분리가 시작된 것 같다. 그러나 일부는 약 13억 년 전까지 분리되지 않았을 가능성도 지적된다.

로디니아 초대륙은 최근 들어 약 10억 년 전과 8억 5000만 년 전 사이에 결합되었다고 생각되지만, 일찍이 12억 년 전부터 결합을 시작했을 가능성도 지적된다.[12] 결합 과정을 살피면, 로렌시아 대륙 주변으로 당시 존재하던 다른 대륙들이 부가되거나 충돌하면서 몸집이 커졌을 것으로 생각된다. 로디니아는 약 7억 8000만 년 전부터 분리되기 시작했고, 대부분의 분열은 약 7억 5000만 년 전에서 6억 5000만 년 전 사이에 일어났다. 그리고 이때 분리되어 떨어져나가던 대륙들이 다른 장소에 모이기 시작했는데, 곧 곤드와나 대륙의 형성기와 중첩된다. 이는 하나의 초대륙이 조각나기 시작하면서 다른 초대륙의 결합의 시작이라는 전이적인 관계를 나타내는 것이다. 로디니아를 이루던 작은 대륙 조각들은 약 6억 년 전에서 5억 5000만 년 전까지 계속 갈라져 나간 것으로 생각된다.

곤드와나 대륙의 형성은 약 6억 5000만 년 전과 약 6억 년 전 사이에 시작되었는데 로디니아의 분리 바로 뒤이은 것이다.[13] 곤드와나 대륙은 남아메리카, 아프리카, 인도, 남극, 호주대륙 등으로 이루어진다. 그런데 약 5억 8000만 년 전부터 4000만 년이라는 짧은 기간 동안 곤드와나 대륙에 발티카, 로렌시아, 시베리아 등이 충돌하면서 잠시나마 커다란 초대륙 판노티아가 만들어졌으나, 곤드와나 형성의 마지막 단계에 조각나버렸다. 따라서 판노티아가 진정한 초대륙인지 의문이 남는다. 하여간 곤드와나 대륙을 형성하기 위한 대륙 조각들의 마지막 병합은 약 5억 4000만 년 무렵으로 생각된다.

곤드와나 대륙이 남반구에 크게 자리 잡고 있을 무렵, 북반구에서는 약 4억 5000만 년 전부터 로렌시아와 발티카, 로렌시아와 아마조니아 등의 대륙 충돌이 계속 일어났다.[14] 북쪽 대륙들의 병합은 약 3억 8000만 년 전에서 3억 년 전까지 이어졌고, 특히 아시아대륙이 충돌로 계속 커졌다. 이윽고 북반구에는 또 다른 대륙들의 무리인 로라시아 대륙(합쳐진 로렌시아대륙과 아시아대륙)이 만들어졌고, 이것과 남반구의 곤드와나 대륙이 합쳐져 약 3억 5000만 년 전에서 3억 년 전 사이에 곤드와나-판게아 초대륙을 형성하게 된 것이다. 그런데 판게

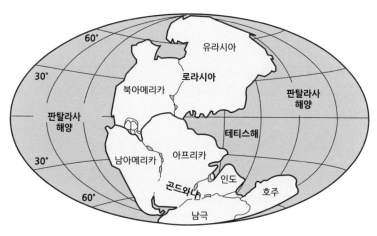

그림 47. 초대륙 곤드와나-판게아의 모습.

아 초대륙은 이미 완성되어있었던 곤드와나에 시간 간격을 두고 나중에 로라시아가 붙은 형상으로 모든 대륙들이 분열된 상태에서 결합하여 새로운 초대륙을 만든 것은 아니다. 따라서 최근에는 이 초대륙을 곤드와나-판게아 초대륙으로 부르고 있다.[15] 곤드와나-판게아 초대륙은 약 1억 8500만 년 전부터 분리되기 시작하여 현재와 같은 대륙의 분포를 만들었다.

3. 초대륙의 수명과 주기성

앞에서 살펴본 것처럼, 초대륙은 대륙들이 결합되었다가 분리되기를 거듭하고, 그 과정의 순환에 주기성이 엿보이는데, 이를 초대륙 사이클이라고 부른다. 이 초대륙 사이클의 아이디어는 처음 나온 게 40년 전이고, 지체구조 변화의 주기성에 대한 개념은 판구조론보다 수십 년 앞선다. 최근에 와서야 지구 역사에서 초대륙의 중요성을 폭넓게 인식하게 되었지만, 실제 개념의 정립까지는 오랜 시간이 걸렸다. 판구조론 이전 아이디어로부터 시작하여 초대륙의 합체와 분리에 대한 주기성과 그 과정을 파악하는 것은 지구과학에서 매우 중요한 역사적 관점을 제공한다.

판구조론의 중요한 동력이 되었던 디츠(Robert Sinclair Dietz, 1914~1995)와 헤스의 해저확장설 이전에 지구 표면의 구조운동에 주기성이 있음을 지적한 논문들이 발표되었고, 그 중심엔 요하네스 엄프로브가 있었다. 그는 1947년에 출판한 저서 『지구의 맥동』에서 상당량의 자료를 바탕으로 약 2억 5000만 년 주기의 해수면 변동, 빙하작용, 조산운동, 분지 형성, 화성활동 및 초대륙의 합체와 분리를 제안했다.[16] 판구조론이 정립되기 20여 년 전에 발표된 이 주장은 지금 살펴보아도 놀랍기 그지없다. 이후 1950~1960년대에는 여러 학자들에 의해 조산운동의 주기성(orogenic episodicity)이 제안되고, 이윽고 지구 표면을 이루는 지체구조의 운동에 주기성이 있음을 인식하게 되었다. 그중에는 초대륙의 주기를 처음 제안한 J. 서턴(John Sutton, 1919~1992)의 선구적인 연구도 있었다. 그는 특히 대륙의 진화에 대한 사이클을 검토하였는데, 작은 대륙의 대류 세포들이 모여 조산운동을 일으켜 더 큰 세포들로 병합하고는 다시 분리되는 과정을 생각했고, 7억 5000만~12억 5000만 년의 주기성을 가지고 지구 역사 동안 적어도 네 차례 반복되었다고 주장했다.[17]

이후 판구조론이 정립되기 시작하면서 캐나다의 윌슨(John Tuzo Wilson, 1908~1993)에 의해 해양의 열림과 닫힘에 대한 지체구조 운동의 주기성, 소위 '윌슨 사이클'도 강조되었고,[18] 현생누대에 일어난 퇴적작용의 주기적 패턴과 지구 전체 해수면 변동의 장기간의 주기성,[19] 금속 광화작용과 연관된 구조적 주기성[20] 등도 제안되었다. 그리고 엄프로브의 선견적 주장으로부터 35년 이상이 지나 구조운동의 주기성에 대한 오랜 인식을 바탕으로 초대륙의 합체와 분리에 대한 초대륙 사이클이 1980년대 초반 워즐리(Thomas R. Worsley)와 그의 동료들에 의해 처음으로 제안되었는데,[21] 초대륙의 합체와 분리가 지구 역사에서 긴 지질 시간 동안 뚜렷한 결과를 초래하면서 주기적으로 일어났다고 보았다. 그들이 예측한 다섯 개의 초대륙 중에서 네 개는 판노티아(곤드와나), 로디니아, 누나(혹은 컬럼비아) 및 케놀랜드의 병합에 해당한다. 초대륙 사이클에 대한 개념은 처음 제안된 이래 40년

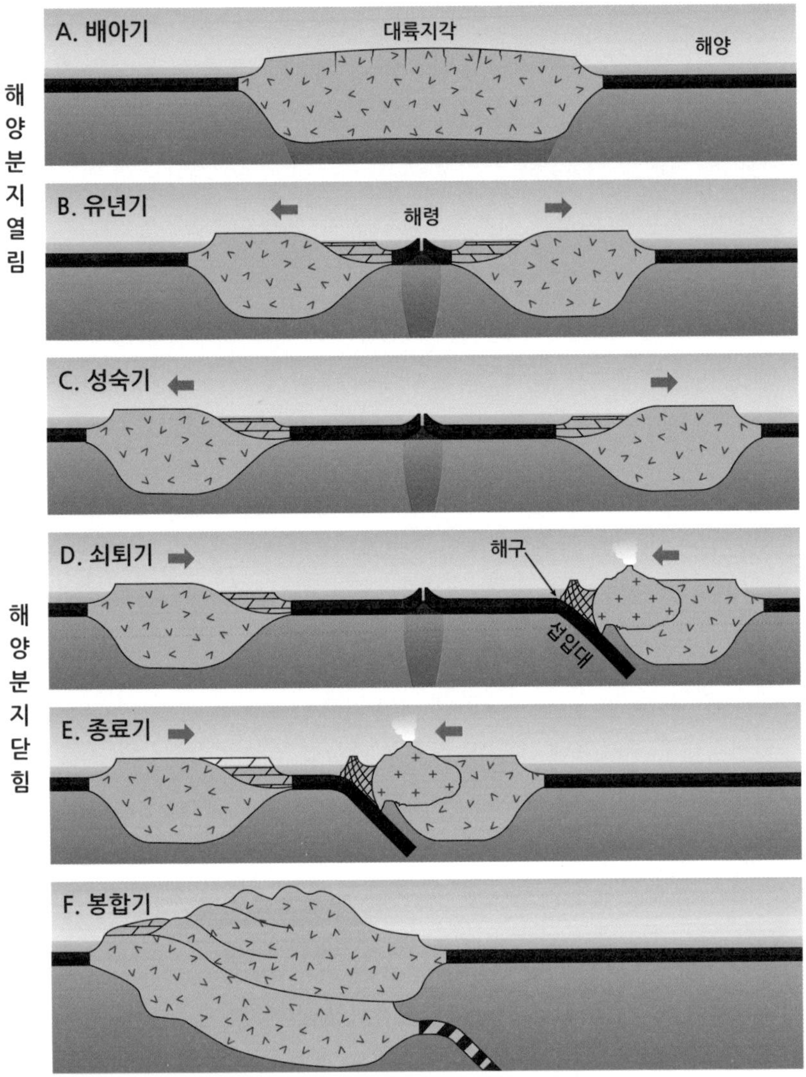

A. 배아기　대륙지각　해양

해양분지열림

B. 유년기　해령

C. 성숙기

해양분지닫힘

D. 쇠퇴기　해구　섭입대

E. 종료기

F. 봉합기

그림 48. 윌슨 사이클의 모식도.

가까운 세월 동안 괄목할 발전을 이루었으며, 특히 맨틀 토모그래피의 발달, 정밀한 지구연대학의 진보 및 지구물리학적 모델링의 결과로 큰 영향을 끼쳤다.

지금 우리가 이해하고 있는 초대륙의 주기성을 간단히 말하면 다음과 같다. 초대륙은 결합한 후 다시 분열하여 여러 개의 작은 대륙판이 되어 사방으로 분산된다. 그러나 시간이 흘러 대륙들은 다시 결합하여 또 다른 초대륙을 만든다. 이렇게 반복되는 초대륙 사이클을 네 가지 단계, 즉 분리 → 최대 대륙분산 → 대륙 결합 → 초대륙 정체로 구분하기도 한다. 그러면 하나의 초대륙에서 다음 초대륙의 형성까지 걸리는 기간은 얼마 정도일까?

앞에서 살핀 초대륙들의 형성과 분리 과정에서 알 수 있는 것은 초대륙으로 결합되는 기간은 약 1억 5000만 년에서 3억 년 정도이고, 분리되는 기간은 약 1억 년에서 2억 년 정도다. 하지만 초대륙의 일부 기간은 중첩되기도 하는데, 가령 약 7억 년 전에서 6억 년 전까지는 로디니아의 분리와 곤드와나의 형성이 동시기에 일어난 것으로 생각된다. 이를 감안하여 초대륙들의 수명을 계산해 보면 누나 초대륙은 형성 이후 15억 년 전부터 12억 년 전까지 약 3억 년 정도 유지되었을 것으로 생각되고, 로디니아 초대륙은 8억 5000만 년 전부터 7억 5000만 년 전까지 약 1억 년간, 그리고 곤드와나-판게아 초대륙은 3억 5000만 년 전부터 1억 5000만 년 전까지의 약 2억 년간 서서히 분리가 시작되었다고는 하지만 그 윤곽을 유지했을 것으로 생각된다.

만약 시생누대 말의 초안정육괴가 초대륙 사이클의 일부로 포함된다면, 최소한 25억 년 전부터 22억 년 전까지의 약 3억 년간 유지되었을 것으로 생각할 수 있다. 그러면 초대륙 사이클의 주기는 시생누대 말의 초안정육괴로부터 누나까지 10억 년, 누나에서 로디니아까지 6억 5000만 년, 로디니아에서 곤드와나-판게아까지 5억 년 정도로 추산된다. 예전에는 초대륙의 주기가 평균 7억 5000만 년 정도로 알려졌었다. 하지만 실제로는 그 주기가 점점 짧아지고 있음을 알게 된다. 이 사실은 과거에 판구조 운동이 더 빨랐을 것이라는 예상을 부정하는 것이다. 즉, 원생누대에 오히려 좀 더 느린 판구조 운동이 있었고, 이후 판구조 운동의 속도가 점진적으로 상승했을 가능성을 나타낸다고 하겠다.

곤드와나-판게아 초대륙의 왕성한 분리는 1억 5000만 년 전에서 1억 년 전 사이에 일어났으며, 현재도 계속 분리되고 있다. 하지만, 동시에 새로운 초대륙이 형성되기 시작했다. 그런데 언제 어디서 미래의 초대륙이 형성되는지는 아직 확실하지 않다. 현재 제안되고 있는 세 가지 모델이 있는데, 가장 보편적인 모델로는 태평양이 점점 줄어들어 닫히면서 대서양이 늘어나고 그에 따라 아시아대륙이 2억 5000만 년 후에 아메리카대륙에 충돌하여 초대륙 아마시아(Amasia)를 만든다는 것이다. 하지만 다른 모델로서 젊은 대서양이 닫힌다는 모델과 북극 분지가 닫힌다는 모델도 제시되고 있는데, 지구의 미래를 검토하기 위해서는 앞으로의 연구를 더 지켜볼 필요가 있다.

지구 역사에서 대륙은 명왕누대에 사라져버린 원초대륙을 제외하고는 계속 성장해왔다. 그리고 그 성장의 배경에는 지구 내부의 활발한 움직임과 그에 따른 물질의 순환이 있었다. 대륙지각을 대표하는 암석은 화강암이다. 그 생성 과정에 있어서 화강암질 마그마의 두드러진 특징 중 하나는 '물'이 필요하다는 것이다. 지각을 녹이기 위해,

즉 지각 물질의 용융점을 낮추기 위해 물이 필요하다. 이런 말이 있다. '물이 없으면 화강암이 없고, 화강암이 없으면 대륙도 없다.' 어쩌면 대륙이야말로 물의 행성 지구를 대변하는 특별한 존재일지 모른다. 그리고 이 대륙의 성장과 이합집산은 지구의 지표 환경과 생명의 역사와도 아주 밀접하게 얽혀있다.

제10장 | 해수면 변동과 고생대의
생물 대폭발

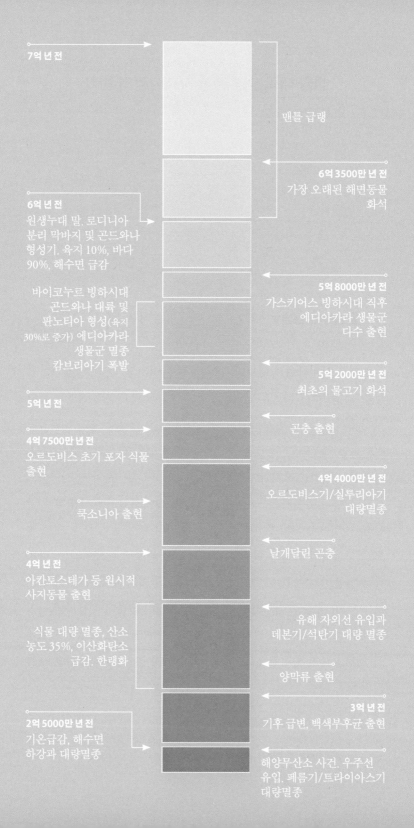

7억 년 전

맨틀 급랭

6억 3500만 년 전
가장 오래된 해면동물
화석

6억 년 전
원생누대 말. 로디니아
분리 막바지 및 곤드와나
형성기. 육지 10%, 바다
90%, 해수면 급감

5억 8000만 년 전
가스키어스 빙하시대 직후
에디아카라 생물군
다수 출현

바이코누르 빙하시대
곤드와나 대륙 및
판노티아 형성(육지
30%로 증가) 에디아카라
생물군 멸종
캄브리아기 폭발

5억 2000만 년 전
최초의 물고기 화석

5억 년 전

곤충 출현

4억 7500만 년 전
오르도비스 초기 포자 식물
출현

4억 4000만 년 전
오르도비스기/실루리아기
대량멸종

쿡소니아 출현

날개달린 곤충

4억 년 전
아칸토스테가 등 원시적
사지동물 출현

유해 자외선 유입과
데본기/석탄기 대량 멸종

식물 대량 멸종, 산소
농도 35%, 이산화탄소
급감. 한랭화

양막류 출현

3억 년 전
기후 급변, 백색부후균 출현

2억 5000만 년 전
기온급감, 해수면
하강과 대량멸종

해양무산소 사건. 우주선
유입. 페름기/트라이아스기
대량멸종

생물 대폭발을 위한 지표환경의 변화

1. 원생누대/현생누대의 경계의 물이 새는 지구

초대륙 사이클에서 결합 때 해수면이 내려가고, 분리 때 올라가는 것은 잘 알려져있다. 그 과정을 살펴보면 우선 초대륙의 결합과 분리 시기에 해양지각(또는 암석권)의 나이와 물성에 차이가 생긴다. 결합이 진행되는 경우에는 어느 한 점을 중심으로 섭입이 활발해져야 하고, 지구상의 해저는 오래되어 냉각된 해양지각이 대부분이며, 지형적으로도 해령의 높이가 낮고 해저의 깊이는 깊어져있기에 해수면은 낮아진다. 게다가 결합 때 대륙과 대륙 사이의 해양 물질 또한 대륙 쪽으로 부가되면 해양의 체적이 증가하면서 해수면은 낮아진다. 마치 작은 양푼이의 물을 큰 대야에 옮기면 물 높이가 낮아지듯. 실제 인도-아시아 충돌로 해수면이 10m가량 낮아졌다. 반대로 분리의 시기는 대륙과 대륙 사이가 열곡작용(rifting)으로 확장되고, 새로운 해령에서 해양지각이 형성됨으로써 해령의 높이가 높아지며, 뜨겁고 냉각되지 않은 해양지각의 양이 증가함으로써 해수면은 올라간다.

원생누대 말의 약 6억 년 전 무렵, 즉 로디니아 초대륙의 분리가 막바지에 이르고 곤드와나 대륙이 형성되기 시작할 무렵에 지구의 표층은 드러난 육지가 10%, 바다가 90% 정도였다. 시간이 흘러 현생누대의 고생대가 되어 곤드와나 대륙을 포함한 판노티아 초대륙이 형성되었을 무렵에는 해수면이 내려가면서 육지 면적이 30%로 3배나 넓어졌으며, 예전 대륙붕의 바닥까지 태양 빛이 도달하는 새로운 환경이 되었다. 이런 변화는 대륙의 가장자리, 즉 대륙붕이 생물 진화의 낙원이 되었음을 의미한다. 그런데 현생누대에 들어서 거대한 육지가 단시간에 나타나게 되는 데에는 또 다른 이유가 있다. 그것은 해수면이 예상외의 빠른 속도로 낮아졌기 때문이다. 추적이 가능한 과거의 해안선의 높이를 조사하여 그 변화를 살펴보면 약 6억 년 전에 깊이 600m에 상당하는 바닷물이 단기간에 사라져버렸음을 알 수 있다. 즉 해수면의 높이가 갑자기 600m나 낮아진 것이다. 무슨 일이 일어난 것일까? 이 문제를 풀기 위해서는 지각 변동이라는 조금 다른 길로 돌아가야 한다.

지각 변동에 수반되어 나타나는 현상 중에 변성작용이 있다. 암석이 안정하게 존재할 수 있는 온도와 압력의 범위가 있다. 그런데 지각의 변동으로 말미암아 그 온도와 압력이 바뀌면 암석의 성질도 바뀐다. 구체적으로는 암석을 구성하는 광물들의 성분과 조직이 바뀐다. 그렇게 만들어지는 암석이 변성암이다. 과거 지구에서 일어난 지각 변동은 판의 운동으로 말미암는다. 그 가운데 두 판이 만나서 하나의 판이 다른 판 아래로 기어 내려가는 섭입대 부근에서는 넓은 지역에 걸쳐 변성작용이 일어난다. 이를 광역변성작용이라 하고 그런 변동으로 만들어진 변성암을 조사하여 당시의 온도-압력의 변화를 밝힐 수 있다.

　시생누대로부터 현생누대에 이르기까지 약 35억 년간 섭입대 부근에서 일어난 광역변성작용을 조사해보면 지하, 곧 지각과 맨틀의 온도와 압력이 어떻게 변했는지를 추적할 수 있다. 연구의 결과는 놀랍게도 약 7억 년 전에서 6억 년 전을 기점으로 지각과 맨틀, 특히 맨틀에서의 온도가 급격하게 내려갔음을 가리킨다.[1] 맨틀이 갑자기 식은 것이다. 왜 그랬을까?

　지구가 탄생하고 맨틀의 온도는 조금씩 내려갔다. 뜨거운 맨틀의 열은 지각을 거쳐 바깥, 즉 우주 공간으로 빠져나간다. 또한 대류를 하면서 열이 운동에너지로 바뀌어 소비되기도 하고, 맨틀에서 만들어진 뜨거운 마그마가 지표에서 화산으로 분출하여 열이 빠져나가기도 한다. 하지만 맨틀 속에 있는 방사성 원소들은 붕괴에너지를 열로 보충시키기 때문에 어느 정도는 열 손실이 보완되기도 했다. 하지만 약 7억 년 전에서 6억 년 전 섭입대 부근의 맨틀 온도의 하강은 이러한 열 손실로는 설명이 되지 않는다. 다른 이유가 있어야 하고, 거기에 지표의 물이 개입했을 것이라는 설명이 나오게 된다.

　지구 표층의 물은 지표 온도를 일정하게 유지하여 지표환경을 안정하게 만드는 중요한 물질이다. 그리고 물이 대기에서 지표로 그리고 지하까지 순환하는 과정은 너무나도 익숙한 모습이며, 형태를 바꾸어가며 순환한다. 액체가 되고 기체가 되고, 그리고 고체인 광물에 들어가기도 한다. 광물 속의 물은 수산화이온으로 존재하며 함수광물을 만든다. 물이 맨틀로 들어가는 것은 바로 이 함수광물의 형태이다. 섭입대 부근의 맨틀 아래로 해양의 지각이 기어들어 간다. 중앙해령에서 만들어진 해양지각은 물과 반응하여 함수광물을 만들고, 이들이 해구까지 이동하여 맨틀로 섭입한다. 맨틀이 아직 뜨거웠던 명왕누대와 시생누대에는 섭입한 함수광물은 비교적 얕은 곳에서 분해되어 물을 뱉어내고 그 물은 마그마로 들어가든지 데워진 온천수가 되어 지표로 되돌아온다. 맨틀로 들어간 물은 다시 그만큼 되돌아 나오기 때문에 지구 표층의 물, 즉 해수의 양은 거의 변하지 않는다.

그런데 세월이 지나 맨틀의 온도가 조금씩 내려갔다. 그리고 원생누대의 말에 이르면 상당히 온도가 내려간 상태가 된다. 이때는 맨틀로 내려간 함수광물이 분해되어 물을 내뱉지 못하게 된다. 동일한 깊이라도 맨틀이 뜨거웠던 과거와는 다르게 함수광물의 탈수반응이 일어나지 않는 것이다. 지하 약 30km의 온도가 650℃보다 낮으면 함수광물은 탈수되지 않은 채 그대로 더 깊은 맨틀 쪽으로 내려간다. 그리고 400km보다 깊은 장소에서 맨틀의 암석인 감람암은 결정수로서 물을 포함할 수 있기 때문에 맨틀 내부로 내려온 물이 저장된다. 그 결과 상부맨틀과 하부맨틀 사이에 위치하는 전이층(410~660km) 부근에는 상당량의 물이 위치한다. 광물의 구조 속에 몸을 숨긴 채.

지구에 바다가 탄생하고 시생누대까지의 해수량을 100으로 하면, 원생누대 말기에 3정도, 현생누대에 약 17정도의 물이 맨틀로 운반되었을 것으로 추산된다. 과연 이처럼 지표의 물이 맨틀 내부까지 이동할 수 있을지 의문이 생기지만 그 증거를 지진에서 찾을 수 있다.

지진은 발생하는 깊이에 따라 천발, 중발, 심발지진으로 나뉘는데, 심발지진은 깊이 660km까지 발생한다. 이 지진의 원인은 깊은 곳에서 함수광물이 탈수분해되어 스트레스가 해소될 때 응력이 주위로 퍼져나가기 때문으로 추정된다. 지구 표층의 바닷물이 상부맨틀의 바닥까지 함수광물로 운반되어 가는 것이다. 섭입의 과정을 통해 지구 표층의 해수가 맨틀로 운반되면서 해수면은 차츰 내려간다. 이 과정은 지표의 환경 전체에 영향을 미치는데, 그 영향은 연쇄적으로 일어난다고 봐도 무방하다.

판구조 운동이 활발해지면서 함수광물을 포함한 해양판이 맨틀 내부로 섭입하면 거기서 함수광물은 탈수분해된다. 광물에서 빠져나온 물은 다시 맨틀의 감람암에 가수반응을 일으키면서 상부맨틀 바닥의 암석 속에 지표의 물이 저장되는 현상이 일어난다. 이렇게 표층 해양의 질량이 감소하는 것이다.[2] 마치 표면의 물이 아래로 줄줄 새나가 줄어드는 모습인데 '물이 새는 지구(Leaking Earth)'라고 표현해도 무방할 듯하다.

원생누대 말의 약 6억 년 전 해수면이 약 600m나 급속도로 낮아진 사실은 당시의 대륙 해안선을 추적하여 밝힌 것이다. 그런데 이 시기

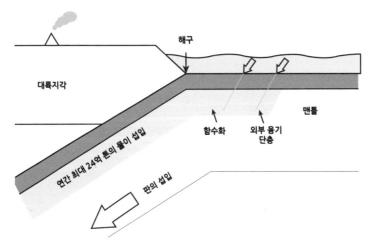

그림 49. 현재의 판구조 운동에서 연간 최대 24억 톤의 물이 맨틀로 섭입하는 소위 "물이 새는 지구"의 모식도. 해양판이 섭입대 부근까지 이동하면 압축력으로 인해 휘어져 외부 융기 단층(outer-rise faults)이 생기는데, 이를 통해 물이 스며들면서 맨틀의 광물이 함수광물로 변하여 섭입하게 된다.

는 로디니아 초대륙의 분리가 거의 끝나고 곤드와나 대륙이 형성되기 시작할 무렵이다. 앞에서 언급했듯이 보통 지구 표면에서 대륙들이 모여 초대륙을 이루면 해수면이 낮아지고, 분리되면 해수면이 높아진다. 그러니까 약 6억 년 전 무렵의 대륙의 분포에서는 해수면이 당연히 높아졌어야 한다. 게다가 그 시기는 원생누대 말의 두 차례의 눈덩이 지구를 만든 크라이오제니안기의 빙하시대가 종료되고 해빙되면서 해수면이 높아졌어야 할 시기다. 그런데 이 기간에 해수면이 낮아진다는 불가사의한 현상이 일어난 것이었다.

해수면이 낮아지면 당연히 육지의 면적은 늘어난다. 섭입대 아래의 맨틀이 물을 머금게 되면 부풀어오르게 되는데 대륙의 가장자리는 융기하여 높아지고 낮아진 해수면의 효과와 더불어 대륙의 가장자리로부터 육지가 드러난다. 융기한 대륙 가장자리는 바다로 이어지고 결과적으로 내륙에서 바다로 흐르는 많은 하천들이 형성된다. 얼기설기 그물망처럼 연결된 거대 하천들은 육지로부터 퇴적물과 함께 다량의 영양염을 바다 쪽으로 운반한다. 퇴적물이 대륙 가장자리에 쌓이고, 계속 해수면은 낮아지면서 주변 넓은 지역에 대륙붕이 만들어진다. 태양 빛이 비추는 넓고 얕은 대륙붕에 쉼 없이 영양염이 공급되면 생물이 발생하고 진화할 가능성이 매우 높아진다. 특히 광합성 생물에 의한 산소 생성이 활발해지고, 대기 중의 산소의 농도는 증가한다. 그리고 이 현상은 원생누대 말 지구동결이 끝나고 산소농도의 오버슈트가 일어난 것과도 조화적이다.

대륙붕에서의 광합성은 태양 빛을 에너지로 하여 이산화탄소와 물이 유기물과 산소를 생산한다. 이 반응으로 만들어진 유기물은 퇴적물 속으로 들어가서 매몰되고 산소는 대기 속으로 들어간다. 지구대기는 점점 산화적으로 변하고 늘어난 산소는 성층권으로 방출되면서 오존층을 만들게 된다. 산소를 이용하는 생물은 산소라는 강력한 에너지를 이용하여 대사반응을 촉진하고 몸집이 커지게 된다. 활발히 움직이는 동물이 진화하고 먹이가 되는 식물을 쫓아 육지로 올라온다. 오존층은 태양 빛과 우주선의 거센 고에너지 입자를 막아주는 거대한 방호벽이 되어 육상이 비로소 안전한 장소가 됨으로써 상륙한 동식물이 다양하게 진화할 수 있는 환경을 만들어주었다. 이 모든 과정은 지구 표층의 바다가 줄어들기 시작함으로써 일어난 연쇄적인 변화였다. 바닷물은 암석에 들어가고, 그 암석이 맨틀로 섭입하고 머물면서 해수면이 낮아졌다. 생명의 폭발적 진화를 위한 불쏘시개가 되었다.

2. 지층의 화학 층서와 후생동물

생명의 진화에 대해 시간을 축으로 하여 살피기란 쉬운 일이 아니다. 과거 그 흔적들이 연속성이 있어야 하며, 변형이나 변질되지 않은 원형에 가까운 형태로 보존되어있어야 한다. 또한 그 시기에 지구의 환경이 어떠했는지도 함께 밝혀야 한다. 그리고 생물의 폭발적인 진화가 일어나기 시작한 원생누대 말에서 현생누대 초기까지의 증거를 가진 지층을 찾는 것이 중요하다.

지질학자들은 그러한 지층을 찾아 다양한 정보를 얻는다. 지층을 시간별로 나누고 각 지층에서 생물학적, 화학적 및 지질학적 특징을 정리한다. 그리고 변화의 양상이 어떠했는지를 추적한다. 현대적인 조사 방법에서 가장 많이 사용되는 것은 화학적 층서다. 지층의 시간별 화학성분의 변화로부터 대륙지각이 얼마나 삭박되었는지, 영양염의 공급이 얼마나 원활했는지 그리고 산소농도의 변화에 따른 산화·환원 상태가 어떠했는지 등을 알아낸다.

시간 순서로 연속된 지층이 있으면 굴착을 하여 코어 시료를 확보하는데, 1mm에서 1cm 단위로 포함된 화학성분들을 조사한다. 지층의 퇴적 속도에 따라 달라지지만 일반적으로 굴착 시료 1mm는 1,000년 정도의 세월을 가리킨다. 만약 과거 1억 년의 정보를 파악하려면 100,000mm, 즉 100m 길이의 굴착 시료가 필요하다. 지하 100m의 층서가 연속적으로 그리고 가능한 깨끗하게 보존되어있어야 하는데 이런 지질 층서를 가진 장소를 구하기는 쉽지 않다. 연속적이 아니더라도 단편적인 정보들을 종합하여 유사한 결과를 얻을 수도 있다. 중요한 것은 시간의 축이 확실해야 하고, 거기서 얻어내는 정보가 정확해야 한다.

원생누대 말의 지층들에서 화학 층서의 변화를 좀 더 살펴보면, 마리노안 빙하시대(약 6억 5000만 년 전~6억 3500만 년 전)가 종료된 직후에 대륙이 드러나고 풍화·침식된 육지의 물질이 늘어나면서 스트론튬(Sr) 동위원소비가 급격하게 증가하고 대륙으로부터의 영양염 공급이 급증했다. 구체적으로 인과 칼슘의 농도가 급증했고, 이 시기까지 최초의 후생동물인 해면이 출현했다. 가장 오래된 해면동물의 화석은 약 6억 3500만 년 전으로 밝혀져있다. 이 해면동물로부터 자포동물 그리고 좌우대칭동물로의 다양화가 점차 진행되었을 것이다.

그리고 가스키어스 빙하시대(약 5억 8000만 년 전) 직후에는 생물의 생화학반응에 필요한 아세트산의 공급량이 늘어나고 인산염의 공급도 증가했다. 이 시기에 디킨소니아를 비롯한 에디아카라기의 동식물군이 일제히 출현한다. 그리고 바다에는 대륙으로부터의 영양염 공급이 더욱 증가하고 산소의 양 또한 증가하여 2가 철(Fe^{2+})의 양은 감소하고 3가 철(Fe^{3+})이 증가하면서 철산화물로 퇴적되었다. 증가한 칼슘이 바다로 운반되어 대륙붕에 아주 두꺼운 석회암을 형성했고, 칼슘으로 된 석회 껍데기와 인산염 광물을 가진 단단한 경골격 생물이 출현하기에 이른다.[3] 대륙붕에서는 동물들의 과격한 경쟁으로 말미암은 약육강식의 시대가 시작되고 단단한 바깥 골격을 가진 생물이 나타난 것이다.

그러나 이런 번성도 잠시뿐이고, 곧 바이코누르 빙하시대(Baykon-urian glaciation, 약 5억 5000만 년 전~5억 3000만 년 전)가 찾아왔고, 에디아카라기의 동식물군은 대량멸종되고 말았다. 한 가지 흥미로운 사실은 가스키어스 빙하시대와 바이코누르 빙하시대의 시기는 곤드와나 대륙의 형성과 짧은 기간에 존재했던 판노티아 대륙의 형성 시기와 거의 일치한다는 사실이다. 초대륙의 형성과 빙하시대의 도래는 주의 깊게 살펴볼 일이다. 하여간 에디아카라기의 대량멸종이 일어나고 얼마 되지 않아 캄브리아기의 동식물이 폭발적으로 증가한다. 지구 표층에 폐쇄적인 바다가 형성되어 거기에 대량의 영양염이 배후지로부터 운반되고, 특히 아세트산의 공급량이 최대가 되었다.

한편, 후생동물은 캄브리아기 전기의 짧은 기간에 35개 문(門, phy-lum)으로 나뉘었다. 인간의 선조인 척추동물도 이 시기에 태어났다. 35개 동물의 차이는 몸을 만드는 체제, 즉 몸의 기본적인 구조를 만드는 유전자가 서로 다르다는 의미이며, 그 개별적인 유전자가 탄생한 시기가 바로 캄브리아 초기다. 예컨대, 인간은 척추동물문에 속하고 물고기는 척추라는 큰 특징을 가진 척삭동물문에 속한다. 불가사리는 극(棘)이라는 멧대추나무 같은 껍질을 가진 극피동물문에 속하고 문어는 근육질인 연체가 특징인 연체동물문에 들어간다. 게와 곤충은 절지동물문이며 해면은 해면동물문에 속한다.

이렇듯 캄브리아기 전기 이후에는 몸의 체제가 서로 다른 동물들이 차츰 생겨나며 진화했고, 그 기록들이 화석으로 나타난다. 가령 최초의 물고기 화석은 남중국에서 발견되었는데 그 시기는 약 5억 2000만 년 전 무렵이다. 최근에는 게놈의 염기서열에 대한 계통 분석을 통해 후생동물 대부분의 문의 뿌리가 캄브리아기 직전의 아마도 에디아카라기에 출현했으리라고 생각하고 있다. 그러나 그 정확한 시대에 대해서는 좀 더 구체적인 연구가 필요하다.

3. 다양한 표층 환경과 생물 진화

고생대 초까지 일어난 지구 표층 환경의 변화는 동식물들이 육상으로 진출하여 번성할 기회를 제공했다. 그렇다고 모든 조건이 만족된 것은 아니다. 아직 생물들에게 나쁜 영향을 미칠 요인이 남아있었다. 그 대표적인 것이 바로 염분 농도다. 우리가 잘 알고 있는 사례를 들자면, 염분 농도가 높아 생물이 살 수 없는 장소가 지금도 존재하는데 사해(Dead Sea)가 그렇다. 그곳은 현재 바다의 염분 농도보다 무려 10배나 높기 때문에 생존이 불가능하다. 바닷물 1kg에 포함되어있는 전체 고형물의 양(g)을 실용염분농도(practical salinity unit, psu)로 나타내는데, 현재 지구 바다의 평균 염분 농도는 대략 35psu 정도다.

그리고 암석을 조사하여 바닷물의 성분 변화를 추적할 수 있다. 지구의 암석을 이루는 광물 중에는 물과 같은 유체가 존재하는 환경에서 만들어진 것들이 있다. 그리고 광물이 만들어질 때 혹은 그 이후에라도 주변의 유체가 광물 속으로 들어가 포획되는 경우가 있는데, 이를 '유체포유물(fluid inclusion)'이라 부른다. 그러니까 유체포유물 속의 물의 성분은 화석과도 같은 것이다. 과거의 물이기 때문이다. 이런 물을 분석하여 염분 농도를 구해보면, 시생누대와 원생누대에는 당시 바다에 현재의 약 5배에 이르는 염분이 포함되어있었다. 이런 높은 염분 농도에서 동물은 서식하기 어렵다.

아주 단단한 특수한 세포벽을 가진 시아노박테리아와 같은 생물을 제외하고, 외부로부터 영양을 섭취하기 위해 부드러운 세포 외벽을 가진 동물은 높은 염분의 물속에서는 살 수 없다. 삼투압 때문이다. 동물의 세포에서는 세포 내를 채우고 있는 유기물과 무기적 성분은 세포 바깥쪽보다 내부에서 농도가 더 높다. 그런데 세포 안쪽보다 농도가 높은 바닷물 속에 들어가면 세포막의 내부 성분이 외부로 빠져나가 버린다. 즉 생물에게 중요한 성분이 막으로부터 새어나가 버려 생존이 어려워진다.

이런 삼투압의 경곗값은 대략 지구 바다의 평균 염분 농도의 두 배 정도로 알려져있다. 이 같은 현상은 현재의 지구에서도 찾아볼 수 있다. 호주 서부의 해믈린 풀(Hamelin Pool)이라 불리는 대륙의 안쪽 깊은 곳에 있는 내만(內灣)에서 염분 농도가 높아 생물이 거의 서식하지 못한다. 그런데 원생누대의 말, 에디아카라기 초기인 약 5억 8000만 년 전 무렵에 바다의 염분 농도가 급격하게 감소하기 시작했다. 어떤 이유에서일까?

우선 과거 해수면의 높이가 어떻게 변했는지를 알아보면,[4] 현재의 해수면의 높이를 0이라 하고, 그 아래 200m까지가 태양 빛이 도달하는 유광층이라고 생각한다. 약 10억 년 전의 해수면은 현재보다 약 800m 가까이 높았을 것으로 추정되고, 이후 6억 년 전까지 조금씩 하강하여 현재보다 약 400m 높았을 것으로 생각된다. 그리고 앞에서 살핀 것처럼 비록 약 6억 년 전 무렵에 갑작스러운 해수의 손실이 있었으나 고생대에 들어서서도 현재보다 200m 정도 높았을 것으로 추정된다. 다만, 해수면의 높이는 단기간에도 오르락내리락하기 때문에 평균으로 200m 정도의 변동은 고려할 수 있는데, 빙하기와 간빙기의 주기적인 변화도 변동의 원인이 된다.

이런 해수면의 변동은 육지와의 상호관계에 영향을 미친다. 일반적으로 내륙에서 바다로 이어지는 지형의 모습은 원생누대 중기 이후로부터 현재에 이르기까지 큰 차이는 없다고 생각한다. 높은 산에서 언덕과 계곡으로 이어지다가 지형의 높낮이 변화를 거쳐 바다에 이르게 된다. 만약 해수면이 올라가면 지형적으로 낮은 곳에 내만이 생기고 그곳에 바닷물이 모여든다. 이후 해수면이 내려가면 내만의 저지대는 고립된 호수가 되고 수분이 증발하면 거기에 소금이 석출되어 암염이 만들어지고, 일단 암염이 되고 나면 물과 반응해도 쉽게 녹아버리지 않는다. 이 과정은 바닷물이 암염이라는 고체로 육지에 고착되는 변화를 나타내고 바닷물 속의 염분 농도가 줄어드는 원인이 된다. 그리고 이런 염분 농도의 감소가 에디아카라기 초기에 일어났을 것이다. 다만 육지가 로디니아 초대륙을 향해 모이고 있었던 원생누대 중기의 약 10억 년 전에는 이런 변화가 있더라도 소규모였을 것이다.

한편, 해수면의 변동이 유광층의 범위에도 밀접하게 관계한다. 약 6억 년 전보다 더 오랜 시대에는 해수면이 높았기 때문에 대륙붕의 바닥까지 태양 빛이 도달하지 못했다. 그러나 6억 년 전 무렵에는 갑작스레 많은 양의 바닷물이 맨틀로 사라지면서 해수면이 낮아져 대륙붕에 태양 빛이 도달하게 되면서 생물계에 큰 영향을 주게 되었다.

생물 대폭발과 진화

　원생누대가 끝이 나고 약 5억 4100만 년 전부터 현재까지의 시대를 현생누대라고 하는데, 생물이 나타난다는 '현생(顯生)'의 한자어 의미대로 이 시대의 지층으로부터 동물화석이 풍부하게 산출되며, 그 이전 시대들과 비교하면 지구환경과 생물 활동에 대한 정보가 급격하게 늘어난다. 즉, 현생누대부터 많은 화석이 산출되고, 생물계의 변화에 대해 보다 구체적으로 파악할 수 있게 된다. 이 현생누대는 다시 고생대(약 5억 4100만 년 전~2억 5200만 년 전), 중생대(약 2억 5200만 년 전~6600만 년 전), 신생대(약 6600만 년 전~현재)로 나뉘어, 비로소 우리 인류의 시대까지 도달하게 된다. 한편, 현생누대의 화석을 조사함으로써 두 가지가 확실해졌는데, 첫째로 캄브리아기 이후 생물의 다양성이 계속 증가했다는 것이고, 둘째론 때때로 대량멸종이 일어났다는 것이다. 위에서 세분한 지질시대는 대멸종으로 말미암아 생물 화석이 크게 변하는 경계로부터 나눈 것이다.

　현생누대에는 화석이 아주 풍부하게 산출되는데, 이 시대의 생물은 유기물의 부드러운 조직과 더불어 껍질과 뼈, 이빨 등의 단단한 골격(경골격)을 가질 수 있었기 때문이다. 생물이 죽어 땅에 묻히면 단단한 경골격은 주로 탄산염, 인산염, 실리카 등의 광물로 치환되는데 이 과정을 생체 광화작용이라고 한다. 유기물은 부패하여 분해되기 쉬우나 광물은 그대로 보존되기 때문에 생물 화석으로 많이 산출되는 것이다. 경골격 화석이라 해도 캄브리아기 초기의 지층에서는 크기가 1mm에도 못 미치는 화석의 무리가 발견된다. 현생누대는 이러한 작은 경골격 화석군의 출현으로 시작되며, 캄브리아기 중기에 이르러 다양한 화석들이 발견된다.

고생대에 들어서면서 지구 표층의 환경은 생물 서식에 유리한 방향으로 변화했고, 지질학적으로 짧은 시간에 동식물의 진화가 활발히 진행되었다. 약 5억 4000만 년 전에서 4억 9000만 년 전 사이의 캄브리아기가 되면 짧은 수명의 초대륙 판노티아의 분리가 활발해지고 중앙에 위치하던 북아메리카-시베리아-북유럽의 땅덩어리와 남아메리카 사이에 바다가 생기고 크게 확장되며, 그 갈라진 틈인 열곡대 주변은 담수와 해수가 만나 어류가 폭발적으로 진화했다. 약 5억 2000만 년 전 최초의 어류가 탄생했는데, 이 어류가 척추동물의 공통조상이다. 그리고 절지동물인 곤충과 삼엽충 역시 크게 진화했는데 세계 여러 지역에서 그들의 화석이 발견되고 있다.

어류에서 4족 동물인 사지동물이 진화하고, 그로부터 양서류와 양막류가 탄생했으며, 양막류에서 포유류의 먼 조상인 단궁류가 출현하는데, 이것이 고생대 말의 일이다. 이 무렵은 포유류가 탄생했다는 점에서 아주 중요한 시기로 생각된다. 생물의 분류라는 점에서 보면 학교에서 배웠던 계-문-(아문)-강-목-과-속-종으로 이어지는 위계가 떠오른다. 먼저 우리 인류와 관련된 진화에서는 동물계의 탄생으로부터 척삭동물문이 나오고, 척삭동물아문이 생겼다. 강에 대응하는 것이 포유강이지만 우리는 보통 포유류라고 부른다. 다시 세분하여 영장목이 탄생하고 거기서 사람속이 나왔다. 이런 진화의 계통에서 고생대라는 지질시대는 우리 척추동물의 대진화가 시작한 시기로 특정할 수 있다.

고생대의 생물 진화에서 식물이 먼저 육상으로 진출했고 뒤따라 동물이 육상으로 올라왔다. 식물이 지구에 출현한 시기는 오래되어 시아노박테리아가 적어도 약 29억 년 전 이전에는 탄생하여 호소와 하천 주위에 서식했다. 당시 지표에 아주 적은 육지만이 존재했고 시아노박테리아를 포함한 토양미생물이 습지대에 진출했을 것으로 생각되며, 이는 육상 생태계의 기본적인 골격이 되었다. 그들이 원생누대 후기로 접어들던 약 10억 년 전에 다세포식물인 조류로 진화하고 약 6억 년 전의 에디아카라기에 이르기까지 서식했다. 그리고 거기서 이끼식물과 지의류가 분화하여 육상에 출현하고 그다음으로 관다발식물이 실루리아기에 출현한 것으로 확인된다. 그리고 데본기에 이르러 대형식물로 본격적인 대진화를 이루게 되는데, 키가 수십 cm 정도의 것에서 점점 커져 높이 20m를 넘는 식물이 대삼림을 형성하게 된다. 석탄기에는 나자식물(겉씨식물)이 번성하고 고생대 마지막까지 지구의 육지는 울창한 숲으로 덮이게 되었다. 그러면 고생대 생물의 진화 특징에 대해 알아보기로 하자.

1. 캄브리아기 폭발과 버제스 동물군

캄브리아기 폭발(Cambrian Explosion)은 고생대 캄브리아기에 들어서자마자 갑자기 생물의 다양성이 폭발적으로 증가한 사건을 말한다. 이 캄브리아기 폭발로 현생의 어류, 양서류, 파충류, 조류(鳥類), 포유류를 포함한 척추동물의 조상을 비롯해 다양한 동물의 조상이 거의 대부분 나타났다.[5] 그리고 최근에는 폭발적인 생물의 등장이 에디아카라기의 최종기에서 캄브리아기 초기까지 길어야 2000만 년 정도 지속되었던 것으로 알려졌는데,[6] 40억 년이라는 긴 생명의 역사에서 보면 너무나도 짧은 시간에 벌어진 사건으로 명실상부하게 캄브리아기 '폭발'이었다.

이 시기에 고생대를 대표하는 절지동물인 삼엽충이 나타났다. 에디아카라기의 절지동물로 취급되던 스프리기나가 삼엽충의 조상이라는 생각도 있으나 확실하지는 않다. 삼엽충은 작은 것은 약 1cm에서 큰 것은 전장 60cm 정도에 이르는 아주 다양한 군집을 이루었는데, 과 수준으로는 170 이상 그리고 10,000을 넘는 종으로 분류되어 있다. 삼엽충의 화석은 그 종류도 다양할뿐더러 전 세계의 다양한 지층에서 발견되기 때문에, 그로부터 과거 지구에 대한 여러 가지 사실을 파악할 수 있다.

가령, 얕은 해역에서 서식하던 삼엽충 화석의 지리적 분포와 유사도를 비교함으로써 대륙이동의 모습을 알 수 있다. 캄브리아기 중반에는 북아메리카, 동남아시아 · 유럽 그리고 모로코 · 남아메리카 · 호주의 세 지역으로 된 해역에는 각각 다른 삼엽충의 군집이 서식하고 있었다. 이는 이 지역들이 서로 떨어져있었고 각각의 지역에서 독자적

그림 50. 캄브리아기에 탄생하여 고생대에 크게 번성했던 삼엽충. 탄산칼슘으로 된 복안의 눈을 가졌던 캄브리아기 동물계의 대표적인 포식자였다(출처 : https://www.flickr.com/photos/timevanson/7282110704).

인 종이 진화했었던 결과라고 생각된다. 그 뒤 실루리아기가 되면, 북아메리카와 유럽에서는 공통적인 삼엽충의 군집이 발견되게 된다. 이는 고생대 초기에 위치하던 고대서양에 해당하는 이아페투스해(로렌시아 대륙과 발티카 대륙 사이에 있었던 해양)가 실루리아기에는 닫혔고, 북아메리카와 유럽 사이에 있던 얕은 바다가 사라졌음을 나타내는 것이다.

다양한 동식물이 진화하여 현재와 같은 지구 생태계의 기본 골격이 만들어진 고생대에 가장 번영한 대표적인 동물이 삼엽충이다. 그런데 이 삼엽충이 캄브리아기의 생물 대폭발 시대에 지구에 탄생하여 크게 번성할 수 있었던 이유 중 하나는 눈에 있다. 삼엽충은 방해석이라는 탄산칼슘으로 된 복안의 눈을 가졌다고 알려져있다. 동물에게 가장 효율적인 영양 섭취 방법은 식물이 아니라 같은 동물 무리를 잡아먹는 것이다. 눈을 가진 삼엽충은 동물끼리 약육강식의 시대에서 압도적으로 유리했고, 캄브리아기 동안 대표적인 포식자였다. 이 삼엽충처럼 자신의 체내에서 광물을 만들고 이용하는 것이 바로 생체 광화작용이다. 방해석의 눈을 가졌다는 것은 당시 바닷물에 다량의 칼슘이온이 공급되었음을 나타낸다. 그 시대에 육지의 면적은 그 이전보다 약 세 배나 증가했고 다량의 영양염이 육지에서 바다로 공급되었다. 해수면이 내려가 일부가 폐쇄된 내만과 같은 환경에서 육지에서 공급되었던 광물질 성분이 바닷물에 포화되고 그로부터 생체 광화작용이 보편적으로 일어났을 것이다. 삼엽충이 고생대 동물계의 강자가 된 것은 이런 지구 표층 환경의 변동 때문이었다.

한편, 1900년대 초 미국의 고생물학자 찰스 월코트(Charles Doolittle Walcott, 1850~1927)는 캐나다 브리티시 컬럼비아주 남부의 버제스산에 분포하는 캄브리아기 중기(약 5억 500만 년 전)의 지층으로부터 다양한 동물화석을 발견했다.[7] 버제스 셰일이라는 얇은 층상의 퇴적암 속에서 바다에 살았던 다양한 동물화석이 대량으로 산출되었으며 이를 버제스 동물군이라 부른다. 동물의 몸이 나타내는 기본 구조에 따라 분류하면 해면동물문, 자포동물문, 편형동물문, 연체동물문, 환형동물문, 선형동물문, 절지동물문, 극피동물문, 척삭동물문 등 현재 발견되는 거의 모든 문의 동물들이 이 시기에 출현한 것으로 보인다. 이러한 동물의 폭발적인 다양화가 바로 캄브리아기 폭발이다

버제스 동물군은 1960년대 후반부터 해리 휘팅턴(Harry B. Whittington, 1916~2010)에 의해 상세하게 연구되었는데, 현생의 동물과 크게 다르다는 사실이 강조되었다. 1989년에 출판된 스티븐 제이 굴드의 저서 『생명, 그 경이로움에 대하여』는 버제스 동물군을 세계에 알리

오파비니아

할루키게니아

피카이아

아노말로카리스

그림 51. 캄브리아기 중기 버제스 셰일층에서 발견된 화석으로부터 추정한 동물의 모습들(실제 크기와 무관).

는데 크게 기여했다.[8] 굴드가 기상천외한 동물로 소개한 버제스의 동물들에는 몸길이가 최대 2m에 이르는 새우와 같은 모습의 아노말로카리스, 고생대 말에 멸종하기까지 대 번성했던 삼엽충, 다섯 개의 눈을 가진 오파비니아, 많은 가시가 배열되어있는 것처럼 보이는 할루키게니아, 창고기와 같은 형태를 한 피카이아 등 이상한 모습의 동물들이 있다.

　이 버제스 동물군과 거의 동시대 동물화석이 중국 남부 윈난성 쿤밍에서도 발견되었다. 이는 약 5억 2500만 년 전에서 약 5억 2000만 년 전의 청지앙(Chengjiang) 동물군이며, 그린란드 북부에서도 약 5억 1800만 년 전에서 약 5억 500만 년 전의 시리우스 파세트(Sirius Passet) 동물군이 발견되었다. 그 외에도 폴란드와 남아프리카 등 세계 각지에 널리 분포했음이 밝혀졌다.

2. 어류의 출현과 오르도비스기 말의 멸종

캄브리아기의 폭발에 이어 다음 시대인 오르도비스기(약 4억 8500만 년 전~약 4억 4500만 년 전)에도 캄브리아기에 출현한 바다의 동물들이 더욱 다양해졌다. 바닷물 속의 부유물질을 여과하여 먹는 섭식 동물이나 먼바다에 사는 원양성 동물 등 고생대형 동물상에 속하는 오르도비스기 특유의 동물상이 새로이 등장하여 기존의 캄브리아기의 동물상을 대체하였다. 현생누대 해양동물의 경우 분류학적 특징과 다양성의 변화에 따라 세 가지의 진화동물군, 즉 캄브리아기형 동물군, 고생대형 동물군, 현생대형 동물군 등으로 나누기도 한다. 그중 고생대형에 속하는 앵무조개(연체동물), 삼엽충(절지동물), 필석(반삭동물), 해백합(극피동물), 상판산호(자포동물) 등이 오르도비스기의 바다에서 크게 번성하게 된 것이다.

캄브리아기의 바다에서 척추동물이 출현했고, 어류가 가장 이른 형태의 척추동물로 생각되어 왔다. 그런데 청지앙 동물군이 발견된 장소에서 무척추 척삭동물과 어류의 중간 형태를 띠는 생물 화석이 발견되었다. 하이커우엘라(Haikouella)로 불리는 화석으로, 몸의 등 쪽으로 길게 연결된 막대 모양의 원시 골격인 척삭이 원시적인 등뼈, 즉 척추로 바뀌어 가던 중간 단계의 구조를 가지고 있다. 그리고 어류는 이 화석의 동물이 진화된 형태라고 생각되고 있다.

청지앙 동물군의 시기에서 유추하건대 약 5억 2000만 년 전쯤 어류가 처음 등장했을 것이다. 그리고 초기의 어류는 골격이 연골로 이루어진 연골어류였다. 초기의 연골어류는 턱이 없어 항상 입을 벌린 채 바닷물 속이나 바닥에 침전되어있던 유기물을 빨아들이며 섭식했고 아가미를 통해 호흡했을 것으로 생각된다. 이런 턱이 없는 연골어류를 무악어류라고 하며 칠성장어와 먹장어가 대표적이고 오르도비스기의 바다에서 번성했을 것으로 생각된다.

이처럼 캄브리아기의 폭발에 이어 다음 시대인 오르도비스기에도 다양한 무척추동물을 비롯하여 척추동물인 무악어류가 출현하여 고생대의 바다에서 크게 번성하게 된 것이다. 하지만 이런 번성도 약 4억 4400만 년 전 무렵에 갑자기 끝나고 말았다. 생물의 대량멸종 사건으로 알려진 오르도비스/실루리아기 경계의 멸종사건이 일어난 것이다.

지구 역사에서 생존경쟁의 결과로 빈번하게 일어난 생물의 멸종을 '배경멸종(background extinction)'이라 부른다. 반면, 단기간에 수많은 생물이 동시에 멸종하여 그 수와 멸종률이 이전과 이후의 시대와는 비교할 수 없을 정도로 엄청난 경우를 '대량멸종(mass extinction)'이라고 한다. 현생누대의 지층에 남아있는 동물화석의 자료로부터 생물 다양성의 변화를 조사해 보면, 현생누대에 대여섯 차례의 대량멸종이 있었음을 알 수 있다. 그리고 그 첫 번째 멸종사건이 오르도비스기/실루리아기의 경계에서 일어났다. 오르도비스기 말에 일어난 이 대량멸종 사건으로 그때까지 번성했던 삼엽충을 비롯한 여러 동물의 절반 가까이 멸종했는데, 모든 바다 동물 가운데 종의 레벨에서 85%, 속의 레벨에서 49~60%가 멸종했다고 알려져있다.

대량멸종의 원인은 확실하지 않지만 주로 기후변화에서 그 답을 찾고 있다. 오르도비스기는 대기 중의 이산화탄소 농도가 현재보다 20배가량 높아 비교적 온난·습윤한 시기로 곤드와나 대륙, 발티카 대륙, 로렌시아 대륙이 존재했었다. 그러나 오르도비스기 후기에 이르면서 곤드와나 대륙이 남하하여 현재의 아프리카에 해당하는 지역에는 거대한 빙하가 형성되었다. 해수면이 낮아지고 대륙붕의 얕은 바다가 줄어들면서 많은 해양생물의 서식지 또한 줄어들게 되고, 결국에는 대량멸종이 일어났다. 갑자기 찾아온 한랭화의 원인으로서는 태양계 부근에서 일어난 초신성 폭발이나 대규모 화산활동의 영향 등도 거론되고 있다.

한편, 멸종사건 이후에 살아남은 어류에게서 큰 변화가 일어났다. 연골어류의 아가미 구조에 변화가 생겨 강한 근육과 이빨을 가진 턱이 발생했다. 유악어류가 탄생한 것이다. 턱이 발달하면 포획물을 잘게 씹을 수 있기 때문에 다양한 크기의 먹이를 섭취하기 용이했다. 따라서 턱의 발달은 획기적인 사건이었고 실루리아기 초에 출현한 유악어류가 지구의 바다를 점령하게 되었다.[9]

3. 육지로 올라온 식물

식물이 육상에 진출한 것은 4억 년 전보다 더 거슬러 올라간다. 육상식물의 시원적 형태가 어떤 생물이었는지는 아직 완전히 밝혀지지 않았지만, 녹조류로부터 진화했다고 생각된다. 생물의 서식지로서 바다와 육지의 가장 큰 차이는 물이다. 바다 생물이 육지로 올라오자마자 건조한 환경에 바로 적응할 수는 없다. 따라서 최초의 식물이 육지에 나타났더라도 해안을 따라 분포하면서 생존 가능성을 시험했을 것이며, 차츰 내륙의 담수 환경 쪽으로 진출한 것으로 생각된다.

예전에는 약 4억 년 전에 육상식물이 처음 나타나기까지 육지에는 생물이 없었으며, 육지가 생물의 서식지로 탈바꿈한 이유는 대기 중의 산소농도가 증가했기 때문으로 생각했다. 산소가 풍부해져 대기 상공에 오존층이 형성됨으로써 생물에게 유해한 자외선이 차단되어 식물의 육상진출이 가능했다는 것이다. 하지만 이런 생각에는 오류가 있다. 자외선 차단을 위한 오존층은 대기 중의 산소농도가 현재의 1,000분의 1 수준에서도 형성될 수 있음이 밝혀졌다. 그리고 그 정도의 산소농도는 지구동결 직후의 대산화 사건이 일어난 약 22억 년 전에 이미 도달했던 수준이다. 따라서 식물의 육상진출과 오존층의 형성 시기 사이의 인과관계는 부정적이며, 좀 더 다른 환경 변화 요인이나 생물 진화 요인을 생각해봐야한다.

육상식물의 진출 이전에 대륙 위에는 미생물의 콜로니(집단)와 같은 것이 존재했을 가능성이 있다. 약 26억 년 전 그리고 24억 8000만 년 전이라는 상당히 이른 시기로부터 육지의 수권에 미생물이 서식했음을 시사하는 지구화학적 증거가 제시되기도 했다.[10] 또한 약 12억 년 전에 육상에서 형성되었다고 생각되는 지층에서 시아노박테리아의 화석이 발견되었으며, 12억 년 전에서 10억 년 전의 비해양성 지층에서 진핵생물로 생각되는 세포벽까지 보존된 생물 화석이 발견되기도 했다.[11]

과거 지구 대기의 성분 변화를 검토할 때, 가벼운 탄소의 고정과 산소농도의 증가로부터 식물의 왕성한 광합성 활동을 짐작할 수 있다. 따라서 탄소 동위원소비와 산소농도의 변화 추이로부터 약 8억 5000만 년 전 이후에 육상에서 광합성 생물의 활동이 있었을 가능성이 지적되고 있으며, 원생누대 종반에 이미 육지에 조류가 진출하고, 녹색의 수권이 출현했다고 생각되는 지구화학적 분석 증거도 제시되었다.[12] 이런 사실로부터 예전에 생각했던 것보다 훨씬 오래전에 생물이 육상에 진출했을 것으로 생각할 수 있다. 그리고 최근 분자시계의 연구로부터 육상에서 녹조류와 균류의 공생관계 또한 훨씬 이전으로 거슬러 올라갈 가능성이 있어 앞으로 좀 더 주목해봐야 한다.

고생대 초기에 일어났던 식물의 육상진출은 연구가 거듭되면서 조금씩 오랜 쪽으로 거슬러 올라가는 경향이 있다. 가령 약 4억 2500만 년 전의 실루리아기 말의 지층에서 쿡소니아의 화석이 발견되었는데, 잎도 뿌리도 없이 줄기로만 이루어져있어 이것을 가장 오랜 육상식물이라고 생각했었다. 그러나 약 4억 7500만 년 전 오르도비스기의 초기 지층에서 포자를 만드는 식물편의 화석이 발견되었는데, 이끼식물의 태류와 비슷한 것으로 시기적으로는 이것이 가장 오랜 육상식물의 증거가 된다고 보았다. 육상에 진출한 식물은 처음에는 뿌리가 없는 높이 수 cm 정도의 작은 것으로 주로 줄기에서 광합성이 이루어졌지만, 점차 관다발 혹은 유관속(維管束)을 발달시키게 되었다. 관다발은 필요한 영양분과 물을 이동시키는 통로로, 뿌리, 줄기, 잎맥으로 연결되어있는 기관이며, 이 관다발로 식물이 체계적으로 몸을 지탱하고 모양을 크게 만들어 대형화가 가능해졌다.

최근에는 이끼식물과 관다발식물의 관계에 대한 검토로부터 식물이 좀 더 오랜 시기에 해당하는 캄브리아기 중기에서 오르도비스기 초기 사이에 육상으로 진출하였음이 밝혀졌다.[13] 관다발식물은 오르도비스기 말에서 실루리아기 동안 육상에 나타났으며, 실루리아기에서 데본기에 걸쳐서는 관다발식물의 일종인 양치식물이 번성하고, 육상에 삼림이 발달하게 된다.

식물의 폭발적인 진화는 약 3억 7000만 년 전의 데본기에도 일어났다. 데본기에 들어서서 곤드와나-판게아 초대륙이 형성되는 과정에 로렌시아 대륙과 발티카 대륙이 충돌하여 유라메리카 대륙이 적도 바로 아래서 형성되었다. 대륙의 충돌로 거대산맥이 만들어졌고, 그 결과 대기의 흐름이 바뀌면서 강우량이 증가했다. 그것이 식물의 생육을 촉진시킨 하나의 요인이었다고 생각된다.[14] 육상식물이 급속도로 진화했고, 지구의 지표는 거의 녹색으로 덮였으며, 식물로 시작하는 먹이사슬의 지상 생태계가 만들어지기 시작했다.

데본기 초기에는 육지의 계곡에서 하천을 중심으로 식물이 증가하고, 또한 호소와 습지에서도 다양한 식물이 출현했다. 데본기 중기에서 후기가 되면 높이 20~30m에 이르는 키 큰 식물군이 출현하여 대삼림을 형성하는데, 이런 번성은 석탄기에 절정에 이른다. 데본기 후기에는 가장 오랜 수목으로 알려진 아케오프테리스가 30m 높이에 이르고, 하천을 따라 서식 지역을 확대하여 가장 오랜 삼림을 형성했던 것이다. 게다가 양치식물의 석송류가 번성하고, 특히 인목(鱗木, 레피도덴드론)은 높이 40m까지 성장했다.

석탄기는 산소농도가 현재에 비해 1.5배가량 높았던 시기로 종자식물의 높이가 최대 30~40m에 이르렀다. 석송류는 데본기 후기에서

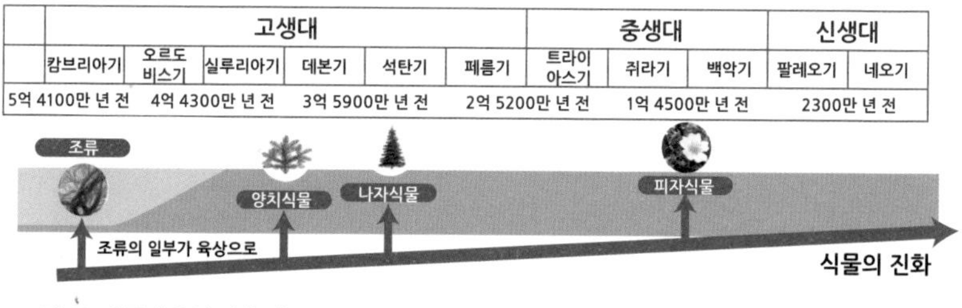

고생대						중생대			신생대	
캄브리아기	오르도비스기	실루리아기	데본기	석탄기	페름기	트라이아스기	쥐라기	백악기	팔레오기	네오기
5억 4100만 년 전	4억 4300만 년 전		3억 5900만 년 전		2억 5200만 년 전		1억 4500만 년 전		2300만 년 전	

조류 / 조류의 일부가 육상으로 / 양치식물 / 나자식물 / 피자식물 / 식물의 진화

그림 52. 식물의 육상 진출 개요.

석탄기에 걸쳐 번성하고, 대삼림 시대를 형성했다. 석탄기의 식물들은 대부분 얕은 바다에 쌓여 석탄으로 매몰되어 화석화되었다. 한편, 종자를 가진 최초의 원시적 나자식물은 양치종자식물로서 데본기 후기에 출현했다. 나자식물은 그 후 소철류, 은행류, 나아가 침엽수 등으로 다양화하고, 중생대에는 양치식물을 대신해 번성한다.

4. 데본기 바다의 어류와 양서류

데본기의 바다에는 두족류의 암모나이트와 어류도 번성했다. 암모나이트는 데본기에 탄생하여, 데본기 말의 대량멸종에서도 살아남았다. 그리고 공룡이 멸종한 중생대 백악기 말의 대멸종에 이르기까지 거의 3억 5000만 년 동안 지구의 바다에 널리 분포한 다양한 생물군이다. 편평한 고둥 형태의 껍질을 가지고 있었으며, 직경이 2m에 이르는 것도 있었다. 한편, 어류의 조상인 연골어류는 캄브리아기까지 거슬러 올라가고, 오르도비스기 바다에는 무악어류가 출현했다. 그리고 멸종을 겪은 후의 실루리아기 바다에서는 유악어류로 진화했고 이윽고 단단한 뼈를 가진 경골어류가 등장했으며, 데본기의 바다에는 다양한 어류가 탄생하고 번성했다. 그 때문에 데본기는 어류의 시대로 불리고 있다. 최초로 턱뼈를 갖춘(유악어류) 판피어류는 데본기에 크게 번성했는데, 그중에는 몸길이가 6~10m, 체중이 무려 3.6톤에 이르는 둔클레오스테우스도 있었다. 하지만 대부분 데본기 말에 멸종했고, 석탄기에는 완전히 사라졌다.

지금의 지구에서 가장 번성하고 있는 어류인 단단한 뼈를 지닌 조기어류는 실루리아기에 출현하여 데본기에 크게 번성한 것으로 현재의 거의 모든 물고기가 속해있다. 조기어류는 멸종한 판피어류와는 다른 분기군에 속한다. 한편, 살아있는 화석으로 불리는 폐어와 실러캔스 등의 육기어류가 출현한 것도 이 무렵이다. 데본기에 탄생한 실러캔스는 중생대의 백악기 말에 멸종했다고 알려져있었으나 1938년 남아프리카의 앞바다에서 현생 종이 확인되었고, 그로 말미암아 살아있는 화석으로 불린다. 최근 현생 종의 실러캔스에 대한 게놈 분석의 결과, 실러캔스의 게놈의 변화 속도는 극단적으로 느렸으며, 실러캔스가 수억 년에 걸쳐 환경의 영향을 별로 받지 않고 계속 서식할 수 있었던 것으로 해석하고 있다.[15]

한편, 데본기 바다에서는 엄청난 일이 일어나기 시작했다. 물고기가 육지에 오를 준비를 한 것이다. 육기어류의 지느러미가 사지동물의 팔과 다리로 변하기 시작했다. 그리고 어류와 사지동물의 특징을 동시에 가지는 중간 형태의 동물이 나타났다. 발이 달린 물고기로 틱타알릭 또는 피셔포드로 알려져있는 척추동물이다. 이 동물은 기본적으로는 육기어류이지만 새로운 몸의 체제를 갖추었고 잎사귀 모양의 지느러미에 근육질의 관절이 발달하면서 해저 위를 천천히 걸었을 것으로 추정된다. 또한 아가미와 함께 원시적인 폐도 발달하여 육지에서의 산소호흡을 위한 준비 단계를 거쳤을 것으로 생각된다. 요컨대 바다와 육지 양쪽에서 살 수 있는 동물의 등장이 머지않았음을 의미한다. 이윽고 아칸토스테가와 이크티오스테가 같은 육상 진출 동물(원시적 사지동물)이 출현했다.

이들은 최초의 양서류로서 그 후 다양화하여 번성했다. 양서류는 육상 생활에 처음 적응한 동물이지만 완전히 적응한 것은 아니고, 기

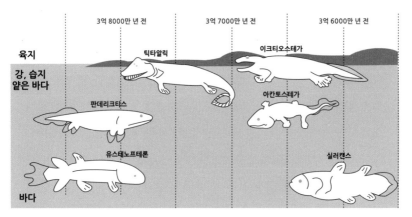

그림 53. 데본기 후기의 어류-양서류의 진화(출처 : https://upload.wikimedia.org/wikipedia/commons/
4/42/Fishapods.png).

본적으로 수중 환경이 필요하다. 양서류의 '양서'란, 육상과 수중의
양쪽 환경이 필요한 동물이란 의미다. 많은 화석종이 알려져있으나
현재의 양서류는 유미목(도롱뇽과 영원의 동류), 무미목(개구리의 동류), 무
족목(무족영원목)의 세 종류뿐이다.

그런데 육지에 진출한 최초의 동물이 양서류의 사지동물이 아니라
무척추 선구동물인 노래기류였을 것으로 생각된다. 노래기는 절지동
물문에 속하는 곤충으로 주로 바위에 낀 이끼 같은 초기의 식물을 먹
고 사는 초식동물이었다. 곤충의 대규모 유전자 해석 연구에 의하면
종래에 약 4억 년 전의 데본기 전기라고 알려진 곤충의 기원이 사실
은 오르도비스기에 해당하는 약 4억 7900만 년 전으로 거슬러 올라
가야 함이 밝혀지게 되었다. 이는 가장 오래된 식물의 육상 진출과 비
슷한 시기다.

육상에 진출한 식물과 곤충은 어쩔 수 없이 상호작용을 했을 것이
다. 곤충은 식물을 먹어야 했고, 식물은 곤충의 포식 행위에 대항하여

다양한 종류로 분화해야 했다. 여러 종류의 식물이 생겨났고 다양한 식물을 섭취한 곤충 역시 다양한 형태로 분화하기 시작했다. 이런 상황은 양서류에게는 절호의 기회였다. 육지에 진출했을 때 아무런 방해를 받지 않고 곤충을 포식하며 번성할 수 있었다. 그러다가 데본기 초기의 약 4억 600만 년 전 무렵 곤충은 날개를 얻어 하늘을 날 수 있게 되었으며, 현생 종의 많은 계통이 석탄기의 약 3억 4500만 년 전까지 출현한 것이라고 알려졌다.

데본기 후기의 프라스니안세 말(약 3억 7200만 년 전)과 파멘니안세 말(약 3억 5900만 년 전)에 두 차례의 대멸종이 일어났다. 각 시기에는 지구환경이 크게 변동했다고 생각되고, 또 멸종은 저위도의 얕은 바다에서 현저했던 것으로 알려져있다. 데본기에 번성했던 둔클레오스테우스와 같은 판피어류와, 무악어류 그리고 삼엽충의 대부분을 포함해 해양동물 종의 75%가 멸종했다. 그 시기에는 바닷물 속에 녹아있던 용존 산소농도가 낮아지는 해양무산소 사건이 발생했다고 알려져있고, 그것이 멸종의 중요한 원인이었을 가능성이 높다. 바다에 살고 있던 동물도 산소호흡을 하고 있었기 때문에 산소가 부족한 환경에서 생존하기 어려웠을 것이다. 그 직후의 석탄기 초기에도 사지동물의 화석이 발견되지 않는 공백 기간이 존재하는데, 산소농도의 저하가 계속하여 영향을 미쳤을 것이라는 지적도 있었다. 그러나 최근이 공백 기간의 간극을 메우는 중간화석이 발견되었고, 양서류와 육상 생활에 더욱 적응한 양막류의 분기가 빨리도 일어났음이 밝혀졌다. 양막류는 이윽고 파충류에 이어지는 용궁류와 포유류에 이어지는 단궁류라고 하는 두 개의 커다란 그룹으로 분기하게 된다.

최근 데본기와 석탄기의 경계, 즉 파멘니안세 말의 대량멸종에 대

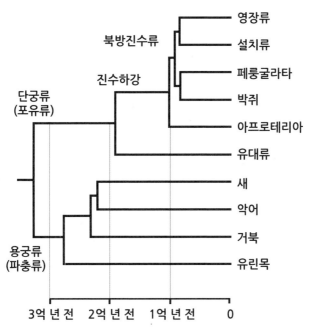

그림 54. 양막동물의 진화.

해서는 새로운 주장이 제기되었다.[16] 그린란드 동부의 데본기/석탄기
경계의 지층에서 식물화석과 토양의 시료가 채취되었고 그에 대한
분석 결과가 흥미롭다. 일단 경계지층에서는 화산 분화와 천체 충돌
같은 흔적이 전혀 관찰되지 않기 때문에 그런 현상들은 대량멸종의
원인에서 확실하게 제외된다. 그런데 식물화석에 포함된 포자를 관
찰하면서 시기적인 변동이 발견되었다. 즉, 데본기/석탄기 경계지층
을 사이에 두고 아래의 데본기 지층과 위의 석탄기 지층에서 채취된
식물화석의 포자들은 모양도 깨끗하고 입자의 배열도 정돈되어있다.
하지만 멸종이 일어난 경계지층의 식물화석 포자들은 기형으로 변형
된 형태와 불규칙한 입자 배열 그리고 결정적으로 불에 탄 듯한 시커

먼 색을 띠고 있다. 이는 그 시기에 식물의 유전자가 손상을 입었음을 의미하는 것이며 그 원인으로 지목된 것은 유해한 자외선이다. 만약 이러한 주장이 옳다면 환경 변동이 심했던 데본기 말에 대기 중의 오존층이 소실되는 현상이 일어났을 것이며 그로 인해 태양으로부터 유입된 엄청난 자외선이 지구 생태계에 큰 영향을 미쳤을 개연성이 지적될 수 있다. 비록 오존층 소실에 대한 보다 정확한 요인을 규명해야 하지만 데본기/석탄기 경계의 유해 자외선의 유입은 해양무산소 사건과 더불어 생물에게 치명상을 입혔을 것으로 생각된다.

5. 석탄기의 생태 환경

데본기 말의 대량멸종으로 한 시대가 저물고 새로운 지질시대가 열리는데 이름도 친숙한 석탄기(약 3억 5900만 년 전~약 2억 9900만 년 전)다. 석탄기라는 이름은 영국에서 이 시대의 지층에 석탄층이 많이 포함되었기 때문으로, 북아메리카에서는 석탄기를 하부의 미시시피기와 상부의 펜실베이니아기로 구분하기도 한다. 석탄기의 지구 표층에는 대륙들이 모두 모여 곤드와나-판게아 초대륙이 탄생했으며, 온난·습윤의 환경으로 대륙에 습지대가 확대되고 수목이 번성하였다. 지름 1m 이상, 높이 40m에 이르는 인목과 같은 석송류와 글로소프테리스 같은 양치류를 비롯해 나자식물과 커다란 속새 등 모두 멸종해 버린 다양한 식물로 이루어진 커다란 열대림이 만들어졌다. 석탄은 그들이 부식되거나 분해되지 않고 흙 속에 매몰되어 생성된 것이다. 그 외에 약 3억 2000만 년 전의 가장 오랜 이끼식물로 생각되는 화석이 출토되었지만, 이끼식물의 탄생 시기는 확실하지 않다.

사실 석탄기에 일어났던 탄소의 순환은 상당히 드라마틱한 것이었고, 그 기록은 바닷물 속에도 남아있다. 여러 차례 언급했듯이 식물은 광합성 때 ^{12}C를 선택적으로 고정하기 때문에, 대기와 해양의 이산화탄소의 탄소 동위원소는 ^{13}C에 농집하게 된다. 바닷물의 탄소 동위원소비의 변화를 보면 석탄기에는 지구 역사에서 예외적일 정도로 ^{13}C에 농집된 탄소 동위원소비의 정이상으로 기록되어있다.

현재와 같은 지구환경에서 탄소의 순환은 비교적 안정적이고, 특히 식물 생태계에서 광합성과 호흡의 순환과정이 균형을 이루고 있다. 광합성으로 식물 내에 탄소는 고정되고 산소가 발생한다. 산소는 유기물을 분해하는 데 사용되고 결과적으로 탄소는 다시 방출된다. 하지만 이런 균형이 무너지는 경우가 있다. 대표적인 경우가 바로 식물이 퇴적물 속에 매몰되는 것이고 석탄기에 이런 일이 일어났다. 그러면 석탄기 후기에 육상식물, 즉 유기물이 분해되지 않고 대량으로 매몰되었던 원인은 무엇일까? 해답은 나무를 썩게 만들고 분해시키는 목재부후균이라는 균류에 있다. 오르도비스기말에 나타난 관다발식물로부터 수목의 발달에 없어서는 안 되는 셀룰로스, 헤미셀룰로스, 리그닌 등과 같은 새로운 유기화합물에 의해 식물체가 지탱되고 커지게 되었다. 그런데 난분해성인 리그닌을 유일하게 분해할 수 있는 백색부후균은 석탄기 당시에는 존재하지 않았다. 즉 식물을 이루던 유기화합물을 분해할 수 있는 균이 아직 나타나지 않았던 것이다. 이것이 석탄기 후기에 육상식물, 즉 유기물이 분해되지 않고 대량으로 매몰될 수 있었던 원인으로 생각된다.[17] 백색부후균은 석탄기 말에서 페름기 초반(약 2억 9500만 년 전) 무렵에 출현했다고 추정된다.

유기물이 땅속에 매몰되면 광합성에 의해 생산된 산소는 반응의 대상을 찾지 못해 소비되지 않고 대기로 방출된다. 석탄기 후기에 수목들이 시들어도 제대로 분해되지 못하고 매몰되었다. 그것도 대삼림을 이루던 엄청난 양이다. 광합성으로 생산된 많은 양의 산소는 그대로 대기 속으로 방출되었고 결과적으로 대기 중의 산소농도는 현재의 1.8배인 약 35% 정도까지 상승했다고 추정되고 있다.[18] 이처럼 산소농도가 높아져도 괜찮은 것일까? 호기성 생물에게 산소는 필수 성분이지만 산소농도가 높아질 때 생물에게는 어떤 영향이 있을까?

대기 중 산소농도의 증가에 대한 영향은 동물의 크기에서 바로 알 수 있다. 즉, 석탄기에 대삼림에서 번성했던 대표적인 동물로 절지동물인 곤충류가 있으며 그들의 몸집이 거대해졌다. 절지동물은 현재 지구상에서 가장 번성한 동물로 전체 동물의 85% 이상을 차지하고 있는데 석탄기에 크기가 커졌다. 두 가지 이유를 생각할 수 있는데 하나는 대기 산소의 농도가 증가하면서 산소호흡으로 생산된 더 많은 에너지를 사용함으로써 대형화되었다는 것이고, 다른 하나는 독성이 강한 산소를 방어하기 위해 몸집이 커졌을 가능성이다. 날개를 펼치면 전장 70cm에 이르는 거대 잠자리의 메가네우라, 몸길이가 최대 2~3m에 이르는 거대 지네의 아트로플레우라, 몸길이 2.5m에 이르는 거대한 바다전갈 등이 이 시기에 등장한 동물들이다.

한편 석탄기 중기에는 새로운 사지동물이 출현했는데 바로 양막류로서 배아를 양막낭 안에 배태하는 동물이다. 덕분에 배아가 발생 초기에 양막으로 보호되며, 초기의 양막낭은 점점 단단한 알껍데기로 변했다. 어미가 알을 낳으면 배아는 부화될 때까지 계속 알 속에서 자란다. 이렇게 하여 비로소 척추동물이 물 밖에서 새끼를 낳으며 점차 육상 생활에 적응하게 되었다. 양막류에는 양서류를 제외한 모든 사지동물, 즉 파충류, 조류, 포유류 등이 포함된다.

그중 파충류가 제일 먼저 등장했는데, 몸 표면을 비늘로 덮고 껍질을 가진 알을 낳는 건조기후에 강한 파충류였다. 가장 오랜 파충류는 몸길이가 약 30cm의 현생 도마뱀과 아주 닮은 힐로노무스인데, 가장 오래된 양막류이기도 하다. 한편, 석탄기 후기에는 주로 곤충을 잡아먹은 페트롤라코사우르스와 같은 인룡류(파충류 하위분류)와 현생 파충류의 조상이 되는 쌍궁류가 출현했고, 석탄기가 거의 끝날 무렵에는 에다포사우르스와 같은 포유류의 오랜 공통조상인 포유류형 파충류의 단궁류도 등장했다. 바다에도 척추동물과 많은 무척추동물이 서식하고 있었다.

석탄기에 접어들어 곤드와나–판게아 초대륙이 형성되었고 온난한 기후로 인해 수목이 번성하고 다양한 동물이 나타났다. 그런데 석탄기 후기(약 3억 년 전)가 되어 기후는 급격하게 변했다. 곤드와나–판게아 초대륙의 남쪽에서는 남위 35도 부근까지 거대한 대륙빙상이 발달했으며 그 증거가 아직도 여러 대륙에 잘 남아있다. 우리가 베게너의 대륙이동설의 증거로 찾아보는 빙하의 증거 역시 이 시기의 것이며, 고생대 후기 빙하시대 혹은 곤드와나 빙하시대로 부른다. 어떻게 지구의 기후가 처음에 온난했다가 갑자기 한랭해졌는지 궁금하다.

앞서 살펴보았지만, 초기의 온난한 기후로 말미암아 지표에는 대삼림이 형성되었다. 그런데 수많은 육상식물이 번성하고 시들어 땅에 묻혔지만 그들을 분해시킬 균이 없었기 때문에 탄소의 순환에 이상이 생겼다. 식물 내부로 들어온 이산화탄소가 고정된 채 그대로 매몰되었고 따라서 대기 중의 이산화탄소의 농도는 식물의 매몰률이 증가할수록 점점 감소되었다. 기후를 온난하게 만들었던 온실기체 이산화탄소의 양이 줄어든 것이다. 즉, 온실효과의 감소가 지구의 한랭화로 이어졌을 가능성이 크다. 그런데 또 다른 가능성도 제시되고 있는데 육상식물의 번성에 따른 토양발달의 피드백이다. 석탄기에 대번성한 육상식물은 대륙의 암석에 대한 풍화를 가속시켜 토양층을 두껍게 형성시킨다.

암석이 풍화되어 만들어진 토양은 주로 진흙과 모래 입자로 이루어지며 입자들 사이에는 틈, 즉 공극이 잘 발달하여 수분을 쉽게 저장한다. 보통 대기 중의 이산화탄소는 빗물에 녹아 약산성의 탄산이 되어 지표 암석을 구성하는 광물 입자를 용해시킨다. 이런 과정을 화학적 풍화작용이라 한다. 마찬가지로 이산화탄소는 토양의 수분 속에도 녹아들어 토양을 구성하는 입자를 용해시킨다. 풍화가 일어나면서 이산화탄소는 점점 소비되고 그 반응속도는 토양 입자의 크기에 좌우되는데, 부피가 동일해도 표면적이 클 때 반응이 빨리 진행된다. 즉, 부피가 같아도 구성 입자들의 크기가 작아져 전체 표면적이 늘어나면 반응면적이 늘어나 화학적 풍화가 빠르게 진행된다. 온실기체인 이산화탄소의 양이 줄어들게 된다.

석탄기에 번성한 육상식물은 지표에 아주 두꺼운 토양층을 만들었고, 그 토양층에서 일어난 화학적 풍화작용은 아주 효율적으로 대기 중의 이산화탄소를 소비시켰으며, 궁극적으로는 지구가 추워지기 시작했다. 실제로 지표에서의 탄소순환에 대한 모델계산과 토양 연구의 결과는 석탄기 후기에 들어서서 대기 중의 이산화탄소 농도가 대폭 감소하여 거의 현재 수준까지 낮아졌음을 밝히고 있다. 석탄기 초기의 온난한 기후가 다양한 생물의 번성을 이끌었지만, 오히려 그 생물 활동의 결과로 지구환경이 크게 변할 수 있음에 주목해야 한다.

6. 페름기의 생물과 멸종

페름기의 초기에는 아직 곤드와나 대륙의 일부가 남극 지역에 위치했고, 한랭한 시대가 계속되었다. 그러나 곤드와나 대륙은 점차 북상하면서 빙상은 녹게 되고 기온은 상승했다. 결과적으로 페름기는 전체로서는 현생누대에서는 가장 온난한 시기였으며, 당시 지구의 평균기온은 현재보다 약 2℃ 정도 높았다고 알려져있다.

생물상을 보면, 식물에서는 이미 탄생했던 석송류, 양치류, 나자식물, 속새 등이 번성했다. 동물은 거대한 양서류와 파충류가 번성했다. 그들 중에는 초식의 대형 파충류인 엘기니아 및 스쿠토사우르스, 몸길이 9m에 이른다고 추정되는 사상 최대의 양서류인 프리오노수쿠스도 포함되어있다. 페름기에는 석탄기에 탄생한 쌍궁류와 단궁류도 번성하여 육상의 생물상이 풍부해졌다. 바다에도 연체동물, 극피동물, 완족동물, 게다가 어류에서는 경골어류와 연골어류 양쪽의 특징을 동시에 가진 아칸토데스와 같은 극어류를 비롯하여 다양한 생물이 서식했다.

페름기 말의 대량멸종은 지구의 시간으로 볼 때 아주 짧은 시간에 일어났음이 밝혀졌다. 곤드와나 대륙의 숲을 단독으로 차지할 만큼 당시 가장 번성한 식물이었던 글로소프테리스도 거의 멸종할 정도로 육상의 식물도 커다란 피해를 입었다. 식물종의 90% 이상, 육상의 대형 동물종의 3분의 2 이상이 멸종했고, 96% 이상의 해양생물 종도 멸종했으며, 이는 지구 역사에서 사상 최대의 멸종이었다. 그리고 완전히 멸종한 대표적인 그룹으로서는 캄브리아기에 출현한 고생대를 대표하는 삼엽충, 실루리아기에서 페름기에 걸쳐 번성한 바다꽃봉오리, 오르도비스기 후기에 탄생하여 실루리아기에는 바닷속에서 정점 포식자였다고 알려져있는 바다전갈, 실루리아기에 출현하고 데본기에는 세계의 담수 지역에서 최성기를 맞았던 아칸토데스 등이다. 그런데 앞서 오르도비스기의 대량멸종에서도 약간의 종은 살아남고, 다음 시대에 다시 다양성이 회복되었음을 알고 있다. 그러면 페름기 말의 대량멸종에서는 과연 어떻게 되었을까?

살아남은 소수의 종으로부터 다시 다양성을 회복한 것으로는 고생대 실루리아기 말기에 탄생하여 중생대 백악기 말까지 약 3억 5000만 년 동안 번성했던 암모나이트, 오르도비스기에 출현하여 급속도로 천해로부터 심해까지 서식 구역을 확대한 해백합, 캄브리아기에 출현한 연체동물인 고둥과 비슷한 복족류가 포함된다. 해백합은 중생대에서도 그 다양성이 증가되었고 현재까지 살아남아있어 살아있는 화석의 하나다. 또 복족류는 본래는 껍데기를 가진 것이지만, 민달팽이처럼 껍데기가 퇴화된 종도 포함된다. 현생의 복족류는 연체동물 중에서는 가장 종류 수가 많은 그룹이다.

새로 밝혀진 사상 최대의 멸종 사건

보통 지질시대의 경계는 그 전후 시대의 생물들이 멸종하고 새로 탄생하는 변동의 시기이며, 고생대 내의 여러 세부 경계에서도 그리고 고생대와 중생대의 좀 더 큰 경계 또한 마찬가지다. 석탄기의 다음 시대는 페름기(약 2억 9900만 년 전~약 2억 5200만 년 전)이며, 양서류와 파충류가 번성했다. 그런데 페름기 말의 약 2억 5200만 년 전에는 사상 최대라고 일컬어지는 생물의 대량멸종이 일어났다. 페름기/트라이아스기(P/T) 경계의 사건인데, 이 경계가 고생대와 중생대의 지질시대 경계로 설정되어 있는 것은 그만큼 생물종의 커다란 교체가 일어났다는 의미다. 고생대 초기에 육상으로 진출하여 번성했던 동식물이지만 고생대 말기에 이르자 상황이 급변했다. 지구 역사상 유례없는 대량멸종의 시기가 닥쳐오고 있었다.

멸종은 그 이전과 이후 두 시기의 지층에 포함된 생물의 화석을 조사해 보면 금방 드러난다. 이 대량멸종에 대해 지금까지 확인된 사실로는 당시의 해양 무척추동물이 거의 멸종했다. 종 수준에서는 무려 96% 이상, 속 수준에서 83%, 과 수준에서도 57%가 멸종했다. 고생

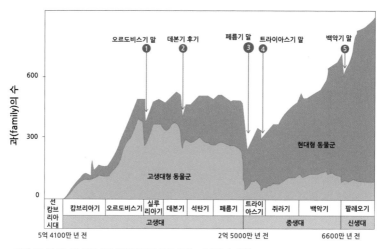

그림 55. 현생누대 이후 5대 대량멸종과 동물 과(family)의 수 변화.

대에 크게 번성했던 삼엽충, 고생대형 산호, 푸줄리나 등이 멸종했다. 또한 해양 척추동물의 경우도 과 수준에서 82%가 멸종했고, 육상에서도 파충류, 양서류, 곤충의 절반 이상이 멸종했다. 이런 통계적 자료는 현생누대에 있어서 최대의 멸종률이기 때문에 사상 최대의 대량멸종이라고 불리는 것이다. 그런데 페름기/트라이아스기 경계에서의 지질과 연대측정을 비롯한 상세한 연구로부터 대량멸종이 실제로는 한 차례가 아니라 두 차례 있었음이 밝혀지게 되었다.[19]

첫 번째는 약 2억 6000만 년 전 페름기 안에서의 과달루피안세/로핀지안세(G/L) 경계이고, 두 번째는 약 2억 5000만 년 전의 페름기/트라이아스기 경계이다. G/L 경계의 시기에는 해수의 스트론튬(Sr) 동위원소비에 이상이 나타나고 해수면이 현생누대 들어 최저였음이 알려졌다. 이 자료는 비록 1000만 년이라는 짧은 기간이었으나 지구가 한랭화됨으로써 빙상이 크게 발달했음을 의미한다.

또한 이 시기에 시베리아와 남중국에서 대규모의 범람현무암을 분출한 화산활동이 일어났고, 그때까지 안정했던 지구자기장이 빈번하게 역전을 일으키기 시작했다. 지구자기장의 역전은 지구의 외핵에 큰 변화가 있었음을 나타낸다. 그러다 2억 5000만 년 전 지구의 산소농도가 갑자기 줄어들었는데, 특히 바다에서의 산소농도가 급격히 감소하는 지경에 이르렀다.

고생대 말에 일어난 대량멸종을 확인하는 세 가지 중요한 요소는 탄소 동위원소비, 스트론튬 동위원소비 그리고 해수면의 높이 등의 변화다. 우선 탄소 동위원소비($^{13}C/^{12}C$)는 식물의 광합성 및 대기 농집 효과에 대한 환경 변동의 지수로 사용된다. 즉, 광합성이 활발해지는 온난한 기후조건에서는 식물 내에 ^{12}C의 고정이 우세하여, 대기 중에는 ^{13}C의 양이 증가한다. 따라서 대기 중의 탄소 동위원소비($^{13}C/^{12}C$)가 커진다. 반대로 기후가 한랭해져 광합성이 원활하지 못하게 되면 탄소 동위원소비가 작아진다. G/L 경계와 P/T 경계 양쪽의 시기에 모두 크게 작아졌고, 특히 P/T 경계에서는 아주 짧은 기간에 여러 차례의 변동이 발견되었다.

한편, 스트론튬 동위원소비($^{87}Sr/^{86}Sr$)로부터 해양과 육지의 변동에 의한 지각의 풍화율을 검토할 수 있다. 스트론튬의 동위원소 중에서 ^{86}Sr은 안정동위원소로 그 양이 일정하지만, ^{87}Sr은 방사성 동위원소로 루비듐-87(^{87}Rb)이 방사성 붕괴하여 만들어진다. 그리고 루비듐은 지각을 구성하는 암석 속에 많이 들어있는 원소로, 화학적 풍화가 일어나면 암석에서 빠져나와 물속으로 들어가고 거기서 ^{87}Sr을 생성한다. 따라서 바닷물 속의 스트론튬 동위원소비($^{87}Sr/^{86}Sr$)는 지표에서의 화학적 풍화가 우세한 온난한 기후조건에서는 증가하고, 반대로 풍화가 억제되는 한랭한 경우에는 낮아진다. G/L 경계에서 스트론튬 동위원소비가 최솟값을 보이는데, 이는 이 시기에 지구의 두 극 지역의 빙상이 급격히 확대됨으로써 현생누대 가운데 가장 한랭했던 기간임을 나타낸다.

다른 한편, 고생대 말의 기온과 산소농도의 변화를 살펴보면 역시 2억 6000만 년 전의 G/L 경계에서 급격한 기온 저하와 해수면의 하강을 알 수 있다. 바로 이 시기에 첫 번째 동식물의 멸종이 일어난 것이다. 이후 기온이 점차 회복되고 해수면이 상승해갔으나 2억 5000만 년 전 또 다른 사건으로 산소농도가 급격하게 줄어들었다. 이 P/T 경계에서의 대량멸종은 현생누대에 들어선 이후에 일어난 지구 최대 규모의 환경 변화가 그 원인이었다.

두 차례의 멸종의 원인을 살펴보면, 첫 번째 G/L 경계의 경우 급격한 한랭화, 두 번째 P/T 경계에서는 극단적인 산소 부족이 직접적인 원인으로 생각되지만, 이런 변화를 초래한 보다 근본적인 원인과 멸종에 이르는 개별적인 현상의 연쇄적 진행에 대해서는 아직도 미해결 상태다. 이미 다양한 설명이 제안되었다. 한랭·온난화, 운석 충돌, 거대화산 폭발, 근접한 초신성 폭발, 산소 결핍, 메테인하이드레이트 붕괴[20] 등 다양한 모델이 제안되었으나 그 어느 것도 궁극적인 원인을 규명한 것은 아니다.

페름기 말에 일어난 두 차례의 대량멸종의 원인에 대해서는 아직 밝혀야 부분이 많다. 그럼에도 불구하고 많은 사람들이 공통적으로 주목하고 있는 것은 같은 시기에 범람현무암의 방대한 용암을 분출한 시베리아에서의 대규모 화성활동이다. '시베리아 트랩'으로 불리는 현무암질 용암 분출은 맨틀 심부로부터 상승해 온 수퍼플룸에 의

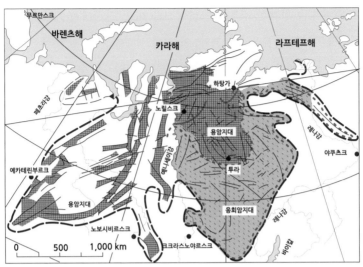

그림 56. 시베리아 트랩의 지질분포. 페름기-트라이아스기 경계에 발달한 시베리아 트랩은 세계에서 가장 넓은 거대화성구역(Large Igneous Provinces, LIP)으로 엄청난 양의 용암과 응회암이 분포하고 있다.

해 생긴 화성활동으로, 당시 분출한 용암의 면적은 700만 km²로 추정되고 있다.[21]

범람현무암의 분출과 같은 대규모 화성활동은 지구 역사에서 몇 차례 일어났는데, 지금까지 알려진 육상에서의 최대 규모의 사례가 바로 시베리아 트랩이다. 시베리아 트랩이 만들어진 지역의 지하에는 고생대 후기에 형성된 대량의 석탄이 존재해 있음도 알려져있는데, 대규모 화성활동의 영향으로 엄청난 양의 석탄이 연소하여 다량의 검댕과 황산 에어로졸이 대기 중으로 방출되어 지구 대기를 둘러싸 태양광의 유입을 차단하였을 것으로 생각된다. 이는 곧 태양 복사에너지의 감소로 이어지고 지구는 한랭해졌을 것이다. 한편, 대규모 화성활동과 석탄의 연소에 의해 온실효과 기체인 이산화탄소 또한 대량으로 방출되었을 것이다. 이 사실은 시베리아 트랩의 형성 초기에는 지구가 단기적으로 한랭해졌다가 장기적으로는 온난해졌을 가능성을 지시한다.

지구가 온난해지면서 대륙을 구성하던 암석이 화학적으로 풍화되어 인(P)을 비롯한 여러 영양염이 바다로 많이 흘러 들어가 1차 생산이 증가한다. 바다 표면에서는 대기-해양의 산소 순환과 해양식물의 광합성에 의해 일정량의 산소가 유지되지만, 바다 깊은 곳에서는 산소의 양이 표면에 비해 아주 적은 상태다. 그런데 온난화로 인해 1차 생산이 증가하고 많은 유기물의 잔해들이 가라앉으면 바닷속의 산소는 유기물 분해에 사용되면서 더 줄어들고 결국에는 일정 깊이에 산소가 결핍된 수괴가 형성된다. 예전 바다에서의 이런 상황에 대한 지질학적 증거도 발견되고 있으며, 이것이 '해양무산소 사건'이다.

바닷물 속에 녹아있는 산소농도가 낮아지면, 산소호흡을 하던 해양동물은 당연히 대규모로 멸종하게 된다. 그런데 같은 시기에 해양동물뿐 아니라 상당수의 육상의 동물과 식물도 함께 멸종했다. 해양동물은 산소 부족으로 인한 멸종이 어느 정도 인지되고 있지만, 육상생물의 멸종 원인은 아직 잘 모른다. 범람현무암의 분출이 혹독한 한랭화와 산성비를 수반함으로써 육상 생물에 큰 피해를 주었을 수도 있다. 그런데 한 가지 눈에 띄는 가설이 있다. 바다에 산소가 부족할 경우 황산 환원균의 활동으로 바닷물 속의 황산이 환원되어 황화수소가 발생하고, 이 독성의 황화수소가 대기 중으로 배출되어 육상 생물에 커다란 피해를 주었을 것으로 설명하고 있다. 어쨌든 P/T 경계에서의 대량멸종 사건은 상당히 치명적이어서 지구의 생태계가 다시 회복하기까지는 적어도 수백만 년의 세월이 필요했다.

한편, 두 차례의 눈덩이 지구를 만들었던 원생누대 후기의 크라이오제니안기(약 7억 2000만 년 전~6억 3500만 년 전)에 우리은하계에서는 많은 별들이 탄생했다고 알려져있다. 그리고 P/T 경계 때에도 보통 때보다 두 배나 되는 별의 탄생이 있었다고 생각한다. 이 스타버스트가 발생하면 대량의 우주선, 즉 고에너지 입자가 쏟아지고, 또한 초신성 폭발의 빈도가 높아지며, 게다가 암흑성운의 수도 급증함이 알려져있다.[22]

이런 사실로부터 P/T 경계의 대량멸종을 설명하는 새로운 가설로서 암흑성운과 태양계의 충돌을 제시하기도 한다. 스타버스트 시기

그림 57. 초신성폭발 상상도. 지구 주변에서 초신성폭발이 일어날 경우 지구시스템에 고에너지 입자가 다량 입사되면서 지구시스템에 변화를 일으킨다. 최근 등장하는 설명에서는 P/T 경계의 대량멸종이 이처럼 외부 요인으로 인해 지구시스템이 변동하여 발생했을 것이로 추측된다.

에 암흑성운이 증가하기 때문에 태양계가 암흑성운과 만날 가능성 역시 높아진다. 우주에서 상대적으로 물질이 농집된 부분인 암흑성운 안에서는 점차 새로운 별이 탄생할 것이고, 그중에 거대 질량을 가진 별은 탄생 후 1000만 년 이내에 초신성으로 폭발하게 된다. 그렇게 되면 태양계에 가까이 있던 초신성의 폭발이 지구 시스템의 변동을 일으키는 방아쇠 역할을 할 수 있다.[23] 이런 시나리오는 이후 공룡 멸종사건을 설명하는 원인으로도 제안되고 있다.[24] 그리고 최근에는 복합연쇄모델이 제안되고 있는데, 지구 내부와 태양계의 양쪽의 변동에 기인한다는 설명이 제안되고 있다. 중요한 것은 대량멸종의 원인이 지구시스템 전체의 변동이라는 것이다.

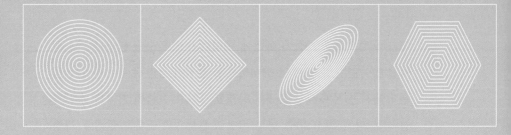

제11장 | 중생대 이후의
대륙이동과 생물의 진화

3억 년 전

페름기 말 대량멸종
경골어류 다양화와 공룡
출현. 가장 오래된 공룡,
니아사사우루스 출현

2억 2500만 년 전
가장 오래된 포유류,
양치식물, 나자식물 출현

2억 년 전
단궁류 멸종

1억 6000만 년 전
깃털공룡 출현

유대류와 유태반류 분기

시조새 출현

백악기 초 대서양 형성

1억 2000만 년 전
피자식물 출현
진수류, 유대류 분기

1억 년 전

약 7600만 년 전
한랭화와 초식공룡 감소로
공룡 개체수 감소 진행

설치류에서 영장류 분리

6600만 년 전
백악기 말 운석충돌.
거대 파충류 멸종. 조류,
상어 번성. 고래 진화
시작. 영장목 조상 탄생

팔레오세 말기. 현재와
비슷한 표유류 등장

호미노이드 그룹 분기

약 5600만 년 전
메테인하이드레이트의
분해로 메테인 대량 유출
팔레오세/에오세 온난
극대기. 해양무산소 사건
팔레오세/에오세 대량멸종

현재

중생대 생물 진화의 배경

약 2억 5000만 년 전에 시작된 현생누대 후반, 즉 중생대 이후의 생명 진화는 그 이전과는 전혀 다른 모습을 보이고, 또한 다양한 흔적들이 아직 지구에 많이 남아있기 때문에 상세한 연구가 진행되어왔다. 중생대~신생대에 걸쳐 일어난 생물의 진화는 고체 지구의 변동과 밀접한 관련이 있다. 판구조 운동이 활발히 진행되던 당시의 지구에서 대륙의 이합집산이 일어났고, 각각의 대륙 위에서 때로는 독립적으로 그리고 대륙이 충돌하여 합쳐진 곳에서는 좀 더 복잡한 진화가 일어나게 되었다.

맨틀 대류가 활발해지면서 일어난 표층 환경의 다양한 변화는 생물의 진화에 영향을 주었다. 가령 태평양 수퍼플룸이 활발해지면 그 상부의 해양지각이 부풀어 올라 해수면이 상승한다.[1] 그 결과로 육지의 저지대는 수몰되고 대륙 내의 표층 환경이 바뀌면서 서식하던 생물들은 새로운 적응진화를 겪게 된다. 이런 적응진화를 촉진하는 또 다른 원인으로서는 대륙이동을 들 수 있다. 예컨대, 인도대륙이 남반구 고위도에서 적도를 경유하여 북반구 중위도를 향해 이동하는 동안 통과하게 되는 기후대는 한대삼림지대, 중위도 사막지대, 열대우림지대, 중위도 사막지대, 그리고 다시 한대삼림지대라고 하는 다양한 변동에 놓이게 된다. 그러면서 생물은 환경 변동에 의한 커다란 스트레스를 받게 되고 결과적으로 적응진화가 촉진되는 것이다.

곤드와나-판게아의 형성과 분리

약 2억 6000만 년 전 페름기 후기에 지구의 기후는 한랭해지고 호주대륙에서 남극대륙에 이르는 지역에 걸쳐 대륙 빙상이 발달해있었고 특징적인 생물로 포유류형 파충류가 북반구에 서식하고 있었다. 한랭한 기후는 점차 따뜻해졌고 약 2억 5000만 년 전 중생대에 접어들어 온난한 기후로 바뀌었다. 이 시기에 지구상에는 대륙들이 모여 초대륙 곤드와나-판게아를 형성하고 있었다. 즉, 고생대 후반에서 중생대 전반에 걸쳐 지구상에는 하나의 거대한 초대륙이 가로누워있었고 그 주위를 둘러싼 거대한 해양은 판탈라사(Panthalssa), 초대륙 동쪽의 작은 바다는 테티스(Tethys)해로 불린다. 제9장에서 살핀 것처럼 곤드와나-판게아 초대륙은 이미 형성되어있었던 남쪽의 곤드와나 대륙(현재의 남아메리카대륙, 아프리카대륙, 인도대륙, 호주대륙, 남극대륙 등)에 주로 석탄기 이후에 북쪽의 로렌시아(Laurentia) 대륙(현재의 북아메리카대륙과 그린란드, 유럽의 일부)과 발티카(Baltica) 대륙(현재의 유라시아대륙 북서부)이 합체한 유라메리카(Euramerica) 대륙, 시베리아 대륙 등이 충돌하여 만들어졌으며, 약 3억 년 전 무렵에 결합이 마무리되었다.[2]

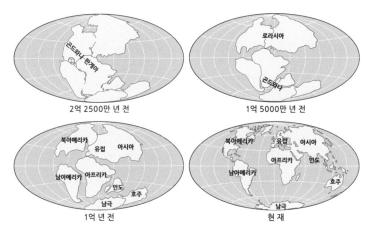

2억 2500만 년 전	1억 5000만 년 전
1억 년 전	현 재

그림 58. 곤드와나-판게아의 분열.

모든 대륙들이 모여 만들어진 이 곤드와나-판게아 초대륙은 통상 판게아로 불리고 북쪽의 로라시아와 남쪽의 곤드와나로 구분해왔다. 그런데 판게아는 실질적인 초대륙이라기보다는 분열되어있던 대륙들이 다시 모인 북반구의 로라시아와 이미 형성되어있던 거대 대륙인 남반구의 곤드와나가 서로 붙어있는 상태이다. 따라서 초대륙으로서 판게아란 이름이 타당한가에 대한 지적도 있기에 이 책에서는 곤드와나-판게아 초대륙이란 이름으로 부르고 있다.

이 초대륙은 약 1억 8500만 년 전인 중생대 쥐라기 초기에 적도 부근에서 로라시아와 곤드와나가 분열되기 시작했다. 그리고 분열의 중심이 된 열곡대의 형성으로 말미암아 중부 대서양이 열리기 시작했다. 녹조류가 고생대에 이어 육상에 진출하여 식물이 되고 바다에서는 홍조류가 우세하게 분포함으로써 얕은 바다의 색이 변하게 되었다. 곤드와나-판게아가 분리되기 시작했던 시기에 형성된 지층에서는 가장 오래된 포유류의 화석과 공룡 화석이 출토된다. 이미 이 시기에 포유류와 공룡이 출현했음을 의미한다. 분열된 대륙들은 공룡을 태운 채 이동하고 공룡의 서식 지역은 지구 전체로 퍼져나갔다.

약 1억 7000만 년 전(쥐라기 중기)이 되면 북반구에서는 일부 지역을 제외하고 북아메리카대륙이 떨어져나가기 시작했고 남반구에서는 남아메리카대륙, 아프리카대륙, 남극대륙 사이에 열곡대가 형성되기 시작하면서 대륙의 분열이 진행된다. 당시에 아시아에서는 다양한 공룡이 출현했다. 약 1억 5000만 년 전(쥐라기 후기)에는 남극대륙, 아프리카대륙, 남아메리카대륙 사이의 열곡대가 드디어 분리 · 확장되어 그 공간에 새로운 바다가 만들어진다. 그 뒤로도 계속 대륙들이 분열되어 약 1억 2000만 년 전(백악기 전기)에는 아프리카대륙과 남아메리카대륙이 북아메리카대륙과 아시아대륙에서 분리된다. 남반구에서는 인도대륙, 호주대륙, 남극대륙도 점차 분리되지만 남극대륙과 남아메리카대륙은 약 3500만 년 전까지는 남아메리카대륙의 남쪽 끝인 마젤란 해협 부근의 좁은 육교로 연결되어있었다.

약 1억 500만 년 전(백악기 중기)에는 해수면이 상승하기 시작하여 모든 대륙의 낮은 지대가 얕은 바다로 변하고 대륙의 면적이 감소하기 시작했다. 그리고 9000만 년 전에 아프리카대륙, 북아메리카대륙, 남아메리카대륙의 상당 부분이 해수면 아래로 가라앉아 얕은 바다를 이루었으며, 이 시기에 인도대륙과 그 외 다른 작은 대륙들이 곤드와나에서 분리되어 북상하기 시작한다. 아프리카 동쪽의 마다가스카르 섬은 확실하지는 않으나 변환단층을 경계로 하여 아프리카대륙의 소말리아 부근에서 남하한 것으로 생각된다. 그리고 이 시기에 북아메리카대륙에서는 공룡의 다양성이 폭발적으로 증가하여 공룡의 황금시대를 맞이했다. 한편, 이 무렵까지 대륙 분열에 의한 격리가 일어나

포유류는 대륙 고유의 그룹으로 진화하게 된다. 로라시아 수류(獸類), 아프리카 수류, 남아메리카 수류, 호주의 유대류, 그리고 마다가스카르에서만 발견되는 아이아이 등 특징적인 고유종이 탄생했다.

약 6600만 년 전(백악기 말)에는 아시아대륙과 충돌하기 전의 인도대륙이 인도양 중앙부 부근의 리유니언(Réunion) 열점을 통과했기 때문에 범람현무암의 대규모 분출이 인도대륙 북서 가장자리에서 일어났고 이로 말미암아 데칸고원이 형성되었다. 이 시기에 인도대륙이 마다가스카르섬과 일시적으로 연결되어 여우원숭이 등의 선조 영장류가 마다가스카르로 이동했다고 생각된다. 그리고 이 시기에 공룡이 멸종한다고 알려져있다.

공룡 멸종과 관계있는 운석은 멕시코 유카탄반도에 낙하하였고 그 충격으로 직경 150km 남짓의 크레이터가 남아있다. 신생대에 들어서서는 약 5000만 년 전에 인도대륙은 아시아대륙과 드디어 충돌했다. 인도대륙에서 진화한 곤드와나 기원의 고유종이 아시아대륙의 생물들과 교잡함으로써 복잡한 진화가 일어나고, 아시아대륙 중남부는 세계에서 가장 다양한 종의 분포지역으로 발전해 간다.

3500만 년 전 무렵에 남아메리카대륙과 남극대륙이 완전히 떨어져 나가고 남극대륙을 감싸고 도는 차가운 남극순환류가 만들어진다. 이 순환류에 의해 고립된 남극대륙은 특히 한랭화가 가속되면서 남극 빙상이 만들어지기 시작하고 이후 지구는 빙하기에 들어선다. 한편, 이 시기에 유럽대륙은 남쪽의 아프리카대륙 아래로 섭입하기 시작하지만, 지중해 동쪽에서는 반대로 지중해의 작은 판이 북쪽으로 섭입한다. 2000만 년 전이 되면 아프리카대륙과 유럽대륙이 다시 결합하고 그 경계에 알프스산맥이 만들어지는 한편, 이베리아반도를 거쳐 동물들이 남북으로 이동하게 된다. 이미 분열한 대륙들 내부에서는 각각의 고유하고 다양한 종이 진화하고, 원숭이의 종류도 대륙별로 다양해졌다. 아프리카 동부에서는 열곡대가 확장되기 시작하여 인류 탄생의 장소가 모습을 드러내게 된다.

또 인도의 충돌로 인해 티베트 고원이 상승하기 시작하고 세계의 다른 주요 대륙에서도 높은 고지가 형성되었으며, 결과적으로 다량의 영양염이 바다로 공급되어 지구 규모의 영양염 순환이 활발해졌다. 또한 이 시기에 북극 주변에서 빙상이 발달하기 시작한다. 약 100만 년 전에는 다시 한랭화가 절정에 이르고 빙상이 북아메리카 북쪽 절반과 유라시아대륙 북부에 넓게 확장되었다. 그러다가 약 1만 년 전부터 간빙기에 접어들었고 빙상이 축소되고 온난한 기후가 시작되었으며 현재 지구의 표층 변화로 이어졌다.

그림 59. 과거 7000만 년 동안의 인도대륙의 이동.

중생대~신생대의 생물 진화

1. 중생대의 생태계와 생물 진화

페름기 말의 대량멸종 후 지구의 표층에는 생물이 거의 사라진 평온한 환경이 되었지만, 시간이 흐르자 점차 새로운 생물종이 나타나기 시작했다. 해양생물로는 육방산호(자포동물문), 다양한 이매패(연체동물문), 성게류(극피동물문) 등이 출현했다. 육상에 서식했던 파충류의 일부가 바다로 진출하여 이크티오사우루스와 같은 어룡이 탄생했다. 어류의 경우 상어와 같은 연골어류는 페름기 말의 멸종으로부터 쉽게 회복되지 않았으나 경골어류는 다양성을 빠르게 회복했다.

육상에서는 파충류가 번성했다. 남아메리카의 아르헨티나와 브라질에서 발견된 공룡 화석은 약 2억 3000만 년 전, 그리고 최근 아프리카 탄자니아에서 발견된 공룡 화석은 약 2억 4500만 년 전의 연대를 보인다.[3] 도마뱀이나 뱀 같이 현생 파충류의 95% 이상을 차지하는 유린목은 파충류 가운데서 새롭게 진화한 그룹으로 트라이아스기 후기에 탄생했다. 양서류는 파충류를 피하듯 살았다고 생각된다. 그중에는 최대 6m에 이른다고 생각되는 마스토돈사우루스와 가장 오랜 개구리로 생각되는 몸길이 10cm 정도의 트라이아도바트라쿠스도 포함되어있다. 한편, 가장 오랜 포유류로 생각되는 아델로바실레우스는 현생의 땃쥐와 닮았으며 기껏해야 몸길이가 10~15cm 정도로 추정되는데 약 2억 5000만 년 전에는 출현했다고 생각된다.[4] 또 육상식물로는 속새와 칼라미테스와 같은 양치식물과 키카데오이데아 등의 나자식물이 번성했다.

트라이아스기는 또 다른 멸종사건으로 그 문을 닫는다. 이때 포유류의 조상인 포유류형 파충류의 단궁류가 멸종하는 등 약 절반의 종이 사라져버렸다. 이 멸종은 너무나도 짧은 시간에 일어났다고 생각되고, 그 원인에 대해서는 많은 논란이 있다. 운석의 낙하, 곤드와나-판게아의 분열, 활발한 화산활동, 얕은 해역의 감소 등 다양한 요인이 생각되고 있으나 아직 완전히 밝혀진 것은 아니다.

쥐라기에는 트라이아스기 말의 멸종에서 살아남은 생물이 번성했다. 그 대표적인 생물이 공룡이기 때문에 쥐라기를 공룡의 시대라고 부르기도 한다. 쥐라기는 온난다습하고, 동식물 모두 다양화되고 크기도 커졌다. 한편, 소형 생물인 개구리가 광범위하게 분포를 넓힌 것도 이 시기였다. 해양에서는 다시 암모나이트가 번성했다. 그 외 이크티오사우루스와 몸길이가 20m 이상으로 추정되는 사상 최대의 경골어류인 리드시크티스도 출현했으며 동시에 새로운 플랑크톤도 탄생했다고 생각된다. 육상식물은 계속하여 양치식물과 나자식물이 번성했다. 약 1억 2500만 년 전에는 피자식(속씨식물)물로 여겨지는 아케프룩투스가 나타났다.[5] 가장 오랜 피자식물의 탄생 시기가 트라이아스기로 거슬러 올라갈 가능성이 지적되고 있지만 확실하지는 않다.

그림 60. 깃털공룡으로 생각되는 안키오르니스의 예상도(출처: https://en.wikipedia.org/wiki/Anchiornis).

한편, 1861년에 시조새의 화석이 발견되어 많은 사람의 흥미를 끌었다. 시조새의 출현 시기는 종래 약 1억 5000만 년 전 무렵으로 알려져왔다. 하지만 최근 시조새보다 오래된 새의 화석이 중국의 랴오닝성의 1억 6500만 년 전에서 1억 5300만 년 전의 지층에서 발견되었다. 몸길이 약 50cm의 깃털의 흔적을 가진 원시적인 새로서 아우롤니스라는 이름이 붙여져있다.[6] 한편, 새와는 다른 깃털공룡으로는, 약 1억 6000만 년 전에 안키오르니스가 서식하고 있었음이 알려져있다. 현생의 새는 이런 깃털을 가진 공룡으로부터 진화했다고 생각되고 있다.[7]

중생대는 분명 공룡의 시대였지만 초기의 포유류로 생각되는 다양한 화석이 발견되고, 포유류의 다양화가 쥐라기 동안에 어느 정도 진행되었음이 점차 밝혀지고 있다.[8] 포유류는 대부분 몸집이 작은 소형의 동물이었다고 생각되었으나 최근에는 중형의 동물을 포함하는 다양한 종이 생존했었음이 밝혀지고 있다. 그 예로는 얼룩다람쥐 정도의 크기의 흰개미를 먹었다고 추정되는 프루이타포소르, 잡식성으로

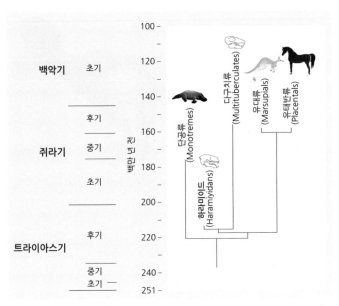

그림 61. 중생대 쥐라기의 포유류 계통도.

나무 위 생활을 하던 다구치류, 수중생활도 했었다고 생각되는 수십 cm 몸길이를 가진 현생의 비버와 닮은 카스토로카우다, 몸길이 수십 cm의 하라미이드, 지상에서 보행하고 현생의 아르마딜로 및 케이프 바위너구리와 닮은 초식성의 동물 등이다. 또 1억 6000만 년 전에는 유태반류와 유대류가 이미 분기하였음을 나타내는 화석도 발견되고 있다.[9] 한편, 하라미이드로 알려진 멸종된 포유류와 매우 오래된 포유류의 계통발생 위치에 대해서 두 가지의 대조적인 견해가 존재한다. 논쟁은 포유류 진화에 중요한 중이(귓속뼈)구조를 중심으로 이루어졌는데, 새로운 연구 결과에 의하면 하라미이드가 아주 원시적인 포유류보다 더 진화했음(다구치류에 더 가까움)을 시사한다.[10]

앞에서 살펴보았듯 백악기 전기에는 아프리카대륙과 남아메리카대륙이 북아메리카대륙과 아시아대륙에서 분리되었고, 좀 더 시간이 흐르면 이번에는 아프리카대륙과 남아메리카대륙이 분열하여 그 사이에 대서양이 만들어졌다. 남반구에서는 인도대륙, 호주대륙, 남극대륙도 서서히 분리되기 시작하면서 점차 현재의 지구 모습에 가까워졌다. 백악기에는 많은 대륙이 생겼고, 각각의 대륙에서는 나름대로의 독특한 생태계도 형성되어갔다.

백악기의 이른 시기부터 양치식물과 나자식물이 번성했지만, 점차 목련과 무화과 등의 피자식물(현화식물)이 세력을 넓혀가며 백악기 말에는 식생의 70% 전후를 차지하게 되었다. 꽃에는 다양한 형태가 있고, 곤충은 꿀을 빨기 위해 다양화되었다고 생각할 수 있다. 특히 곤충과 꽃은 수분(受粉), 즉 꽃가루받이를 통한 밀접한 관계를 맺고 있다. 따라서 곤충의 다양성과 피자식물의 다양성은 서로에 대한 영향을 공유하는 공진화(共進化)의 결과로 생각하기도 했다. 그런데 곤충은 데본기에 탄생했고 석탄기에 그 다양성은 매우 커졌다. 요컨대, 곤

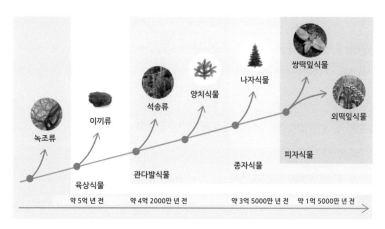

그림 62. 육상식물의 진화에 대한 간단한 그림.

충은 피자식물이 나타나기 이전부터 다양화되어왔다. 이 사실은 다양한 곤충이 탄생한 요인은 피자식물과의 공진화뿐만이 아님을 시사하고 있다.[11]

육상에서는 티라노사우루스 렉스와 같은 대형공룡을 비롯한 다양한 공룡이 번성했다. 공룡은 백악기 동안 지구의 지배자였으며 더욱 다양화되면서 많은 새로운 종이 출현했다. 포유류는 이미 쥐라기부터 다양해지기 시작했으며 백악기에 들어오면서 그 다양성은 더욱 증가했다. 하늘에는 익룡이 오랜 세월 날아다녔고, 조류 또한 매우 빠르게 다양해졌다. 바다에는 현생 어류의 대부분을 차지하는 부레를 가진 물고기, 즉 경골어류의 하나인 진골어류가 번성했다.

2. 신생대의 생태계와 생물 진화

중생대에 초대륙 곤드와나-판게아가 분열하고, 각 대륙은 이동하기 시작했다. 신생대 초기의 팔레오기(약 6600만 년 전~2300만 년 전)에 들어서서는 호주와 남극대륙은 아직 연결되어있었지만, 인도대륙은 분열하여 북상하고 있었다. 약 5000만 년 전에 인도대륙은 아시아대륙에 충돌하여 히말라야산맥과 티베트 고원의 생성이 시작되었다. 약 3500만 년 전에 남아메리카대륙과 남극대륙은 완전히 분리되었다. 이러한 대륙의 분열에 의해 신생대에는 유라시아, 아프리카, 남아메리카, 북아메리카, 호주, 남극대륙이 바다에 의해 가로막히게 되었다. 한편, 약 350만 년 전에 남북아메리카대륙 사이에 파나마 지협이 만들어지고, 그때까지 연결되어있었던 대서양과 태평양이 분리되었다.

신생대의 시작 무렵의 기후는 온난하고, 생물에게는 살기 좋은 기후였다. 하지만 약 5500만 년 전 무렵부터 점차 한랭화와 건조화가 진행되었다. 현재에 이르기까지 이 한랭화는 온난기를 끼워가면서 서서히 보다 저온을 향해 변해가고 있다. 또 한랭 · 온난의 진폭은 점차 커지는 특징이 보인다.[12] 신생대는 생물이 이러한 커다란 기후변동에 영향받으면서 진화를 계속한 시대이다. 그중에서 포유류와 조류는 다양화되면서 번성하였고, 인류는 그중 하나로 탄생한 것이다.

백악기를 지배했던 공룡은 백악기 말의 대멸종으로 자취를 감추고, 익룡과 바다의 거대 파충류도 없어졌다. 신생대 팔레오기 초에는 공룡의 후손인 조류가 번성했다. 하늘에서는 경쟁 상대가 없어진 새가 다양화되면서 그 지위를 확보했다. 또한, 날개가 퇴화하여 지상 생활에 적응한 대형 조류는 소형 수각류가 차지하고 있던 생태적 지위를 이어받았다. 북아메리카와 유럽에서는 몸길이 2m, 체중 200kg 이상에 이르는 날지 못하는 대형 조류로 알려진 가스토르니스(디아트리마)가 육상 생태계의 정점에 서있었다. 두부가 40cm이고, 갈고리 모양으로 휘어진 날카로운 부리로 포유류를 포식했던 것 같다.

바다에서는 백악기의 거대한 모사사우루스와 플레시오사우루스가 멸종한 뒤에, 상어가 지배자가 되었다. 한편, 바다로 진출한 소수의 포유류로부터 고래로 진화가 시작되었다. 그 외 오징어 등의 연체동물인 두족류, 새로운 타입의 유공충, 성게 등 현재에 이르는 생물이 번성하게 되었다. 또 해안지역을 시작으로 한 많은 온난한 지역에서는 소형 파충류인 거북, 뱀, 악어, 도마뱀이 세력범위를 넓혀갔다.

포유류는 주로 육상에서 다양화되면서 번성했는데, 팔레오기 초에는 대체로 몸집이 작았지만, 팔레오기 중기에 걸쳐 다양화되고, 다시

그림 63. 날지 못하는 대형 조류 가스토르니스의 골격(출처 : https://en.wikipedia.org/wiki/Gastornis).

팔레오기 말이 되면서 현재 발견되는 많은 종이 출현했다. 우리가 속한 영장목의 조상은 백악기 말에는 탄생했고 신생대에 다양해졌다.[13] 영장목은 약 열다섯 개의 과로 나뉘고, 그중 사람상과와 긴꼬리원숭이상과로 분기한 것은 신생대 팔레오기의 말에 해당하는 약 2800만 년 전에서 2400만 년 전 무렵으로 추정된다.[14]

벼과의 풀은 이미 백악기에 탄생했다. 신생대에 들어서서 차츰 건조한 기후가 되면서 습윤 기후에서 생장하던 수목들은 사라지고, 대신 건조한 환경에 강한 벼과 중심의 초목이 번성했다. 그 결과 지표환경은 크게 변했는데, 삼림이 감소하고 초원이 늘어났다.

신생대의 후반에 해당하는 네오기(약 2300만 년 전~ 약 258만 년 전)에 들어서면서 기후는 더 한랭·건조해졌다. 그에 따라 초원이 확대되고 초식동물이 번성하게 되었다. 그리고 대기 중의 이산화탄소 농도가 계속 낮아졌다. 이런 낮은 이산화탄소 농도와 건조한 환경에서도 효율적으로 광합성을 할 수 있는 C4 식물(예를 들어, 사탕수수와 옥수수)이 탄생했다.

C4 식물은 대략 1000만 년 전 이후에 아프리카의 사바나에서 번성했던 것으로 알려져있다.[15] C4 식물이 특히 아프리카의 사바나에서 번성한 것은 지구적인 환경 변동과 더불어, 같은 시기에 아프리카에서 일어난 활발한 지각변동의 영향 때문이다. 동아프리카에서는 큰 열곡대가 만들어졌고, 서쪽으로부터 불어온 습한 공기는 열곡대의 서쪽 사면에 비를 뿌림으로써 열대우림이 형성되었다. 하지만, 동쪽은 더욱 건조해져서 식생이 빈약한 지역이 만들어졌고 거기서 건조에 강한 C4 식물이 번성했다고 생각된다.

네오기의 초기에는 여러 대륙의 위치가 현재와 거의 비슷해졌다. 인도대륙은 아시아대륙을 계속 밀어붙여 히말라야산맥의 대규모 조산운동이 일어났다. 이 조산운동으로 아시아 특유의 몬순 기후가 형성되었고, 벼농사를 중심으로 한 독특한 문화가 만들어지는 원동력의 하나가 되었다고 생각된다. 또 약 350만 년 전 무렵에는 남아메리카대륙이 북상하여 남과 북의 두 아메리카대륙이 파나마 지협으로 연결되었다. 그리고 이 파나마 지협을 통해 북아메리카대륙의 포유류가 남아메리카대륙으로 이동하여 그곳의 여러 동물을 멸종에 이르게 했다는 주장이 있었다. 그러나 실제 양상은 좀 더 복잡하여 논란의 여지가 남아있다. 하여간 네오기에는 기후변동에 의한 서식환경의 변화로 말미암아 많은 동물들이 보다 안정되고 쾌적한 환경을 찾아

대륙을 넘나들며 이동했다. 코끼리와 유인원은 아프리카로부터 유라시아로 건너왔으나 거꾸로 토끼, 돼지, 검치호, 코뿔소 등은 아프리카로 향했다. 말은 베링해협을 건너 북아메리카대륙에서 유라시아대륙으로 건너왔다.

중생대~신생대의 기후 환경의 변화

중생대 이후의 생물들의 진화는 곤드와나-판게아 대륙의 분리로부터 비롯되는 지리적 변화와 그에 따른 기후 환경의 변화에 큰 영향을 받게 된다. 그 인과관계를 살피는 데 특별히 중요한 몇 가지 현상들에 대해 알아보기로 하자.

1. 중생대 말의 온난화

중생대 후기인 백악기(약 1억 4500만 년 전~6600만 년 전)에 들어서 지구 전역에는 판구조 운동과 그로 인한 화성활동이 아주 활발하게 일어나 많은 양의 이산화탄소가 대기 중에 방출되었다. 대기 중의 이산화탄소 농도는 지금보다 수배 내지 십수 배 가까이 높아져 현생누대에서 가장 온난한 시기였고 고위도 지역에서조차 빙상이 형성되지 않았다. 그런데 백악기의 온난화는 예기치 못한 사건으로 이어졌고 특히 해양생물에 엄청난 피해를 입혔다. 무슨 일이 일어난 것일까?

해양의 표층에 서식하는 식물 플랑크톤은 광합성을 하며 산소를 생산해내는데, 이 산소는 대기로 들어가기도 하고 일부 바닷물 속에 녹아들어 용존산소가 되기도 한다. 잘 알려져있듯이 식물 플랑크톤의 광합성이 지구 대기의 산소량을 증가시키는 것이다. 그런데 바닷물 속의 용존산소는 생물의 서식에 필수적이지만 다른 중요한 기능을 가진다. 바로 유기물을 분해하는 과정에 사용되는 것이다.

지구의 기후가 온난해지면서 바다의 표층에서는 1차 생산(독립영양생물에 의한 유기물 생산)이 늘어나게 된다. 그 과정을 살펴보면 기후가 온난해지면서 대륙을 이루던 암석의 화학적 풍화 속도가 빨라지고 암석으로부터 빠져나온 성분들이 육지로부터 바다로 흘러 들어가는데 그 속에는 많은 양의 인이 포함된다. 인은 생물에게 필수 원소이며, 그 양의 많고 적음에 따라 1차 생산량이 달라진다. 즉, 육지로부터의 인의 유입량이 늘어나 해수 중의 인 농도가 증가하면 1차 생산량도 증가한다.

그렇게 되면 바다에서 플랑크톤과 같은 먹이사슬의 바닥을 이루는 생물의 활동이 활발해진다. 그리고 플랑크톤의 배설물과 사체 같은 유기물의 양 또한 증가하고, 바닷속을 떠다니다 서서히 가라앉게 되는데 그 모습이 마치 눈 내리는 것 같다 하여 마린 스노라 부른다. 이런 유기물들이 박테리아에 의해 분해되는 과정에 용존산소가 소비되는 것이고, 유기물들은 분해되어 결국에는 이산화탄소와 물로 변한다. 이 과정이 계속되면 해수 중의 산소는 점점 소비되어버린다. 요컨대 1차 생산이 늘어나면 유기물의 생산량이 늘어나지만, 산소의 소비량이 증가하게 되어 결국에는 산소가 부족해지는 현상이 생긴다. 이런 결과가 바로 해양무산소 사건이다.

중생대 말의 백악기 바다에서 해양무산소 사건이 발생했고 주로 유기물의 분해가 진행된 해저에 살고 있던 저서생물의 멸종이 두드러졌다. 육상동물과 마찬가지로 바다에 살고 있던 동물 또한 산소호흡을 하기 때문에 해수 중의 산소농도가 낮아지면 살아남기 어렵다. 해양무산소 사건이 바로 백악기 바다 동물의 멸종을 일으킨 원인이었다. 앞서 살핀 바와 같이 고생대에 일어난 데본기 후기의 대량멸종도, 페름기/트라이아스기 경계에서의 사상 최대의 대량멸종도 이런 해양무산소 사건 때문으로 생각된다.

판구조 운동과 화성활동이 활발했던 중생대 말 백악기는 온난화의 시기였으며 해양무산소 사건이 발생한 시기였다. 유사하게 고생대 말 페름기/트라이아스기의 경우도 시베리아 트랩을 형성한 플룸 활동과 화성활동에 의해 온난화가 일어났다. 기후의 온난화에 의해 촉발된 해양무산소 사건으로 말미암아 생물의 멸종이 반복해 일어났던 과거의 사례로부터 현재 지구에서 진행되고 있는 온난화가 어떤 영향을 초래할지 고민될 수밖에 없다.

2. 대륙충돌과 산맥의 형성

중생대에서 신생대에 걸쳐 곤드와나-판게아 대륙의 분리는 계속 진행되었다. 초대륙은 분열 중이었지만 그 과정에서 작은 육괴들은 이리저리 충돌했다. 신생대 초에 있었던 인도대륙(크기가 작아서 인도아 대륙이라 불리기도 함)과 유라시아대륙의 충돌이 가장 대표적이다.

중생대 말 백악기에 남쪽 곤드와나에서 떨어져 나온 인도대륙은 연간 15~20cm 정도의 아주 빠른 속도로 북상하여 약 5000만 년 전의 신생대 팔레오기에 유라시아대륙과 충돌하기 시작했다. 대륙의 분리와 이동이지만 실상은 인도대륙을 싣고 움직이는 인도판의 형성과 이동의 결과다. 유라시아대륙과의 충돌을 제대로 이해하려면 상부의 지각과 하부의 암석권 맨틀의 차별적인 움직임을 살펴야 한다.

인도판의 지각은 대부분 대륙지각으로 되어있으나 주변의 해양지각을 일부 포함한다. 그리고 인도판 지각의 아래에는 암석권 맨틀이 위치한다. 남쪽에서 이동해 온 인도대륙이 북쪽의 유라시아대륙과 부딪쳤을 때 인도판의 해양지각과 암석권 맨틀은 유라시아대륙판 아래로 섭입해 들어가고, 해양지각 위의 퇴적물은 유라시아대륙 쪽으로 부가된다. 하지만 인도판 상부의 대륙지각은 가볍기 때문에 섭입할 수 없고 결과적으로 유라시아대륙의 지각과 엄청난 충돌을 일으키고 경계부에서는 격렬한 변형이 일어난다.

결과적으로 인도대륙과 유라시아대륙의 충돌 경계부는 대규모로 융기하여 히말라야산맥과 티베트고원이 만들어졌다. 히말라야산맥은, 동서 2,400km에 이르고 세 개의 평행하게 발달한 산맥으로 이루어진다. 그리고 히말라야산맥의 북쪽에는 평균 표고 4,500m, 동서 2,000km, 남북 1,200km에 달하는 세계 최대급의 광대한 티베트고원이 펼쳐져있다.

신생대에도 계속하여 남쪽 곤드와나를 구성하던 대륙과 북쪽 로라시아의 대륙 사이의 충돌이 일어났다. 곤드와나의 아프리카대륙도 로라시아의 유럽대륙과 충돌하였고, 그 결과 알프스산맥이 형성되었다. 이처럼 곤드와나의 대륙들과 로라시아의 대륙들이 서로 충돌하면서 원래 곤드와나와 로라시아 사이에 분포하던 테티스해는 점차 사라지게 되는데, 테티스해의 퇴적물은 충돌의 경계부에 쌓이고 대규모로 융기하게 되었다. 히말라야의 여러 산을 구성하고 있는 암석으로부터 암모나이트를 비롯한 해양 동물의 화석이 발견되는 것은 이 때문이다.

그런데 인도대륙과 유라시아대륙의 충돌 및 아프리카대륙과 유럽대륙의 충돌은 비슷한 시기에 일어났으며, 히말라야산맥과 알프스산맥이라는 아주 거대한 동서로 뻗은 대산맥을 이루고 있다. 비록 거리는 떨어져있음에도 불구하고 하나의 동시대 조산대로 생각할 수 있기에 이 대산맥을 알프스·히말라야 조산대로 부르기도 한다. 현재 지구에 존재하는 또 다른 대규모 조산대로는 북아메리카대륙의 로키산맥과 남아메리카대륙의 안데스산맥을 포함하는 환태평양 조산대가 있다.

한편, 중생대~신생대 이전에도 대산맥을 형성하는 조산운동은 반복적으로 일어났다. 가령 고생대 전기에는 북아메리카대륙에서 발견되는 애팔래치아 산맥, 스칸디나비아반도에서 영국의 스코틀랜드 지방에 걸쳐 분포하는 칼레도니아 산지 등이 일련의 조산운동으로 형성되었다. 그리고 고생대 후기에는 곤드와나-판게아 초대륙을 형성하는 과정에서 발티카와 시베리아가 충돌하여 러시아의 우랄산맥 등이 조산운동으로 형성되고, 이 산맥들은 그 후의 오랜 세월에 걸쳐 침식작용으로 현재에는 표고가 낮은 산맥과 완만한 구릉지로 변해있다. 조산운동에 의해 높은 산맥이 형성된 후 대규모 침식과 풍화작용이 지속적으로 일어나면 그것이 원인이 되어 기후가 한랭해진다는 사실을 염두에 둘 필요가 있다.

3. 신생대의 온난화와 한랭화

신생대 팔레오기에는 중생대의 백악기 중반에 필적하는 온난화가 일어났다. 대기 중의 이산화탄소 농도는 현재의 네다섯 배 정도까지 증가했다고 알려져있으며, 백악기 온난화와 마찬가지로 고위도의 극 지역까지 온난화가 진행된 증거가 남아있다. 그 시작은 지금부터 약 5600만 년 전에 일어난 돌발적인 온난화 현상에서 비롯되며, 이를 팔레오세/에오세 온난극대기(Paleocene/Eocene Thermal Maximum, PETM)라고 부른다.

현재 우리가 경험하듯이 온난화가 진행되면 해수의 온도가 올라간다. 과거 해수의 온도를 알 수 있으면 당시 지구 기온 변화의 증거를 찾을 수 있으며 해저 퇴적물이 대상이 된다. 즉 해저 퇴적물을 이용하여 그 속에 기록되어있는 바닷물의 산소 및 탄소 동위원소비의 변화를 측정하면 당시의 기온 변화와 해수의 성분 변화를 추적할 수 있다. 신생대 팔레오세/에오세 온난극대기에 형성된 해저 퇴적물을 분석해 본 결과, 온난화는 약 1~2만 년이라는 아주 단기간에 진행되었고, 전 지구 평균기온이 10℃ 가까이, 해양의 심층 수온이 5℃ 정도 상승했음이 밝혀졌다.

이런 갑작스러운 온난화의 양상은 판구조 운동에 의한 화성활동과 그로 말미암아 다량의 이산화탄소가 대기에 유입되고 축적되어 일어난 장기간의 현상으로는 설명하기 어렵다. 그런데 해수의 탄소 동위원소비를 살펴보니 가벼운 탄소(^{12}C)가 과잉으로 유입된 사실이 드러났다. 이런 가벼운 탄소를 공급할 수 있는 물질은 해저 퇴적물 중에 존재하던 메테인하이드레이트밖에 없다. 다시 말해 갑작스러운 온난화의 시기에 해저에 묻혀있던 메테인하이드레이트가 분해되면서 가벼운 탄소 동위원소비를 가진 메테인이 대기 중에 대량으로 유입된 것이다. 메테인은 분자당 이산화탄소보다 약 20배 이상의 온실효과 능력을 가진 기체다. 따라서 메테인의 대기 유입이야말로 급속한 온난화의 원인이 된다고 해석하고 있다.

이러한 메테인하이드레이트의 대량 유출은 순식간에 지표와 해양에서의 온난화 현상을 초래했고, 특히 해양에서의 1차 생산이 급격하게 증가했을 것이다. 앞서 중생대 말 백악기 온난화에서 살펴보았듯이, 1차 생산의 급증은 해양 유기물의 생산량 급증을 가리키고, 그로 말미암아 산소의 과소비로 이어진다. 결국 팔레오세/에오세 온난극대기에 해양 저서생물의 많은 종이 멸종했다. 이 신생대 초기의 온난화는 에오세의 약 5000만 년 전이 정점이었고, 그 후에는 한랭화로 바뀐다. 그리고 남극대륙에 빙상이 형성되어 현재로 이어지는 신생대의 빙하시대가 찾아오게 된다.

신생대 초기의 온난화가 끝나고 나서 약 4300만 년 전 무렵인 에오세 중기에는 남극대륙에 빙상이 형성되며 한랭화가 이어졌는데, 마침내 신생대 빙하시대가 시작된 것이다. 에오세/올리고세 경계(약 3400만 년 전) 무렵에 남쪽 곤드와나에 남아있던 남극대륙과 호주대륙이 분열하기 시작하면서 그 사이에 태즈메이니아(Tasmania) 해협이 형성되었다. 그리고 남아메리카대륙이 남극대륙에서 떨어지면서 드레이크 해협이 형성됨에 따라 남극대륙은 지구 가장 남쪽에서 완전히 고립된 하나의 대륙으로 위치하게 되었다. 그렇게 남극대륙 주위를 빙 둘러싸며 흐르는 해류, 즉 남극순환류가 생기게 되었다. 남극순환류는 남극대륙을 중·저위도 지역으로부터 격리시키면서 열적으로 고립되게 만들었다. 그 결과 남극대륙에서의 한랭화가 진행되면서 대륙 전체를 덮어버리는 거대한 빙상이 발달하게 된 것이다.

계속 이어진 한랭화로 말미암아 약 2400만 년 전인 올리고세/마이오세 경계에는 해수면의 높이가 낮아지고 남극대륙이 더욱더 한랭화된 것으로 알려져있다. 그리고 약 1000만 년 전의 마이오세 후기에 이르러 남극대륙 빙상은 현재의 규모를 능가할 정도까지 발달했었다. 그리고 약 258만 년 전 신생대의 마지막인 제4기에 접어들면서 한랭화가 다시 진행되어 북반구에도 커다란 빙상이 형성되기 시작했다. 여기서 궁금한 것이 있다. 신생대 초기의 온난화에 이어 왜 한랭화가 길게 이어진 것일까? 분명 신생대에 일어난 한랭화는 기본적으로는 온실효과 기체인 이산화탄소의 양이 줄어든 것에 그 원인이 있을 것이다. 그렇다면 무엇이 이산화탄소 농도를 낮춘 것일까?

이산화탄소 감소의 원인으로 우선 생각해봐야 하는 것은 신생대에 활발하게 일어났던 대륙의 충돌과 산맥의 형성, 즉 조산운동의 결과이다. 대산맥의 탄생으로 인해 지구의 여러 곳에서 땅의 융기가 일어났다. 그리고 시간이 흐르면서 융기된 암반은 침식되고 풍화되어간다. 특히 온난한 상태에서 많은 강수량은 육지 암석과 빗물과의 반응, 즉 화학적 풍화작용을 촉진시킨다. 육지에서 화학적 풍화 효율이 증가하는 것이다. 이 과정은 앞서 살펴본 바 있다.

대기 중의 이산화탄소는 빗물에 녹아들어 탄산 성분을 이루고, 이 약산성의 빗물이 육지의 암석을 화학적으로 풍화시킨다. 또한, 토양 중의 수분에 대기 중의 이산화탄소가 녹아들어 산성을 띠며 토양을 구성하는 입자를 용해시키기도 한다. 이처럼 화학적 풍화가 많이 일어날수록 대기 중의 이산화탄소는 소비되는 것이다. 대기 중의 이산화탄소 농도가 저하되면 온실효과가 줄어들고 궁극적으로는 지구 전체가 한랭화된다. 즉, 조산운동이 일어남으로써 기후의 한랭화가 초래되었다는 것이 된다.

신생대의 한랭화는 히말라야·티베트 지역의 융기와 같은 대륙충돌의 결과일지도 모른다고 하는 주장은 육지의 침식률과 화학적 풍화 속도와의 관계에서 추론될 수 있다. 만약 이것이 사실이라면, 지구의 오랜 과거의 한랭화 역시 당시의 대륙충돌에 의한 조산운동, 나아가 초대륙의 형성 과정이 관계했을 가능성이 있다.

공룡에서 유인원까지

　중생대 이후의 생물 진화에 대해서는 위에서 간략히 살펴보았으나, 지구의 역사에서 특별히 많은 사람들이 관심을 가지는 생물 종의 진화에 대해 조금 더 살펴보기로 하자. 그들은 공룡, 포유류 그리고 유인원이다.

1. 공룡의 번영과 멸종

　포유류와 파충류는 고생대 후기에 같은 조상으로부터 분기되어 고생대 말의 대량멸종에도 살아남았다. 약 2억 5000만 년 전 이전까지 공룡류는 먼저 도마뱀과 뱀류로 분기하고, 다시 거북류, 그리고 악어류와 떨어져 약 2억 5000만 년 전 무렵에 탄생했다고 보인다. 한편, 페름기/트라이아스기 대량멸종 이후 트라이아스기(약 2억 5200만 년 전 ~약 2억 년 전)에 들어서서는 생물 종이 다시 다양해지기 시작했다. 그러한 시대에 공룡이 출현했다.

공룡이란 개체가 지구에 언제 등장했는지 그리고 초기 공룡으로부터 어떻게 다양화되었는지에 대해서는 아직도 모르는 게 많다. 최근까지 알려지기로 가장 이른 시기의 공룡의 흔적은 남아메리카대륙의 아르헨티나에서 발견된 에오랍토르 화석이나 브라질에서 발견된 헤레라사우루스류의 일종인 스타우리코사우루스 화석 등에서 확인되고, 그 시기는 중생대 트라이아스기 중기~후기에 해당하는 약 2억 3000만 년 전으로 추정되어왔다.[16] 하지만 후속 연구에서는 최초의 공룡 화석은 적어도 약 2억 4500만 년 전, 그러니까 트라이아스기 중기까지 거슬러 올라감이 보고되었다.[17] 미국 워싱턴대학의 네스빗(Sterling J. Nesbitt, 1982~)과 그 동료들이 1930년대에 아프리카 탄자니아의 니아사(Nyasa) 호수 부근에서 발굴된 공룡 화석을 면밀히 검토하여 발표한 결과다. 이 니아사사우루스야 말로 현재까지 인류가 발견한 가장 오랜 공룡인 것이다.

한편, 니아사사우루스의 발견은 공룡에 대한 아주 중요한 두 가지 사실을 밝혀주게 된다. 하나는 최초의 공룡 출현의 시기가 트라이아스 중기까지 거슬러 올라간다는 것으로, 이는 페름기/트라이아스기 대량멸종 이후에 공룡이 아르코사우루스('지배 파충류'로 멸종한 공룡과 익룡, 그리고 현생의 악어 및 새의 공통조상)로부터 하나의 계통으로 진화했다는 것이다. 다른 하나는 남아메리카에서 발견되었던 오랜 공룡 화석들로부터 유추되었던 가설이 다시 확인되었다는 것이다. 즉, 초기 공룡의 출현은 지리적으로 곤드와나-판게아 초대륙의 남부에 제한된다는 것이며, 트라이아스기 후기에야 비로소 공룡들이 지구 전역으로 방산했다는 설명이다.[18] 그러니까 아프리카 탄자니아의 니아사사우루스 공룡 화석은 이 가설을 지지하는 증거인 셈이다. 요컨대 공룡은 P/T 경계 대량멸종 이후 얼마 지나지 않아 곤드와나–판게아 초대륙의 곤드와나 쪽에서 등장했고 트라이아스 후기부터 곤드와나에서 로라시아 쪽으로 점차 확산되어갔을 것이라는 추론이 가능하다.

공룡은 조류를 제외하고는 대부분 멸종해버린 종이기 때문에 유전자 해석을 통해 계통을 알기 어렵다. 하지만 화석을 근거로 한 형태적 분류에서는 검룡, 갑옷룡, 초식룡, 각룡, 거대룡, 육식공룡 등으로 다양하게 분화했음이 인지된다. 특히 쥐라기 동안 그 다양성이 현저하게 증가했다. 현재 발견되는 가장 오랜 공룡 화석은 트라이아스기 중기까지 거슬러 올라가고, 트라이아스기 후기 이후에 공룡이 남반구에서 북반구에 걸쳐 다양하게 진화했음을 알 수 있다. 그리고 쥐라기 중기가 되면 특히 아시아에서 그 다양성은 폭발적으로 증가하였다.

쥐라기 말에서 백악기 전기에 해당하는 약 1억 5000만 년 전에서 1억 년 전 사이에는 로라시아와 남쪽 곤드와나의 남아메리카대륙, 아프리카대륙이 완전히 분리된다. 공룡의 다양화와 확산은 주로 로라시아에서 이루어졌고, 멸종 직전의 백악기 말인 약 7000만 년 전 무렵에는 로라시아 전역에 걸쳐 다양한 종들이 분포하고 있었다. 따라서 공룡의 다양화는 로라시아를 이루던 대륙들에서 현저하게 진행되었다고 할 수 있는데 그것은 로라시아 대륙이 충돌·융합한 7~8개의 크고 작은 대륙들로 이루어진 것에 관계한다. 요컨대 공룡의 대형화는 여러 대륙에서 개별 진화를 해온 공룡들이 대륙의 충돌로 형성된 로라시아 대륙에서 서로 교잡하고 사상 최대의 다양화를 이룬 결과로 간주된다.

전통적인 분류에서 보면 공룡은 쌍궁류로부터 나뉜 조반류와 용반류의 계통을 나타낸다. 용반류는 다시 용각류와 수각류로 나뉜다. 조반류의 예로는 트리케라톱스와 스테고사우루스, 용각류는 브라키오사우루스와 디프로도쿠스, 그리고 수각류는 티라노사우루스와 벨로시랩터가 있고 조류도 포함된다.

조류는 공룡의 유일한 후손으로 인식되어 공룡이 완전히 멸종한 것은 아니라고 생각된다. 실제 최근의 연구에서는 깃털을 가진 수각류가 많았을 가능성이 지적되고 있다. 그런데 초기 공룡들을 계통 발생적 관계로부터 구분하여 제안된 가장 최근의 계통수는 조금 다르다. 공룡은 용반류와 오르니소스켈리다류로 나뉘고 용반류는 다시 용각류와 헤레라사우루스류, 오르니소스켈리다류는 수각류와 조반류로 나누고 있다.[19] 한편, 공룡이 서식하고 있던 중생대에는 공룡과 닮은 대형 파충류가 번성했다. 프테라노돈과 같은 익룡, 이크티오사우루스와 같은 어룡, 플레시오사우루스와 같은 수장룡 등이다. 그러나 이들은 공룡과는 계통적으로 다르다.

공룡은 이족 보행하는 파충류로 표현할 수 있으며 거대한 꼬리를

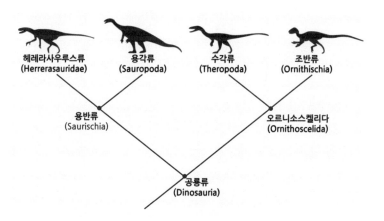

그림 64. 초기 공룡들의 계통발생적 관계로부터 수정된 공룡의 계통수.

사용해 균형을 잡았던 것으로 생각한다. 이는 공룡의 가장 두드러진 특징이라 할 수 있다. 공룡은 직립 보행에 적합한 골격을 가진 파충류인 셈이다. 비록 트라이아스기에는 아직 작은 생물이었지만, 마침내 거대한 공룡이 나타나게 되었고 사상 최대급의 동물이 되었다. 쥐라기 후기가 되면 수퍼사우루스와 같은 전장 33m 이상, 체중 40t을 넘는 초거대 공룡도 출현했다.

공룡은 중생대의 쥐라기에서 백악기에 걸쳐 크게 번성했던 이유 중 하나는 그들이 갖추고 있었던 독특한 호흡 기관에서 찾을 수 있다. 우리와 같은 포유류는 보통 횡경막을 사용하여 폐를 부풀리기도 수축시키기도 하면서 호흡하고 있다. 그러나 새들은 특이하게도 뼈의 비어 있는 공간이 기낭(氣囊)이라는 주머니와 관의 복잡한 체계로 폐와 연결되어있다. 수각류는 기낭을 몸속에 여러 개 가지고 그것을 통해 산소를 폐로 보내며 효율적으로 호흡할 수 있었다고 생각되며, 이는 현생 조류와 같은 호흡 체계다. 익룡 또한 비슷한 기낭 체계를 가지고 있었다. 이 기낭 체계는 트라이아스기에서 쥐라기에 걸쳐 대기 중의 산소농도가 10% 이상 낮아졌던 환경 속에서 수각류 공룡이나 익룡이 획득한 것으로 추정된다. 따라서 공룡은 이 효율적인 호흡 시스템으로 말미암아 산소농도가 저하된 열악한 환경에서조차 번성할 수 있었는지도 모른다.

공룡은 트라이아스기의 중기부터 백악기 말까지의 약 2억 년에 가까운 오랜 세월 동안 지구에서 번성했지만 약 6600만 년 전 갑자기, 현생 조류로 이어지는 계통을 제외하고 모두 자취를 감추었다. 공룡뿐만 아니라 익룡과 수장룡, 바다 파충류인 모사사우루스, 고생대부터 오래 번성했던 암모나이트 등도 완전히 멸종했다. 또 이매패류, 완족류, 태충류 및 유공충 등의 많은 종도 멸종했다. 이때 종의 레벨에서 최대 약 75%가 일제히 멸종했다. 이것이 바로 공룡의 멸종으로 너무나도 유명해진 백악기/팔레오기(K/Pg) 경계에서의 대량멸종 사건이다.

노벨상 수상자인 물리학자 루이스 앨버레즈(Luis Walter Alvarez, 1911~1988)와 그의 아들로 지질학자인 월터 앨버레즈(Walter Alvarez, 1940~)는 공룡 멸종의 원인이 소행성 충돌에 있다고 하는 가설을 1980년에 발표했다.[20] 그들은 백악기/팔레오기 경계의 지층 속에 이리듐과 같은 백금족 원소가 이례적으로 농집되어있음을 발견하고, 직경 10km 정도의 소행성과 지구의 충돌로 인한 지구의 환경 변동이 공룡을 포함한 많은 생물을 멸종시켰다고 생각했다. 제4장에서 잠시 살펴본 바 있지만, 백금족 원소는 지구 초창기에 대부분 핵 속에 들어가버린 친철원소이며, 이들이 지각에 남아있다는 것은 핵이 형성되고 난 이후에 지구로 충돌한 소행성의 흔적이다. 따라서 백악기/팔레오기 경계의 지층 속에서 백금족 원소가 농집되어있다는 것은 바로 그 시기에 소행성이 지구와 충돌했다는 결정적인 증거가 된다.

앨버레즈 부자의 주장은 소행성 충돌과 같은 순간적인 격변이 생물의 생존에 관여한 것이 되고, 그때까지의 생물학적 및 지질학적 인식을 뒤집는 획기적인 것이었다. 종래에 단기간의 지각변동이 생명체에 영향을 미친다는 소위 '격변설'의 주장이 없지 않았으나, 소행성과 같은 천체의 충돌은 그 괴멸적인 영향이 너무나도 순식간이어서 논란이 한동안 이어질 수밖에 없었다. 만약 앨버레즈 부자의 주장이 옳다면 소행성 충돌로 만들어진 충돌 크레이터가 어딘가 있어야 하지만, 당시로는 충돌 크레이터의 존재가 불분명했다. 그러나 1991년 현재의 멕시코 유카탄반도 북동부에서 충돌 크레이터가 발견되었다. 칙술루브(Chicxulub) 크레이터로 명명된 이 크레이터는 직경이 약 150km 정도로 알려졌으나 최근 170~200km 정도로 보고되고 있다.[21]

직경 10km 정도의 소행성의 충돌 결과는 상상을 초월한다. 지표에서 솟구쳐 올라간 먼지가 대기 상층을 완전히 덮어버려 태양 복사를 차단함으로써 광합성 활동이 정지되고, 당시 생태계의 정점에 있던 공룡까지도 거의 멸종했다. 과정과 결과가 상당히 드라마틱하고 또한 공룡이라는 거대 생명체가 한순간에 멸종했기 때문에 소행성 충돌이 대량멸종을 일으킨 원인이라는 보편적인 인식과 대중적인 믿음이 있는 게 사실이다. 그러나 대량멸종의 메커니즘 그 자체에 대해서는 아직 완전히 밝혀진 것은 아니다.

앨버레즈 부자가 멸종한 생물로 주목한 것은 바다에 살던 동물 플랑크톤의 유공충과 식물 플랑크톤의 원석조류였다. 이들은 석회질의 껍질을 가지고, 크기가 작은 미화석으로 남아 생존 당시의 환경 변동을 아는 유용한 단서가 되기도 한다. 백악기 말의 천체충돌에 의해 방출된 그을음과 황산 에어로졸 같은 먼지가 태양광을 차폐하면 광합성이 멈추어 식물 플랑크톤이 사멸하고 이어 동물 플랑크톤 역시 연쇄적으로 멸종했다.

그런데 최근에 소행성 충돌이 있고 연쇄반응이 진행되었음에도 불구하고 어떤 종의 해양 플랑크톤은 거의 멸종하지 않았음이 밝혀졌다. 대표적으로 방산충이라 불리는 동물 플랑크톤이다. 식물 플랑크톤이 모두 죽어버리면 먹이가 없어져버린 동물 플랑크톤 역시 사라져야 한다. 그런데 방산충이 그런 영향을 전혀 받지 않았다는 것은 소행성 충돌에 의한 먹이사슬의 붕괴가 멸종의 직접적인 원인인지 좀 더 검토가 필요하다는 뜻이다.

소행성 충돌 이후의 바다에서 유공충과 원석조류와 같은 플랑크톤이 사라진 것과 방산충 같은 플랑크톤은 대부분 생존해 있는 것은 둘 다 팩트다. 이에 대한 설명을 찾아야 했고, 현재 가능성으로 떠오른 것이 해양산성화 가설이다.[22]

엄청난 충돌 후 방출된 유황과 질소의 산화물은 짧게는 며칠 이내에 강력한 산성비가 되어 지표를 적신다. 하늘에서 산성비가 해양으로 내려와 바닷물의 pH를 급격하게 낮추어 버린다. 즉, 해양산성화가 일어난다. 유공충과 원석조류와 같은 석회질 껍질을 가진 생물은 껍질 형성이 되지도 않고 녹아버려 더 이상 생존이 불가능하다. 반면, 실리카(이산화규소) 껍질을 가진 방산충은 그 영향으로부터 자유롭기 때문에 살아남을 수 있었다. 물론 해양산성화 역시 먹이사슬에 큰 피해를 끼쳤고 그로부터 상위 포식자들의 연쇄 멸종도 진행되었다. 다만, 그로부터 영향을 받지 않았던 생물도 지구의 바다에는 존재했었다는 사실이 확인되었다.

한편, 가장 최근에는 소행성 충돌이 일어나기 이전에 이미 공룡의 개체 수가 감소하고 있었다는 사실도 밝혀졌다.[23] 영국 브리스톨대학의 고생물학자 벤턴(Michael J. Benton, 1956~)과 그 동료들은 소행성 충돌이 있기 약 1000만 년 전부터 공룡의 개체 수가 급격하게 감소했으며, 그 원인으로 지구의 한랭화와 초식공룡의 다양성 감소를 꼽았다. 이는 백악기 후반에 공룡의 진화에 변화가 생기기 시작했음을 의미하고 설상가상 소행성 충돌이 방아쇠가 되어 대량멸종이라는 돌아올 수 없는 강을 건너게 된 것이다.

어쨌든 공룡이 번성하던 중생대가 끝을 맞이함으로써 시대는 크게 바뀌게 된다. 현재까지 이어진 포유류가 번성하는 시대인 신생대가 찾아오게 되는 것이다. 우리 인류의 번성도 이 사건이 없었으면 불가능했는지도 모른다. 소행성 충돌이라고 하는 예상치 못한 현상이 지구의 역사를 크게 바꾼 원인이 되었다고 생각하면, 이것은 역사가 가진 예측 불가능성의 일면을 상징하는 사건이었다고 할 수 있을 것이다.

2. 포유류의 진화

현생누대 후반 중생대 이후의 생물 진화는 후생동물의 탄생에서 인간, 즉 사람속에 이르기까지 진행된 것으로 살필 수 있다. 최근에는 유전자 분석을 통해 진화계통을 살필 수 있게 되었다. 먼저 포유류의 계통을 보면 1억 2000만 년 전 이전에 진수류와 유대류로 분기되었는데, 진수류(眞獸類)는 어미의 자궁에서 태반의 영양분으로 성장하는 배아를 가지는 반면, 호주대륙에 서식하는 유대류(有袋類)는 태반이 없거나 불완전하여 성숙이 덜 된 상태로 새끼를 출산한다. 그 후 9000만 년 전까지 진수류는 북아메리카·유럽·아시아대륙, 남아메리카대륙, 아프리카대륙 등의 세 지역에서 서로 다른 계통으로 나뉘었고, 이 세 개의 유전자적 계통은 실제로 각 대륙 고유의 동물과 대응한다. 북아메리카·유럽·아시아대륙의 진수류는 다시 두 개의 세부 계통으로 나뉘어 각각 6600만 년 전 무렵까지 분화되었다.

이처럼 유전자의 진화와 그 분포지역에 드러나는 차이는 유전자의 분기 연대와 대륙의 고지리를 조합하여 설명할 수 있다. 예컨대 약

1억 7000만 년 전은 판게아의 남쪽 절반을 구성하던 곤드와나 대륙이 분열하기 시작한 무렵이다. 붙어있던 대륙들이 서로 떨어지게 되면 육상동물은 다른 대륙으로 건너갈 수 없게 되고 결과적으로 유전자 진화에 차이가 발생하게 된다.

중생대 시작 무렵에는 곤드와나-판게아 초대륙이 남극에서 북극까지 남북으로 펼쳐져있었다. 곤드와나-판게아가 서서히 분리되기 시작했고 약 1억 2000만 년 전 무렵에 이르러서는 다섯 개의 대륙, 즉 남극대륙, 아프리카대륙, 남아메리카대륙, 북아메리카대륙, 아시아대륙 등이 분리되었다. 대륙이 분리되면서 해수면은 높아졌으며 대륙의 일부 지역은 수몰되어 천해 지역으로 바뀌었다. 그리하여 대륙 사이에 동물의 왕래는 물리적으로 불가능해졌고 대륙 내부의 동물은 격리되었으며, 고립된 대륙에서는 고유종의 포유류가 진화했다. 그 진화과정에서 지구 전체 규모의 기후변동에 의한 영향도 받았을 것이다.

각각의 대륙에 격리된 동물의 개별 진화가 촉진되었을 것이며 이러한 대륙 내부에서 일어난 적응진화야말로 대륙 고유종이 나타나게 된 근본적인 원인이다. 그 결과 포유류는 유대류(남극대륙)와 세 개의 진수류, 즉 아프리카 수류(아프리카대륙), 남아메리카 수류(남아메리카대륙), 로라시아 수류(북아메리카 · 유럽 · 아시아대륙)로 분기한 것이다.

3. 영장류의 진화

현생 인류의 생물학적 뿌리 찾기를 위해서는 영장류의 진화를 살펴야 한다. 영장류는 1억 년 전 무렵부터 약 8000만 년 전에 쥐와 토끼와 같은 설치류로부터 떨어져나와 탄생했다. 대략적인 계통을 보면 로라시아 대륙에서 진화한 포유류의 한 계통에서 영장류가 나오게 된다. 이 영장류는 직비원류(直鼻猿類)와 곡비원류(曲鼻猿類)로 나뉜다. 아프리카를 기원으로 하고 마다가스카르섬에 서식하는 여우원숭이류, 그리고 인도대륙의 이동으로 남반구에서 아시아에 도착한 로리스류가 곡비원류에 해당하며, 이를 제외하고는 직비원류에 속한다. 직비원류가 바로 사람(호모)에 연결되는 계통이며, 아프리카, 동남아시아, 남아메리카대륙까지 그 자손이 확산되었다. 유인원인 호미노이드 그룹은 아시아에서 아프리카에 걸쳐 분포하는데, 4000만 년에서 2000만 년 전 무렵에 남아메리카대륙의 신대륙원숭이와 아시아·아프리카의 구대륙원숭이로부터 분기되었다.

이런 고지리적 상황은 호미노이드가 아시아와 아프리카 지역에 분포함과 조화적이다. 신대륙원숭이의 경우 남아메리카에서 진화했음을 설명하기 위해서는 그 선조가 통나무를 타고 바다를 건넜을 것이라는 해석도 있으나, 고지리와 유전자 계통의 양쪽으로부터 밝혀진 바로는 영장류의 탄생이 로라시아 대륙이 아니라 남반구의 곤드와나 대륙이 분열한 열곡대 부근이라는 것이다.

약 1억 년 전의 고지리를 살펴보면 대륙들이 계속 분열하고 있는 상태였다. 신대륙원숭이는 약 3500만 년 전 무렵까지 남극대륙으로부터 육교를 통해 남아메리카대륙으로 이동한 것으로 보인다. 그 후

남극대륙은 한랭화되었기 때문에 그곳에 살던 신대륙원숭이는 멸종해버렸다. 한편, 안경원숭이와 로리스류는 인도대륙과 몇몇 소대륙과 함께 이동하면서 고유의 진화를 이룬 다음 그 대륙들이 아시아대륙과 충돌하면서 아시아로 확산되었다고 생각된다. 다른 한편, 아프리카 쪽에 있던 영장류는 아프리카대륙이 북상함에 따라 적응진화했고, 약 2000만 년 전에 아프리카대륙이 중동지역에 충돌하면서 그 서식지가 아시아로 확산되었다.

마다가스카르섬에 서식하던 원숭이의 선조는 아프리카대륙 내에서 적응진화한 종이 약 6500만 년 전 무렵에 마다가스카르섬이 아프리카대륙으로부터 분열되고 남쪽으로 이동하면서 섬에 격리되어 고유종으로서 진화했을 것으로 생각된다. 게다가 인도대륙에 서식하던 고유종이 대륙이 북상하던 중 맨틀플룸의 상승으로 지각이 융기되어 만들어진 육교를 통해 마다가스카르섬으로 이동하여 교잡함으로서 여우원숭이 등의 마다가스카르 고유종의 진화가 진행되었다. 비록 해결해야 할 문제가 남긴해도, 유전자 해석에 의한 계통도에 분자시계의 시간축을 조합하면 포유류와 영장류의 진화과정을 대륙 고지리와 조화적으로 설명할 수 있으며, 화석의 발굴에 의해 상호검증이 가능하다.

제5부　　인류의 역사 그리고 미래

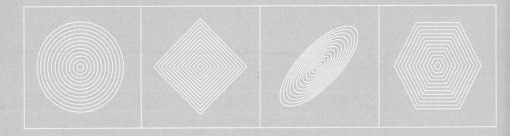

제12장 | 제4기와 인류의 시대

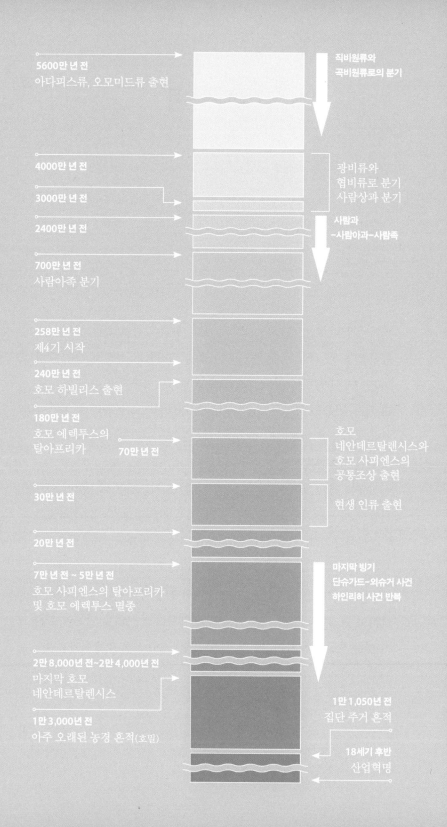

5600만 년 전
아다피스류, 오모미드류 출현

직비원류와
곡비원류로의 분기

4000만 년 전

3000만 년 전

2400만 년 전

광비류와
협비류로 분기
사람상과 분기

사람과
─사람아과─사람족

700만 년 전
사람아족 분기

258만 년 전
제4기 시작

240만 년 전
호모 하빌리스 출현

180만 년 전
호모 에렉투스의
탈아프리카   70만 년 전

호모
네안데르탈렌시스와
호모 사피엔스의
공통조상 출현

30만 년 전

현생 인류 출현

20만 년 전

7만 년 전 ~ 5만 년 전
호모 사피엔스의 탈아프리카
및 호모 에렉투스 멸종

마지막 빙기
단슈가드-외슈거 사건
하인리히 사건 반복

2만 8,000년 전~2만 4,000년 전
마지막 호모
네안데르탈렌시스

1만 1,050년 전
집단 주거 흔적

1만 3,000년 전
아주 오래된 농경 흔적(호밀)

18세기 후반
산업혁명

인간만의 특징

　지구가 탄생한 뒤, 생명이 출현하고, 오랜 시간에 걸쳐 생물은 진화해왔다. 약 1억 년 전 무렵에 최초의 영장류가 등장했으며, 대략 700만 년 전에 현생 인류의 조상이 탄생하고 아주 특수한 진화를 하게 된다. 인류는 영장류의 일종이고 형태학적으로 동물의 한 종류에 지나지 않으나 이전까지의 지구 생물들과는 여러모로 다르다. 도대체 다른 생물과 무엇이 다를까?

　인류는 최근 20만 년이라는 짧은 시간에 적도에서 극지방에 이르기까지 지구 전체로 확산했는데, 이런 생물은 대형 다세포생물로는 인간뿐이다. 그리고 과학과 기술을 토대로 문명을 구축하는 과정에서 다양한 첨단 도구를 만들어냈으며, 이는 사람의 뇌가 아주 복잡하고 고도로 진화함으로써 가능했던 것이다. 인류사회는 급속도로 성장하여 현재에 이르고 이미 우주로 뻗어나가는 시대를 만들어낸 것이 다른 생물과의 차이점이라 할 수 있다. 이런 생물의 출현이야말로 지구 역사에서 가장 두드러진 장면이며, 인류가 탄생하고 진화하는 시대에 대한 새로운 연대 구분이 제안되고 있는 까닭이기도 하다.

제4기의 지구

제4기의 시간은 약 258만 년 전부터 시작되었고 그 대부분이 플라이스토세에 속하며, 약 1만 년 전부터 홀로세(좀 더 정확하게는 1만 1,700년 전부터 현재까지)가 이어지고 있다. 지질시대라고는 하지만 인류와 상당히 밀접한 사건들이 일어난 시기로, 여러 방면에서의 변화가 상당히 가깝게 느껴진다. 일반적으로 지질 연대의 경계는 생물 화석의 출현 여부로 결정되고 제4기의 시작은 사람의 출현과 관련되어있다. 그런즉 제4기는 사람의 시대이다. 2009년 국제지질과학연합의 결정에서도 제4기는 사람속(Genus Homo)의 출현, 즉 호모 하빌리스의 출현과 제4기에 나타나는 특징적인 기후변동의 시대라는 것으로, 젤라시안(Gelasian)이라 불리는 제4기가 시작되는 지층에서부터 시작된다고 정의한다. 바로 이 무렵부터 북반구에서 빙상의 확대가 두드러졌고 또한 기후변동이 격렬하게 일어나기 시작했다고 볼 수 있다. 비록 제4기의 시작이 화석기록이 아닌 지층과 기후적인 특징으로부터 결정되었으나, 지구자기장이 가우스 정자극기에서 마쓰야마 역자극기로 역전되던 시점에 해당하기 때문에 식별하기 어렵지 않다는 특징도 있다.

제4기에 지구의 기후는 극적으로 변동했다. 특히, 한랭한 빙기와 비교적 온난한 간빙기의 반복 속에서 지나온 과거 60만 년 동안의 변화는 격렬했다. 기온, 강수량, 그리고 이산화탄소의 양은 모두 주기적으로 변화했다. 제4기에 일어난 기후변동의 주된 요인은 행성 지구의 궤도운동에 있으며, 지구가 태양으로부터 받는 에너지에 주기적인 변화가 일어났기 때문이다. 약 130만 년 전부터 비교적 한랭한 시기가 3만 년 단위로 반복되었지만, 약 90만 년 전부터는 10만 년 정도로 한랭기가 반복해 일어나게끔 되었다. 즉, 기후변동의 폭이 시간과 함께 커져서 마침내 빙기와 간빙기가 약 10만 년의 주기로 반복되고 있는 것이다. 간빙기란 빙기와 빙기 사이의 시대라는 의미이고 빙기에 비하면 상대적으로 온난한 시기이지만 여전히 극 지역에 빙상이 존재하는 한랭한 기후 조건의 시기를 가리킨다.

특히 후반의 50만 년 동안에 빙상이 엄청나게 확대되어 남극대륙뿐만 아니라 북반구에도 빙상이 형성되었다. 전 세계 물의 상당량이 동결해버렸기 때문에 지구의 기후는 매우 건조해졌다. 지구시스템의 변동 또한 계속되었고, 바다와 육지는 기후에 의한 영향을 강하게 받았다. 판의 운동으로 말미암아 그 경계부에서의 지각변동은 화산을 분출시켰고, 지진을 발생시켰다.

해수면 또한 상승과 하강을 반복했다. 기후가 한랭해졌을 때 남극과 북극을 출발점으로 거대한 빙상이 전진했고, 바다가 얼어 대륙에 갇히면서 해수면은 눈에 띄게 낮아졌다. 지금 바닷길이 되어있는 해협이 당시에는 육지로 연결되었다. 유럽, 아시아, 북아메리카를 덮고 있던 빙상의 확대가 최대 규모에 달했던 것은 지금으로부터 약 2만 년 전에서 1만 5,000년 전의 일이다. 그리고 빙하의 후퇴가 시작된 것은 겨우 1만 2,000년 정도 전의 일에 지나지 않으며, 그로부터 해수면이 다시 상승했고 지구의 지형에 커다란 변화가 생겼다. 이때의 급격한 환경 변화로 말미암아 인류는 수렵과 채집의 생활로부터 농경과 정착의 생활로 점차 삶의 방법을 바꾸기 시작한다.

현재 지구는 기후학적으로는 간빙기에 해당한다. 빙기와 간빙기가 반복함에 따라, 빙상은 발달과 후퇴를, 해수면은 저하와 상승을 반복한다. 다시 말해 제4기의 자연환경은 반복적으로 크게 변화했으며, 그 속에서 화석 인류가 현생 인류로 진화하고 아프리카대륙으로부터 전 세계로 확산되었다. 사람의 진화와 밀접하게 관계하고 있는 제4기의 기후변동에 대한 이해는 우리 사람의 역사를 아는 것으로 이어진다.

제4기의 기후변동

1. 빙기와 간빙기

앞서 언급했듯이 제4기는 한랭한 빙하시대로 빙기와 간빙기가 반복해서 찾아왔다. 해수의 일부가 대륙으로 이동하여 빙상이 되기 때문에 빙상의 발달과 후퇴에 의해 해수면은 100m 이상 변동한다. 그리고 제4기에 기후변동의 진폭은 매우 크다고 알려져있다. 이러한 기후변동의 원인은 20세기 초에 세르비아의 지구물리학자 밀란코비치 (Milutin Milankovitch, 1879~1958)에 의해 설명되었다.

밀란코비치는 지구의 궤도 요소가 주기적으로 변함에 따라 특히 북반구 고위도 여름의 일사량이 주기적으로 변하고, 그 결과 주기적인 기후변동이 일어난다고 생각했다. 빙상이 성장하기 위해서는 고위도 지역의 겨울에 내린 눈이 여름에 녹지 않아야 한다. 즉, 빙기는 추운 겨울에 일어나는 것이 아니라 서늘한 여름에 시작한다. 서늘한 여름이 되어 지난겨울에 쌓인 눈과 얼음이 녹지 못하면 눈과 얼음이 열을 적게 흡수하고 햇빛을 모두 반사하여 주변을 더욱 차게 만드는 것이다. 일사량에 영향을 주는 궤도 요소로서는 공전궤도의 이심률, 자전축의 기울기, 자전축의 세차운동(근일점 위치의 변화) 등이다. 이들의 시간 변화를 계산하면 이심률의 변화는 약 10만 년 및 약 40만 년, 자전축의 기울기는 약 4만 1,000년 그리고 자전축의 세차운동은 약 2만 3,000년의 주기로 변동하고 있음이 알려져있으며 이를 밀란코비치 주기(Milankovitch cycles)라고 부른다.[1]

이 주기가 과학적인 타당성을 얻기 위해서는 실제 과거의 자료로부터 검증되어야 한다. 과거 지구에 있었던 기후변동에 대한 직접적인 자료나 대용 자료로 활용되는 대표적인 시료에는 해저 퇴적물과 빙하 얼음이 있다. 실제로 1970년대 후반에 채취된 해저 퇴적물의 시

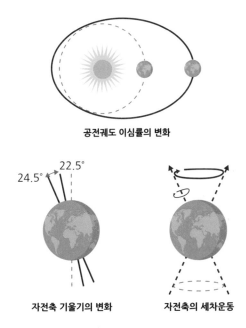

공전궤도 이심률의 변화

자전축 기울기의 변화   **자전축의 세차운동**

그림 65. 밀란코비치 주기의 세 가지 궤도 요소.

추 코어로부터 과거 약 80만 년에 해당하는 퇴적층을 시간별로 조사한 자료, 즉 기후변동의 시계열 데이터를 해석한 결과 밀란코비치 주기의 타당성이 확인되었다. 또한 남극 빙상에서 채취된 얼음 코어 시료에 대한 분석에서도 기후변동의 10만 년 주기가 확인되었다.[2]

일사량에 영향을 주는 세 가지 궤도 요소와 그들의 주기가 확인되었지만, 어느 것이 좀 더 본질적인 원인인지 궁금하다. 실제 빙기와 간빙기의 반복적인 기후변동은 10만 년의 주기가 가장 강하다고 알려져왔다. 즉, 10만 년의 주기로 반복되고 거기에 다시 4만 1,000년과 2만 3,000년의 주기적 변동이 중첩된다는 것이다. 그런데 기후변동의 원인이 되는 일사량의 변동을 살펴보면 2만 3,000년과 4만 1,000년의 주기에서 확실하지만, 10만 년의 주기에서는 뚜렷하지 않아 그것만 가지고는 빙기·간빙기 변동을 설명하기 어렵다. 다시 말해 10만 년 주기가 과연 기후변동의 원인인가는 오랜 기간 커다란 수수께끼였다. 그러다 최근 새로운 기후 모델을 사용한 연구로부터 10만 년의 주기는 일사량 변화에 대한 대기-빙상-지각의 상호작용이 초래한 결과임이 밝혀졌다.[3]

가령 북아메리카대륙의 빙상의 성장을 생각해보면, 약 2만 3,000년 주기의 근일점 위치의 변동마다 빙상이 크게 성장했다고 알려져있다. 한편, 빙상의 성장이 서늘한 여름이라는 조건을 만족하기 위해서는 이심률이 커져 지구가 태양에서 가장 멀어지는 원일점을 지날 때가 하지여야 한다. 그래야만 북반구의 여름은 서늘해지고, 남반구의 겨울은 아주 추워진다. 그때 빙상의 성장은 가속되고 마침내 빙상의 크기는 최대가 되며, 엄청난 빙상의 무게 때문에 북아메리카대륙의 지각은 침강하게 된다.

그 후 이심률이 작아지고 근일점에서 지구의 여름이 시작되면 일사량이 급격히 증가하여 빙상은 후퇴하기 시작한다. 차츰 빙상의 높이가 낮아지면 빙상 표면의 기온이 올라가 녹기 쉬워지고, 대륙지각의 융기와 더불어 빙상의 융해가 순식간에 일어난다. 이렇게 이심률의 10만 년 주기에 대한 북아메리카대륙 빙상의 성장과 후퇴로부터 기후변동과 10만 년 주기의 관계가 밝혀졌다.

한편, 빙기·간빙기가 반복됨에 따라 대기 중의 이산화탄소 농도 또한 변화한 것으로 알려져있다. 이산화탄소 농도는 온실효과의 세기를 조절하면서 빙기·간빙기의 변동에 또 다른 원인으로 작용했을 테지만, 이산화탄소 농도의 변화 자체가 10만 년 주기의 직접적인 원인은 아닐 것이다. 대기 중의 이산화탄소 농도의 변화는 기후변동에 대한 복잡한 지구시스템이 대응한 피드백의 결과인지도 모른다.

2. 마지막 빙기

우선 용어에 대한 정리가 필요하다. 제8장의 눈덩이 지구에서 빙하시대(glaciation)라는 용어를 사용했는데, 지구 전체의 동결 상태를 나타내고 그 지속 기간이 짧아도 1000만 년 이상에 이르는 지구 한랭기를 나타낸다. 지속 기간이 수십만 년 정도로 생각되는 가스키어스 빙하시대는 예외지만, 지구동결에 버금가는 한랭기였기에 빙하시대라는 이름이 붙었다. 한편, 지속 기간이 짧은 제4기의 부분적인 지구 한랭기에 대해서는 우리말로는 빙하기와 빙기라는 용어를 혼용하고 있다. 그리고 우리는 빙하기라는 말을 더 자주 사용하는 듯하다. 그런데 빙하기라고 하면 보통 인간의 역사와 관련된 마지막 빙기를 가리키는 경우가 대부분이다. 따라서 이 책에서는 제4기에 있었던 지구 한랭기를 빙기로 표현하고자 한다. 그리고 마지막 빙기는 지금부터 약 7만 년 전에서 1만 1,700년 전까지의 시대로, 제4기 동안 몇 차례 반복된 빙기와 간빙기 주기에서 가장 최근에 있었던 빙기를 가리킨다. 유럽에서는 뷔름 빙기로도 불린다.

마지막 빙기에 들어서 지구의 기온은 서서히 내려갔고 약 2만 6,500년 전에서 1만 9,000년 전에 걸쳐 세계 각지에서 빙상이 확장되기 시작했다. 이 기간을 마지막 빙기의 최한랭기라 부른다.

지역적인 빙상 분포를 살펴보면, 남반구에서는 남극대륙에는 남극 빙상이 발달해있었고, 남아메리카대륙에서 파타고니아(Patagonia) 빙상이 칠레 남부의 파타고니아 안데스 지역을 덮고 있었다. 북반구에서는 북아메리카대륙에서 로렌타이드(Laurentide) 빙상이 캐나다 전역에서 미국의 5대호 주변까지 발달했고, 유라시아대륙에서는 페노스칸디아(Fenno-Scanidia) 빙상이 유럽 북부 전역에서 서시베리아 북부까지 확장했다.

또한 세계 곳곳에 빙하 지형이 발달했다. 대산맥을 이루던 히말라야·티베트 지역과 안데스산맥 등의 산악 지역은 산악 빙하로 덮여있었다. 그리고 북유럽의 피오르드와 북아메리카의 빙하호, 유럽·알프스산맥 등에 발달한 U자곡과 권곡, 모레인 등의 빙하 지형은 마지막 빙기와 그 이전의 빙기에 빙하가 흐르면서 만들어놓은 것들이다.

한편, 대륙에 빙상이 발달하면 엄청난 양의 물이 육지에 갇히게 되어 해수면은 낮아진다. 마지막 빙기의 최한랭기에 대륙 빙상이 대규모로 발달했기 때문에 해수면이 지금보다 130m가량 낮아져, 결과적으로 지형에 큰 변화가 생겼다. 동남아시아의 해역은 당시 커다란 육지가 되었고, 아시아와 알래스카 땅은 베링해협으로 연결되었으며 얕은 해저들이 육지로 그 모습을 드러냈다. 이 시기에 인류는 유라시아대륙에서 베링해협을 건너 북아메리카대륙으로 이동하고, 또한 태평양 연안을 거쳐 남아메리카대륙의 남단까지 도달하게 되었다. 뿐만 아니라 매머드를 포함한 다양한 동물도 유라시아대륙과 북아메리카대륙 사이를 이동했다고 알려져있다.

마지막 빙기 동안 지구의 기후는 매우 불안정하여 약 1,500년 주기의 급격한 기후 요동이 25회나 반복되었는데, 단스가드(단스고르)-외슈거 사건(Dansgaard-Oeschger event)이라 불리는 현상이다.[4] 그린란드 빙상에서 회수한 얼음 시추 코어의 분석에 의하면 40년 사이에 기온이 무려 약 8℃나 상승했다고 하는, 매우 급격한 온난화가 일어났음이 확인되었다. 한편, 온도가 상승하기 직전에 쌓였을 것으로 생각되는 해저의 퇴적층에는 빙산이 운반한 빙하성 퇴적물이 대량으로 발견된다. 이 현상은 한랭기에 빙하작용의 영향이 미치는 극지역이 확장되어있었음을 나타내고, 이를 하인리히 사건(Heinrich event)이라 부른다. 그러니까 일정 기간 지속된 한랭기가 종료될 무렵에 하인리히 사건이 일어나고 갑자기 온도가 상승하는 단스가드-외슈거 사건이 뒤이어 일어난 것이다.

이런 기후 요동의 원인에 대해서 현재 여러 연구가 진행되고 있는데, 북아메리카대륙에서 성장한 로렌타이드 빙상이 붕괴함으로써 시작된 일련의 지구시스템의 변동 때문으로 생각하기도 한다. 가령 빙하 녹은 물이 바다로 유입됨에 따라 북대서양해류의 순환이 갑작스럽게 바뀌었기 때문이라는 설명이다. 북반구 빙상의 융해는 2만 년에서 1만 9,000년 전에 그리고 서남극 빙상의 융해는 1만 5,000년에서 1만 4,000년 전에 시작되었다. 빙상 융해의 영향은 각각의 시기에 발견되는 해수면의 급상승으로 기록되어있다.

인류의 시간이 흐르면서 지구에 끼치는 사람의 영향은 점점 커지고 있다. 사람들은 다른 종을 희생해가며 자신들의 환경을 지배해왔다. 지금 우리가 보고 있는 지구의 풍경도 곧 사라져버릴지도 모른다. 사람의 활동이 지구 표면에 변화를 일으킬 정도의 문제를 일으키고 있는 듯하다. 그러나 자연의 변화는 그 나름대로 진행될 것이다. 가까운 미래에 빙하의 전진과 후퇴의 주기가 계속될지 어떨지, 만약 계속된다고 하면, 다음에 찾아올 빙하작용이 현재 사람들이 만들어놓은 기후변동의 영향을 상쇄할지 어떨지 지금으로서는 누구도 예측할 수 없다. 만약 또 다른 빙하기가 찾아온다면 지구는 다시금 찬바람이 휘몰아치는 얼음의 세계로 되돌아갈 것이다.

인류의 출현과 진화

1. 인류 탄생의 장소

인류가 약 180만 년 전에 처음으로 탈아프리카에 성공한 이래 계속하여 아프리카를 빠져나왔다. 약 20만 년 전에 현대인의 공통조상의 하나로 생각되는 미토콘드리아 이브는 세계 각지로 확산했다. 아프리카의 열곡대에서는 약 2500만 년 전부터 지금까지 폭발적인 산성의 화성활동이 일어났고 종종 고방사성 마그마가 분출하여 생물은 적응진화를 거듭해왔다. 그러한 진화의 중심점에서 만들어진 인류 탄생 장소의 역사를 생물학적 측면에서 살펴보자.

인류 탄생의 장소로 생각되는 아프리카 열곡대에는 중앙부에 남북으로 약 50km 폭이 1km의 지형적으로 움푹 팬 곳이 있고, 그 양쪽은 기반의 암석이 정단층으로 끊어져 계단상으로 내려간 모양이다. 중앙부에 몇 개의 특이한 화산의 화구가 있는데, 가장 큰 화구는 은고롱고로(Ngorongoro) 크레이터이며 직경이 약 20km나 된다. 거기서 북동쪽으로 약 50km 떨어진 장소에 올도이뇨 렝가이(Oldoinyo Lengai)라는 활화산이 있고, 거기서 고방사성 마그마가 때때로 분출했다. 이 열곡대의 서쪽은 지형적으로 약간 높은 세렝게티 평원이라 불리는 지역이고 거기서 열곡대를 향해 몇 개의 하천이 흐르고 있다.

인류의 화석이 많이 나온 것으로 유명한 탄자니아의 올두바이 협곡(Olduvai Gorge)은 이 지역의 중앙부, 즉 두 개의 강이 합류하는 장소에 위치한다. 올두바이 협곡에서 발견된 인골은 동굴 속에 남아있었는데, 특정 시대의 인골이 집중적으로 대량 발굴되었다는 것은 올도이뇨 렝가이 화산과 같은 고방사성 마그마의 폭발적인 분화와 관련있는 사건임을 나타내는 것이다. 올두바이 협곡은 현재는 건조한 토지인데 본격적으로 건조화가 진행된 것은 약 5,000년 전 무렵으로 아프리카대륙 북부 지역에 남겨진 과거의 퇴적물 속의 꽃가루와 대형동물 화석의 연구에서 밝혀졌다. 요컨대 그 이전에는 열대우림에서 아열대에 속하는 지역이었을 것이다.

아프리카대륙의 동쪽은 2500만 년 전 이후 대륙 바로 아래에서 상승해온 맨틀 플룸에 의해 직경 약 1,000km의 지역이 약 2~3km 높이로 융기되었다. 그리고 그 중심부가 쪼개지면서 이번에는 반대로 침강하기 시작하여 가운데가 움푹 팬 지형, 즉 열곡대가 만들어졌다. 거기서 단속적이면서 폭발적인 화산활동이 일어나 지역적인 멸종이 진행되었다. 그러한 고방사성 마그마의 대규모 분화는 대략 700만 년 전, 180만 년 전, 60만 년 전 그리고 20만 년 전 무렵에 집중적으로 일어났음이 밝혀졌다.[5]

2. 인류의 출현

사람이 속하는 영장류는 생물분류학적으로 영장목에 속하고, 그 기원은 약 6600만 년 전의 백악기 말까지 거슬러 올라간다. 북아메리카대륙에서 탄생한 플레시아다피스류는 신생대 전기의 팔레오세로부터 에오세에 걸쳐 북아메리카대륙과 유럽에 서식하고 있었다. 하지만 플레시아다피스는 영장류와 비슷하다고 알려져있는 가장 오래된 포유류일 뿐이다.

플레시아다피스류가 사라지면서 에오세에는 아다피스류와 오모미드류와 같은 원시적인 영장류가 나타나는데, 플레시아다피스란 이름이 아다피스에 가깝다는 뜻이다. 그리고 아디피스류와 오모미드류가 각각 진화하여 곡비원류(곡비원아목)와 직비원류(직비원아목)가 나타난 것으로 생각되지만, 이들 원시적인 영장류가 사라진 이유, 특히 북아메리카에서 멸종한 이유에 대해서는 아직 모른다. 둥글게 말린 코를 가진 곡비원류는 아프리카에서 동쪽의 마다가스카르섬으로 건너가 외부와는 격리된 환경에서 여우원숭이하목과 로리스하목으로 진화했다. 한편, 곧은 코를 가진 직비원류는, 안경원숭이하목과 원숭이하목으로 분기되고, 원숭이하목은 에오세 중기에서 올리고세 전기(약 4000만 년 전~3000만 년 전)에 광비류(광비원소목)와 협비류(협비원소목)로 분기되었다.

광비류는 콧구멍의 간격이 넓고 구멍이 바깥쪽을 향해있는 것이 특징이고, 남아메리카대륙에서 번성했기에 신대륙원숭이(또는 신세계원숭이)라고도 불린다. 북아메리카대륙의 원시적인 영장류는 이미 멸종했기에 남아메리카대륙의 광비류는 아프리카대륙에서 바다를 건너왔을 것으로 생각된다. 당시의 남아메리카대륙과 아프리카대륙은 현재보다 가까웠기 때문이다. 현재 남아메리카대륙에서 서식하고 있는 거미원숭이과, 사키원숭이과, 올빼미원숭이과, 꼬리감는원숭이과 등이 광비류로부터 분기되었다. 한편, 협비류는 콧구멍 간격이 좁고 구멍이 아래 혹은 앞을 향해있는 것이 특징이며, 긴꼬리원숭이상과 와 사람상과로 분기된다. 긴꼬리원숭이상과는 다시 긴꼬리원숭이아 과와 콜로부스아과로 분기된다. 이들은 아프리카대륙에서 아시아에 걸쳐 서식하고 있기 때문에 사람상과를 제외한 협비류, 즉 긴꼬리원 숭이상과를 구대륙원숭이(또는 구세계원숭이)라고도 부른다.

시간이 흘러 올리고세 후기(약 2800만 년 전~2400만 년 전)가 되어 협

사람상과 (Superfamily Hominoidea; hominoid(s))
　　긴팔원숭이과 (Family Hylobatidae)
　　　　긴팔원숭이속 (Genus *Hylobates*)
　　사람과 (Family Hominidae; hominid(s))
　　　　오랑우탄아과 (Subfamily Ponginae; pondgine(s))
　　　　　　오랑우탄속 (Genus *Pongo*)
　　　　고릴라아과 (Subfamily Gorillinae; gorilline(s))
　　　　　　고릴라속 (Genus *Gorilla*)
　　　　사람아과 (Subfamily Homininae; hominine(s))
　　　　　　침팬지족 (Tribe Panini; panin(s))
　　　　　　　　침팬지속 (Genus *Pan*)
　　　　　　사람족 (Tribe Hominini; hominin(s))
　　　　　　　　오스트랄로피테쿠스아족 (Subtribe Australopithecina; australopith(s))
　　　　　　　　아르디피테쿠스속 (Genus *Ardipithecus*)
　　　　　　　　오스트랄로피테쿠스속 (Genus *Australopithecus*)
　　　　　　　　케냔트로푸스속 (Genus *Kenyanthropus*)
　　　　　　　　오로린속 (Genus *Orrorin*)
　　　　　　　　파란트로푸스속 (Genus *Paranthropus*)
　　　　　　　　사헬란트로푸스속 (Genus *Sahelanthropus*)
　　　　　　　　사람아족 (Subtribe Hominina; hominan(s))
　　　　　　　　사람속 (Genus *Homo*)
　　　　　　　　　사람종 (Species *Homo sapiens*; 현대인)

그림 66. 사람상과 분류(출처: 이선복, 2016).

비류에서 사람상과가 분기되었다. 흔히 유인원이라고도 불리는 사람상과에는 사람, 긴팔원숭이, 오랑우탄, 침팬지, 고릴라 등이 포함되며, 지능을 가지고 무리를 이루어 생활한다. 사람상과는 다시 긴팔원숭이과와 사람과로, 사람과는 오랑우탄아과, 고릴라아과 및 사람아과로, 그리고 사람아과는 침팬지족과 사람족으로 분기된다.

그리고 지금부터 약 700만 년 전의 마이오세 말에, 사람족이 오스트랄로피테쿠스아족과 사람아족으로 분기되었다. 사람아족은 직립 이족보행으로 진화한 그룹이며 바로 인류를 가리킨다. 즉 이것이 인류의 출현이다. 신생대에서 영장류의 오랜 진화를 거쳐, 드디어 인류가 탄생한 것이다.

3. 인류의 진화

초기 인류는 뇌가 아주 작았고 꼬리 없이 직립 이족보행을 했었다고 생각된다. 최초의 인류가 아프리카 중부에서 발견된 약 700만 년 전에서 600만 년 전으로 평가되는 사헬란트로푸스속이라고 알려져 있었으나 두개골밖에 발견되지 않았고 직립 이족보행 또한 확실한 것은 아니다. 그 후 아르디피테쿠스속이 출현했고, 그 일종인 아르디피테쿠스 라미두스는 약 580만 년 전에서 440만 년 전의 에티오피아에서 서식하고 있었다. 확실히 직립 이족보행을 하고 있었다고 생각되지만, 뇌용량은 아주 작아 현생 인류의 20% 정도밖에 되지 않으며, 발가락으로 물건을 잡는 구조 역시 확인되어 나무타기와 지상 생활 양쪽에 적응한 상태였을 가능성도 있다.

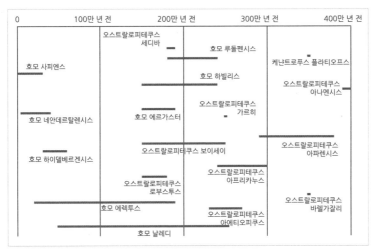

| 0 | 100만 년 전 | 200만 년 전 | 300만 년 전 | 400만 년 전 |

그림 67. 인류의 진화 과정.

플라이오세 중기에서 플라이스토세 초기(약 420만 년 전~200만 년 전)에는 오스트랄로피테쿠스속이 출현하여 아프리카대륙의 남쪽과 동쪽 일대에서 서식하고 있었다. 뇌의 용량은 현생 인류의 35% 정도로 침팬지와 비슷한 정도였으며, 직립 이족보행을 하고 초식과 육식을 병행했던 것 같다. 이 속에는 오스트랄로피테쿠스 아나멘시스, 오스트랄로피테쿠스 아파렌시스 및 오스트랄로피테쿠스 아프리카누스 등이 알려져있다.

1974년 에티오피아의 아파르에서 발견된 '루시'는 인류의 기원과 진화에 대해 큰 관심을 불러일으켰으며, 루시 그리고 함께 발견된 화석으로부터 오스트랄로피테쿠스 아파렌시스라는 이름이 붙여졌다. 그 후, 제4기가 시작되는 약 240만 년 전 무렵이 되면, 최초의 사람속인 호모 하빌리스가 출현한다.

호모 하빌리스의 뇌용량은 현생 인류의 절반 정도까지 커졌다. 호모 하빌리스는 돌로 만든 도구인 석기를 발명했다는 뚜렷한 특징을 가지는데, 이로부터 구석기시대가 시작된다. 그 후 호모 에렉투스가 출현했고 현생 인류의 75% 정도 크기의 뇌를 가지고 있었던 것 같다. 잘 알려진 북경원인과 자바원인도 이 호모 에렉투스의 아종(亞種)으로 취급된다. 호모 에렉투스는 적어도 약 180만 년 전에 아프리카를 떠나 동쪽으로는 인도, 인도네시아 그리고 중국, 서쪽으로는 시리아, 이라크 등지로 확산했다고 알려져있다. 이들이 아프리카를 떠난 이유는 아마도 기후변동 때문일 것으로 생각된다. 특히 제4기에 빈번했던 한랭화는 호모 에렉투스의 서식지를 건조하게 만들었고, 그들은 먹이를 찾아 이동할 수밖에 없었을 것이다. 호모 에렉투스는 제4기의 플라이스토세 후반까지 번성하다가 중동지역에서는 약 20만 년 전에, 그 외 지역에서는 약 7만 년 전에 멸종했다.

한편, 동아프리카에 남아있던 호모 에렉투스로부터 호모 네안데르탈렌시스(네안데르탈인)와 호모 사피엔스의 공통조상이 플라이스토세 중후반인 약 70만 년 전에서 30만 년 전 사이에 분기되었고, 약 30만 년 전에서 20만 년 전에 현생 인류(호모 사피엔스 사피엔스)가 출현하게 된다. 현생 인류의 조상에 대한 분자생물학적 추정 결과는 약 20만 년 전의 아프리카인 조상으로부터 유래한다고 하는 인류의 아프리카 단일 기원설을 지지한다. 현생 인류의 가장 오랜 화석은 에티오피아에서 발견된 약 20만 년 전의 것이지만, 최근 모로코에서 약 30만 년 전의 것으로 생각되는 인류 화석이 발견되어 화제가 되었다. 호모 사피엔스는 약 7만 년 전에서 5만 년 전에 다시 아프리카를 떠나 유럽을 거쳐 아시아로 퍼졌다.

호모 사피엔스와 거의 같은 시기에 네안데르탈인이 유럽을 중심으로 서아시아와 중앙아시아 지역에서 살고 있었다. 네안데르탈인의 아주 다부진 골격과 현생 인류보다 컸다고 알려진 뇌용량은 그들이 한랭지에 적응하기 위해 갖춘 체형이었을 것이다. 그러나 석연치 않은 이유로 약 4만 년 전에서 3만 년 전에 멸종했다고 알려졌다. 한때 네안데르탈인이 현생 인류의 선조라고 생각되기도 했었지만, 지금은 직계 조상이 아니라 다른 계통의 멸종한 인류로 생각하고 있다. 최근 유럽 남서부 이베리아반도 남단의 동굴에서 네안데르탈인의 유적이 발견되었는데, 그들이 2만 8,000년 전에서 2만 4,000년 전의 마지막 빙기의 최한랭기까지 살아있었음이 확인되었다.

　20세기 말에는 현생 인류의 기원에 대한 유전자 연구가 본격적으로 이루어졌다. 그중에서도 여성에게서 여성으로만 유전되는 미토콘드리아 DNA(mt-DNA)를 현대인에게서 채취하여 분석해보면, 현대인 몸속의 미토콘드리아 DNA는 약 20만 년 전에 아프리카에서 살았던 공통조상으로부터 유래할 것이라고 생각했으며, 그 공통조상을 '미토콘드리아 이브' 또는 '아프리카 이브'로 불렀다. 그리고 이런 연구로부터 현생 인류에 대한 아프리카 기원설과도 조화적이라고 생각했다.

　미토콘드리아 DNA를 이용한 유사한 유전자 연구는 네안데르탈인과 현대인 사이에서도 이루어졌으며, 그들의 공통조상을 '데니소바 사람(Denisova Man)'으로 명명했다. 유전자 연구로부터 호모 사피엔스와 네안데르탈이 서로 다른 종임에도 불구하고 유전자 구성에서 많은 공통점이 있으며, 또한 실제 유전자 교류도 확인되었다. 최근에는 아프리카의 니그로이드를 제외한 현생 인류의 게놈에는 네안데르탈인의 유전자가 약 1~4% 정도 섞여있다고 하는 충격적인 사실도 밝혀졌다. 다만, 미토콘드리아 이브와 데니소바 사람과 같은 이름은 이론적으로 설정된 가상의 조상을 가리키는 것으로 그 실체가 존재하는 것이 아님을 명심해야 한다.[6]

하여간 마지막 빙기를 끝으로 드디어 우리 인류의 시대가 찾아왔다.

4. 인류의 시대

마지막 빙기의 끝자락에 갑작스러운 기후변동이 일어난다. 약 1만 4,500년 전에 지구의 기후는 빙기에서 현재의 홀로세 간빙기로 점차 이동하고, 잠시나마 뵐링-알레뢰드(Bølling-Allerød) 온난기에 접어들었다. 그런데 도중에 북반구의 기온이 갑자기 빙기 수준으로 되돌아가 버리는 사건이 발생했는데, 이를 '영거 드라이아스(Younger Dryas)'라고 부른다. 영거 드라이아스는 그 당시 유럽에서 흔히 피었던 추운 조건에서 잘 자라는 꽃으로 드라이아스 옥토페탈라(담자리꽃나무)의 이름에서 유래되었다.

그린란드 주변의 연평균기온은 20~30년에 걸쳐 5~7℃ 정도 하강하였으나 약 1만 1,700년 전에 또한 갑자기 빙기가 끝나버리면서 10년만에 10℃ 정도 온도가 다시 상승하였다.[7] 이러한 급격한 기후변화는 그린란드에 존재하는 마지막 빙기의 얼음 시추 코어나 북태평양의 해저 퇴적물 코어 그리고 유럽의 호수 퇴적물의 기록에서도 잘 나타난다.[8] 영거 드라이아스기가 끝나고 나서야 비로소 현재로 이어지는 홀로세가 시작된다.

영거 드라이아스의 원인에 대해서는 논란이 있으나 보통 해수 순환의 변화로 설명하고 있다. 이 시기에 북아메리카의 로렌타이드 빙상에서 녹아내린 물이 바다로 흘러들었다. 영거 드라이아스에 앞서 빙하가 녹은 물은 미시시피강에서 세인트로렌스강으로 경로를 바꾸고 많은 양의 차가운 담수가 북대서양으로 유입되었고, 멕시코 만류와 섞이면서 만류 순환이 흐트러져 따뜻한 난류의 흐름이 단절되었기 때문에 단기간에 한랭화가 일어났다는 것이다. 영거 드라이아스는 지난 빙기의 마지막 하인리히 사건이며, 그 이후로 급격한 기후변화는 찾아보기 힘들다.

근동지역의 유프라테스강 유역으로 눈을 돌리면, 강의 중류 지역에서 약 1만 3,000년 전에 호밀과 같은 작물을 재배했다고 생각되는 아주 오래된 농경의 흔적이 발견된다. 이는 야생 작물 수확에서 농경을 통한 작물 재배로의 이동을 뜻한다. 영거 드라이어스의 급격한 한랭화는 기후를 건조하게 만들고, 결과적으로 그때까지의 주식이었던 야생 보리와 콩 같은 작물 수확이 급격하게 감소했다고 알려져있다. 즉, 기후변동으로 말미암아 호밀의 재배가 시작되었을 것으로 생각된다. 또 같은 장소에서 1만 1,050년 전 무렵의 집단 주거 흔적도 발견되어 농경을 위해 모여 살았음이 확인되었다.

농경의 시작과 더불어 목축도 시작하면서 인류의 생활 양식에 변화가 생겼는데, 그때까지의 수렵 · 채집형에서 농경 · 목축형으로 바뀐 것이다. 농경과 목축으로 말미암아 식량이 안정적으로 공급되고 또한 저장이 가능하게 됨으로써 공동체 생활을 유지했다. 그리고 점진적인 인구의 증가로 말미암은 도시화가 이루어졌다. 그런데 농경에는 필수적으로 물 문제가 따라온다. 필요한 물을 확보하기 위해 관개용 수로를 건설했고, 하천을 효율적으로 관리하기 위한 다양한 기술이 개발되었다. 이처럼 인류사회에서는 농경과 작물의 관리를 위한 역법이나 측량, 그리고 문자와 같은 기본적인 지식의 발전이 서서히 이루어진 것이다. 세계 4대 문명의 발상지를 보면 메소포타미아 문명, 이집트 문명, 인더스 문명, 황하 문명 등 모두가 큰 하천 유역에서 출발하고, 그 하천을 상황에 맞도록 이용하면서 지역마다 특색 있는 문명을 발전시켰다.

문명의 탄생기부터 오늘에 이르기까지 지구의 기후는 비교적 안정되어있었다고 할 수 있다. 물론 중간중간 단기간의 국지적인 작은 기후변동은 있었다. 가령 약 8,000년 전 무렵의 한랭기, 약 7,000년 전에서 5,000년 전 무렵의 온난기(기후 최적기), 서기 900~1250년 무렵의 중세 온난기, 서기 1250~1850년 무렵의 소빙기 등의 기후변동이 있었으나, 지구 전체가 장기간 영향을 받은 커다란 기후변동은 없었다고 보아도 무방하다. 하물며 짧은 시간에 급격한 기후변동이 반복되었던 마지막 빙기와 비교해봐도 인류 역사가 지나온 홀로세 동안의 기후는 비교적 안정적이었다고 할 수 있다. 이런 안정성에 대한 가장 중요한 요인으로 종종 지적되는 것은 홀로세 동안 지구 전체에서의 해양 순환이 비교적 안정적이었다는 것이다.

한편, 인류의 시대에서 가장 영향력이 컸던 사건은 무엇이었을까? 개인적인 관점에 따라 다른 답이 나올 것이다. 다만 일반적으로 생각되는 사회발전의 변곡점을 시기적으로 구분해볼 때 인류의 역사에서 적어도 다섯 차례의 획기적인 변화가 있었다고 생각할 수 있다. 그 첫 번째가 인류의 생활 양식을 수렵·채집형에서 농경·목축형으로 바꾼 농업혁명이고, 두 번째는 집단거주 형태로부터 시작하여 도시화가 이루어진 도시혁명이며, 세 번째는 인류의 정신적 문명의 기틀을 마련한 종교·철학혁명이며, 네 번째는 현재 산업의 기틀을 마련한 산업혁명, 그리고 마지막은 지금과 같은 정보기반의 사회를 이끌고 있는 정보혁명이다.

다섯 차례의 큰 변화 중에서도 18세기 후반의 영국에서 시작된 산업혁명은 특기할 만하다. 왜냐하면 산업혁명은 현재 인류에게 긍정적인 피드백과 부정적인 피드백을 동시에 주고 있기 때문이다. 우선 긍정적인 피드백으로는 증기기관과 기계의 발명에 의한 공업화로 산업구조가 크게 변화하고, 그와 함께 교통과 경제, 사회 체제 등에서 눈에 띄게 큰 변화가 일어났으며, 인류 문명 역시 발전을 거듭하여 현대의 번영에 이른 것이다.

그러나 불행하게도 인구의 급격한 증가와 더불어 많은 자원의 고갈은 인류 문명의 지속가능성에 큰 도전이 되고 있으며 매우 심각한 부정적인 피드백이다. 산업혁명 이후 계속 증가한 대기 중 이산화탄소는 현재 일어나고 있는 기후변화의 원인으로 지적되고 있다. 인간에 의해 초래되는 지구온난화와 같은 기후변동과 환경이 파괴되면서 현생누대에 일어난 다섯 번의 대량멸종에 이은 여섯 번째 대량멸종이란 단어가 등장하기에 이르렀다.

이처럼 인간 활동이 환경과 생태계에 적지 않은 영향을 끼쳐왔고, 또한 그 활동의 흔적이 지층에까지 기록될 수 있는 정도이기에 인류세(Anthropocene)라는 새로운 지질시대를 정의해야 한다는 목소리도 나오고 있다. 이런 논의 속에서 인간의 활동을 되돌아봐야 하지 않을까?

지구 46억 년의 역사에서 보면 인류가 문명을 구축한 시간은 한순간에 불과하지만, 저질러놓은 문제는 매우 심각하고, 해결해야 할 시간은 턱없이 부족하다. 인간 활동으로 초래된 상황이 앞으로 어떤 결과를 가져올지, 그리고 우리 인류의 수명이 앞으로 얼마나 계속될지에 대한 질문에 답을 해야 하는 시간이 바로 코앞에 다가와있다.

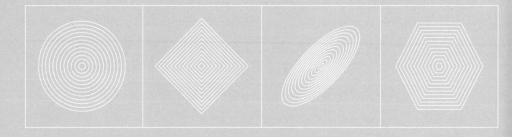

제13장 | 지구의 미래 그리고
인류의 미래

현재

5000만 년 후
하와이 열도의 한반도
접근

1억 5000만 년 후
유라시아와 호주 충돌

2억 5000만 년 후
초대륙 아마시아 형성

4억 년 후
C4식물 멸종
광합성 의존
지구생태계 멸종

10억 년 후
해양 질량 감소로
판구조 운동 정지,
자기장 약화

15억 년 후
해양 소멸, 태양 팽창,
지표 온도 100~500℃

안드로메다와
우리은하 충돌 및
병합

43억 년 후

53억 년 후

약 70억 년 후

태양이 적색거성이
되어 지구를 삼키고,
이후 백색왜성이 됨

지구 생태계에서 인류의 위치

　21세기 현시점에서 지구에 살고 있는 인류는 매우 심각한 문제를 안고 있다. 과거 인류사에서 겪어보지 못한 새로운 문제다. 약 46억 년 모진 세월을 겪어온 지구지만, 인간에 의해 많은 것이 변해버렸다. 자연생태계가 거의 완전한 인공생태계로 변해버린 것이다. 자연 생태계의 양적인 측면에서 살펴보면 금방 알 수 있다. 1만 년 전의 지구 생태계에서 모든 생물의 개체 가운데 인류가 차지했던 비율은 전체의 약 0.05%에 지나지 않았다. 그리고 1만 년 전에 약 100만 명 정도였던 인구는 현재 약 77억 명 이상으로 증가했다. 이는 지구생태계 가운데 대형동물이 차지하던 비율이 극단적으로 변했음을 나타낸다. 야생동물은 1만 년 전보다 30% 정도 감소한 대신 인간의 수는 무려 7,700배나 늘었으며, 인간의 먹이가 되는 가축은 동물 전체의 80%에 이른다. 가령 2014년 기준으로 연간 식용 닭의 소비량은 500억 마리, 돼지는 15억 마리 정도라는 통계도 있다.[1]

　한편, 삼림의 면적은 30% 이상 줄어든 대신에 그만큼 경작지가 늘어났다. 결국 삼림이 인간을 위해 밀과 벼 등의 식물 생산을 위해 자

그림 68. 매년 도축되는 동물 수의 변화.

리를 내준 것이다. 인간의 수가 늘어나면서 자연의 생태 피라미드는 크게 변했으며, 현재 자연생태계는 아주 불안정한 상태다. 지구의 역사에 비하면 아주 짧은, 너무나도 짧은 시간에 지구시스템은 변화했다. 기후 문제는 말할 것도 없다. 이런 단기간의 급격한 변화 속에서도 인류사회에 대한 영향을 정량적으로 밝힐 수 없다는 점이 아주 고약하고 기분 나쁜 문제로 남아있다.

　인류의 미래와 지구의 미래는 떼어놓고 생각할 수는 없다. 지구의 역사 속에서 생명이 탄생하고 현재의 인류까지 도달했다. 지구의 수명이 다하기 훨씬 이전에 인류라는 생명은 사라질 것이다. 인간에 의해 망가진 지구생태계는 인류가 사라진 다음 새로운 모습으로 회복되겠지만, 지구 역시 영원히 존재할 수 있는 행성은 아니다.

　지금까지 살펴본 지구 생명사에 이어, 70억 년 앞의 미래의 모습에 대해 예측해보자. 지구에서 어떤 일이 일어날 것인가를 과거 역사의 연구로부터 도출된 관점으로부터 한번 살펴보자.

생물의 미래

　먼저, 미래에 지구의 생물이 어떻게 될 것인지에 대해 알아보자. 생물의 생존에 가장 커다란 영향을 미치는 것은 뭐니 뭐니해도 태양의 복사에너지다. 이미 살펴보았듯이 태양은 그 진화와 함께 광도, 즉 단위 시간당 태양으로부터 방출되는 빛의 양이 증가해왔다. 탄생 직후의 태양은 그 광도가 현재의 약 70% 정도였으나, 약 46억 년 걸쳐 조금씩 증가하여 지금의 광도가 되었다. 그러니까 태양 광도는 1억 년에 약 1%에 못 미치는 비율로 증가해온 셈이고 앞으로 더 밝아질 것이다. 태양 광도가 증가함에 따라 지표면 온도는 상승하지만, 지구 전체의 탄소순환으로 말미암아 대기 중의 이산화탄소 농도가 낮아지면서 지표면 온도는 가능한 일정하게 유지되어왔다.

　이산화탄소 양의 경년변화를 조사하면 시간 경과와 함께 이산화탄소가 감소해왔음을 알 수 있는데, 이러한 이산화탄소 감소는 지구라는 행성이 걸어온 역사적 필연이었다. 지구 탄생 직후, 약 100기압의 이산화탄소 대기는 최초의 4억 년 동안 그 대부분이 탄산염으로 암석에 고정되어 판구조 운동에 의해 맨틀로 운반되었다. 그리고 화산활동으로 맨틀로부터 나오는 이산화탄소와 탄산염 암석으로 맨틀로 운반되는 이산화탄소의 양은 미묘한 균형을 이루었지만, 생물이 이산화탄소를 유기물로 고정하고 땅속에 매몰시킴으로써 대기 중의 이산화탄소는 점차 감소하게 된 것이다. 이것이 지구의 대기가 금성의 대기와 달라진 근본적인 이유였다.

결과적으로 현재 대기 중의 이산화탄소 농도는 지구 역사상 거의 최저 수준이다. 물론 이산화탄소 농도는 현재 인간 활동에 의해 일시적으로 상승했지만 화석연료가 고갈하면 다시 낮아질 것이다.

만약 시간이 흘러 이산화탄소 농도가 과도하게 낮아지면 생명 활동에 커다란 문제를 일으킨다. 그리고 이에 따라 대략 4억 년 후에 일어날 것으로 예측되는 것이 C4 식물의 멸종이다. 옥수수나 사탕수수 같은 C4 식물은 이산화탄소를 아주 많이 필요로 한다. 일반 식물은 흡수한 탄산가스를 탄소(C)수 세 개의 유기산으로 만드는 반면 C4 식물은 탄소수 네 개의 유기산을 만든다. 그리고 C4 식물은 4탄당 화합물이 관여하는 추가적인 경로인 C4 회로를 이용해 이산화탄소가 부족한 환경에서도 광합성의 암반응을 계속할 수 있다.

현재 거의 모든 생태계의 활동은 광합성 생물에 의한 1차 생산이라 해도 과언이 아니다. 광합성은 생물이 외부로부터 이산화탄소를 세포 내에 받아들이고 고정하는 작용이며, 생물의 광합성은 대부분 C3형 광합성과 C4형 광합성이다. C3형 광합성이란 벼와 밀 같은 C3 식물이 대표적인 탄소 고정 반응인 캘빈·벤슨 회로를 사용하는 일반적인 광합성으로 C4 회로를 이용하는 C4형 광합성과는 다르다. C3 식물은 이산화탄소 농도가 100ppm 내외(약 60~145ppm) 정도까지, C4 식물은 약 10ppm 정도까지 광합성이 가능하다고 알려져있다.[2]

그러나 장래에 태양의 복사에너지량, 즉 일사량이 더 증가하고, 이산화탄소 농도가 현재의 400ppm에서 100ppm, 다시 10ppm 이하로 낮아지게 되면 광합성 생물은 탄소 고정을 할 수 없게 된다. 그리되면 이산화탄소의 농도 부족으로 말미암아 C4 식물이 생존할 수 없게 되고 멸종하게 된다. C4 식물에 한정되지 않고, 이산화탄소 농도에 의존하는 식물이 쇠퇴하기 시작하고 광합성 생물에 의존하고 있는 현재 지구의 생태계는 멸종의 길을 걷게 될 것이다.

태양은 앞으로 더 뜨거워지고 더 많은 에너지를 방출할 것이다. 그로부터 지구 생태계에서 나타날 세 가지 정도의 변화를 정리해보자. 첫 번째로 위에서 살펴본 것처럼 일사량이 증가하고 이산화탄소 농도가 낮아진다. 그리고 이 결과는 두 번째 변화인 산소농도의 급격한 감소로 이어진다. 현재 지구는 산소가 풍부한 환경에 놓여있다. 그리고 이런 환경은 적어도 앞으로 10억 년가량 유지될 것으로 생각된다. 하지만 이산화탄소 농도가 낮아져 광합성 생물이 쇠퇴하고 산소 발생이 줄어들면 지구 대기의 산소농도는 향후 10억 년을 기점으로 급격하게 줄어든다는 연구 결과가 있다.[3] 산소농도가 현재보다 무려 백만 배나 줄어들 것이라는 예측인데, 이런 대기 중 산소농도의 급감은 오존층의 파괴로 이어지고 결과적으로 지구 생태계는 더 이상 존재하기 어려워진다. 그럼에도 불구하고 생존 가능한 미생물이 있을지도 모른다는 기대 또한 있을 수 있으나 세 번째의 변화가 그 종지부를 찍게 된다. 지금으로부터 약 15억 년 정도 후에 지표면의 온도는 100℃를 넘게 된다. 지구에서 생명이 사라진다.

판구조 운동의 정지와 해양의 소멸

　지금도 지구 내부에서는 차가운 플룸이 하강하고 뜨거운 플룸은 상승하며, 맨틀을 대류하고 그 위의 판은 계속 움직이고 있다. 곤드와나-판게아 초대륙의 분리는 계속 진행되고 있으며 수천만~수억 년이라는 긴 시간이 흐르면, 대륙과 해양의 분포는 지금과는 완전히 달라져있을 것이다. 그러면 향후 대륙의 배치는 어떻게 변해 갈 것인지 지금까지 제안된 모델들을 알아보자.[4]

　현재 지구 표층의 판들에 대해서는 그 운동 방향과 이동 속도가 파악되어 시간에 따른 상대적 위치 또한 계산할 수 있다. 지금의 판 운동으로부터 살펴보건대 아프리카대륙과 호주대륙이 점차 북상하여 유라시아대륙과 충돌한다. 가장 보편적인 모델에 의하면 태평양판의 섭입 때문에 태평양이 줄어들면서 유라시아대륙과 북아메리카대륙이 충돌할 것으로 예상된다. 그 결과 지금으로부터 약 2억 5000만 년 후에는 북반구에서 새로운 초대륙 아마시아가 형성될 것으로 생각된다.

　최근 보고된 맨틀 대류의 속도에 대한 모의 수치 계산 결과로부터 추정하건대 하와이 열도는 약 5000만 년 후에 한반도 남동쪽 부근까지 접근한다. 그리고 약 1억 5000만 년 후에는 유라시아대륙과 호주대륙이 충돌함으로써 한반도는 그 사이에 끼여 초대륙 아마시아의 일부가 될 운명이다. 남아메리카대륙과 남극대륙은 거의 현재의 위치에 계속 머물러있을 것이다. 한편, 남극대륙 또한 북상하여 초대륙의 일원이 된 모델도 제안되었는데, 이때의 초대륙을 노보 판게아라고 부른다.

하지만 또 다른 가능성도 제기되고 있다. 위에서 살핀 바와 같이 초대륙 아마시아는 대서양이 확장하고 태평양이 소멸하면서 형성된다. 그런데 만약 대서양이 확장해가는 동안 아메리카대륙 동쪽 해안, 즉 대서양 서쪽에 해구가 형성된다면 대서양 해저가 섭입하기 시작할 가능성이 생긴다. 이 경우 아마시아 형성 때와는 반대로 태평양이 아니라 대서양이 점차 줄어들어 마침내 소멸하게 된다. 그러면 북아메리카대륙은 유럽이 아니라 북상하고 있던 아프리카대륙과 충돌하고, 남아메리카대륙은 아프리카대륙의 남단으로부터 인도네시아반도에 걸쳐서 자리 잡을 가능성이 있다. 이렇게 형성되는 초대륙을 판게아 울티마 혹은 판게아 프록시마로 부른다. 이 경우에 호주대륙과 남극대륙이 어떻게 될지는 더 검토되어야 한다.

어쨌든 플룸의 상승과 하강, 맨틀의 대류 그리고 판의 운동이 계속되는 한 대륙과 해양의 분포는 끊임없이 변해가고, 오랜 시간이 지났을 때 지구 표면의 모습은 지금과는 완전히 달라져있을 것이다. 대륙끼리 충돌하거나 활발한 섭입으로 인해 현재의 히말라야산맥이나 안데스산맥과 같은 대산맥이 새롭게 형성된다. 새로운 초대륙과 대산맥의 형성은 지구 전체의 기후에도 커다란 영향을 주어 궁극적으로는 생물의 진화와 생태계의 변화가 재촉될 것이다.

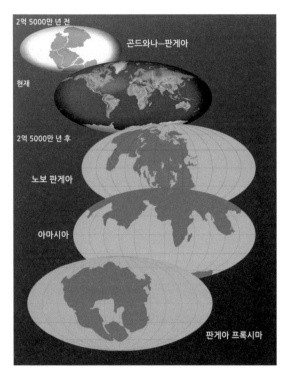

그림 69. 약 2억 5000만 년 후의 초대륙 예상도.

　지구 표면은 그 이후로도 모습을 끊임없이 계속 바꾸어갈 것이다. 약 10억 년 후에는 해양의 질량이 감소하면서 판구조 운동이 정지할 것으로 예상된다. 이는 냉각하는 행성의 필연이라 할 수 있다. 표층 해양의 질량은 현생누대가 시작된 약 5억 4000만 년 전 이래로 서서히 감소해왔다. 그 이유는 지구 표층의 바닷물은 섭입하는 판과 더불어 함수광물로서 맨틀 속으로 들어가기 때문이다. 현재까지는 초기 해양 질량의 17%가 맨틀로 이동했다고 추산되며,[5] 지속적인 흡수 과정에 의해 표층 해양의 질량은 계속 줄어들 것이다.

한편, 판구조 운동 외에도 해양의 질량을 감소시킬 요인은 존재한다. 가령 태양으로부터의 일사량이 현재보다 10% 이상 증가하여 지표면 온도가 80℃를 넘게 되면 해수의 증발량이 늘어나게 된다. 그렇게 되면 지금과 같은 대기-해양 순환의 균형은 무너지게 되는데, 증발된 해수는 대기 상층에서 광분해되고, 이때 생성된 수소는 우주 공간으로 빠져 나가버린다. 결국에는 표층 해양의 질량에 상당하는 물의 양이 약 10억 년에 소실될 가능성도 제기되고 있다.

현재 바다의 깊이는 평균 3.8km 정도이고, 중앙해령은 해저 바닥으로부터 약 1.3km의 높이로 솟아있다. 이 중앙해령이 수면 위로 그 모습을 드러내면 판구조 운동은 정지한다. 중앙해령에서 해양지각이 만들어지고, 해양판은 중앙해령을 중심으로 양쪽으로 이동해가고, 이윽고 해구에 도달해서는 맨틀로 섭입하는 것이 판 운동의 기본 모습이다. 이때 바닷물은 양쪽으로 이동하는 판의 윗면과 아랫면에서 윤활제 역할을 하게 되는데, 그런 수분이 더 이상 공급되지 않으면 판의 이동은 정지하게 된다. 게다가 지구 내부로 향하는 물의 순환이 사라지면 더불어 일어나는 휘발성 원소의 순환뿐만 아니라 섭입대에서의 화산활동도 일어나지 않게 되면서 전체적인 물질의 순환 시스템이 붕괴된다. 그리고 이 결과로 예전과는 전혀 다른 지표환경의 변화가 나타나게 된다.

판구조 운동의 정지는 지구자기장에도 커다란 영향을 준다. 왜냐면 해구에서 섭입하는 저온의 판이 맨틀과 핵 경계부로 낙하함으로써 외핵의 대류 운동을 유발해 강한 지구자기장이 구동되기 때문이다. 즉, 판구조 운동이 일어나지 않게 되면 외핵의 냉각력이 저하되고 대류에 영향을 주어 지구자기장은 극단적으로 약화되거나 정지할 것으로 예측된다. 지구 표층을 지키는 강한 자기장이 없어지면 태양과 우주로부터의 고에너지 입자가 지표로 직접 쏟아져 내리게 된다. 또한 앞서 살펴본 것처럼 대기 중 산소농도의 급감으로 오존층도 파괴된 상태이기 때문에 살아남은 생명이 있더라고 치명적인 타격을 받게 된다.

약 15억 년 후가 되면 지구 표층에 조금 남은 해양마저 완전히 소실되어버린다. 판구조 운동이 정지할 무렵의 바다는 약 1.3km 깊이까지 줄어들 것으로 예측되지만, 자기장이 소멸하면 대기와 해양 성분은 전부 우주로 빠져나가버리게 된다. 이 변화에는 팽창하는 태양에 의한 지구 표층의 가열 또한 영향을 줄 것이다. 아마도 지구는 앞서 예측한 100℃를 훌쩍 넘어 현재의 금성처럼 표면 온도가 500℃에 이르게 될 것이며, 지구의 금성화는 피할 수 없을 것이다. 그리고 가령 10억 년 후의 판 운동의 정지 후에 살아남은 미생물이 있다고 해도 해양이 소실된 시점에서 전부 멸종하게 된다.

지구와 태양계의 소멸

지구에서 바다가 사라지고 25억 년~35억 년 정도의 시간이 흐른다. 그러니까 지금부터 약 40억~50억 년 후 미래에는 우리은하 근처의 거대은하인 안드로메다은하가 우리은하에 충돌하는 대사건이 기다리고 있다. 최근의 연구는 두 은하가 약 43억 년 후에 만나서 이후

그림 70. 안드로메다은하(왼쪽)가 우리은하(오른쪽)에 충돌하는 예상도(출처 : NASA; ESA; Z. Levay and R. van der Marel, STScI; T. Hallas; and A. Mellinger).

10억 년간에 걸쳐 합쳐질 것으로 예상한다.[6] 안드로메다은하는 우리 은하의 1.5~2배 정도 규모의 은하다. 우리은하는 약 1000억 개의 별로 이루어져있지만, 안드로메다은하는 약 1500억 개 이상의 별로 되어있다. 두 은하의 충돌 후에 우리은하는 안드로메다은하에 흡수될 것이고, 안드로메다은하에 종속될 운명이다. 충돌이 일어나는 동안에 별의 탄생 빈도가 100~1,000배나 상승하는 스타버스트가 일어날 것이다. 그런데 은하끼리의 거대충돌 속에서도 태양계가 소실될 가능성이 그리 크지 않다는 수치계산도 있어 그나마 다행한 일이다. 은하 속에는 틈이 많고 또한 별과 별 사이의 거리도 멀어서 그냥 스쳐 지나 갈 가능성도 있다. 그러면 은하끼리의 충돌 사건을 넘어선 다음에 태양계 속의 지구는 도대체 언제까지 존재할 수 있을까?

태양은 그 질량과 화학조성에서 생각하면 초신성으로 폭발하지는 않을 것으로 생각된다. 은하 충돌의 사건이 종료되고 태양의 나이

그림 71. 적색거성이 되어가는 태양과 지구의 상상도(출처 : https://en.wikipedia.org/wiki/Future_of_Earth#cite_note-apj418-1).

가 약 100억 살이 될 무렵, 태양은 중심핵의 수소를 모두 연소시키고 오랜 주계열성 단계가 끝나게 되는데 그때의 태양의 크기는 현재의 1.4배, 밝기는 1.8배 정도로 생각된다. 중심핵에는 헬륨만 남게 되면 이번에는 중심핵 주위를 둘러싸고 있던 수소가 연소하기 시작하면서 태양은 급격하게 팽창하기 시작한다. 그리고 태양은 약 120억 살 무렵에 적색거성 단계에 들어간다. 그때 그 크기는 현재의 약 250배, 밝기는 약 2,700배 정도까지 증가할 것이다. 이처럼 팽창하는 태양에 의해 태양계의 안쪽의 행성인 수성과 금성, 그리고 이어서 지구가 삼켜져버릴 것이다.

물론 그러기 전에 지구는 태양으로부터의 열에 의해 급격하게 증발해갈지도 모른다. 이런 지구의 운명은 태양의 운명과 연결되어있고, 탄생 때부터 이미 결정되어있었던 것이다. 어쨌든 이 무렵이 바로

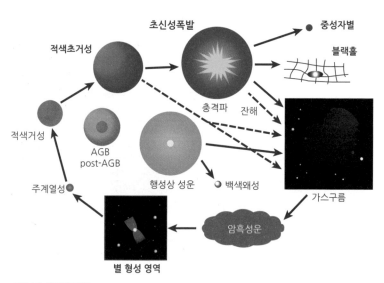

그림 72. 항성의 진화.

지구가 우주에서 사라지는 날이다. 지구에 살았던 인류의 기억도 영원히 사라져버린다.

　태양도 적색거성의 단계를 지나면 생을 마감할 준비에 들어간다. 120억 살을 넘어서면서 태양 바깥층의 물질은 우주 공간으로 흩어져 행성상 성운으로 변하고 중심부는 수축하여 백색왜성이 된다. 작지만 뜨겁게 빛나는 백색왜성도 시간이 더 흐르면 차가운 흑색왜성이 되어 빛을 잃어버릴 것이다. 태양이 사라진다고 모든 것이 끝나는 것이 아니라, 종말은 새로운 시작을 기약한다. 태양이 일생을 마치면서 날려보낸 그 물질들은 우주 공간을 떠돌다가 다른 성운과 만날 수도 있다. 성운의 밀도가 높아지면 중력의 작용으로 성운이 뭉치기 시작한다. 그리고 새로운 별의 탄생으로 거듭난다. 새롭게 탄생한 별은 이미 사라져간 별의 잔해를 포함한다. 그리고 거기에는 우리의 흔적도 있을 것이다.

　지금까지 살펴본 지구의 역사는 한마디로 급격한 변화, 곧 격변의 드라마였다고 할 수 있다. 다만 격변과 격변 사이의 시간 간격은 일정하지 않다. 격변이 끝난 뒤 지구의 환경이 전혀 변하지 않은 것도 아니다. 천천히 점진적으로 변화가 일어났고 그러다 어느 순간 격변이 찾아오는 식의 반복이었다. 즉, 그 변화는 연속적이 아니라 단속적이었다. 지구에 생명이 탄생하고 진화한 과정을 살펴보아도 격변과 밀접한 연관이 있다. 생명의 시초라고 할 만한 것도 태양계 격변 과정에서 지구 탄생의 기원물질로부터 유래한다. 그들이 생명의 체계를 이루고 진화를 거듭하려는 순간 격변이 찾아와 멸종한다. 겨우 살아남은 생명은 격변 이후의 안정된 환경 변화에 적응하고 진화하지만, 또다른 격변이 찾아와 멸종한다. 그리고 새로이 탄생하는 생명이 그다음의 진화를 이어 가고 마침내 우리네 인류까지 다다른 것이다. 이러한 격변-멸종-진화의 고리는 과거 지구 46억 년의 역사를 대변한다. 그리고 이 고리는 앞으로도 계속될 것이다.

멸종

마그마 바다가 식고 난 이후 초창기 지구에 원초대륙이 있었으나 곧 사라져버렸다. 그리고 판구조 운동이 시작되고서 나타난 대륙이 현재 우리가 아는 대륙의 씨앗들이다. 그리고 대륙은 점점 수도 늘어나고 크기도 커지면서 몸집을 키워왔다. 그리고 때때로 지구의 표면에는 거대한 대륙의 덩어리, 즉 초대륙이 자리 잡았다. 초대륙의 등장과 퇴장은 지구환경의 변화에 직결된다. 특히 지표환경에서 초대륙과 해수면 변동은 상당히 밀접했다. 대륙들이 모였을 때 해수면은 낮아지고 대륙들이 떨어져 나갈 때 반대로 높아졌다. 높아진 해수면은 대륙에 홍수를 일으키고, 해수면이 낮아지면 대륙붕이 물 위로 노출되었다. 이런 변화는 지표의 생물들에게는 상당히 충격적인 환경 변화였음이 잘 알려져있다. 한편, 대륙들이 모였을 때 지구의 기후는 한랭해져, 소위 빙실(icehouse) 기후가 되고, 반대로 대륙들이 흩어졌을 때 기후는 온난해져, 소위 온실(greenhouse) 기후로 변해왔다. 이런 변화로부터 초기 생명의 진화는 대륙이 병합되었을 때보다 분리되었던 해양환경에서 훨씬 다양하게 진행되었다.[1]

대륙들이 모이면 육지의 표면적은 늘어나고 이전보다 광범위하게 풍화작용이 일어난다. 특히 화학적 풍화는 대기 중의 이산화탄소가 빗물에 녹거나, 토양의 수분에 스며들어 탄산이 되면서 풍화를 촉진시키게 되는데, 이 과정이 지속되면 대기 중의 이산화탄소의 양은 줄어든다. 광대한 육지에서 일어나는 풍화와 침식작용은 많은 물질을 지표의 암반으로부터 분리시키고, 여기에는 생물에 필요한 영양분들이 다량 포함된다. 그리고 바다로 운반된 이 영양분을 이용하여 생물의 1차 생산은 급속도로 증가한다. 하지만 대기 중의 이산화탄소의 감소는 온실효과를 약화시킴으로써 지구의 기후는 한랭해지게 된다. 그리고 지표에서의 알베도가 증가하게 되면 넓은 지역에 빙하가 발달하게 된다.

반면, 모였던 대륙들이 분리되면 그 경계부에 열곡분지(rift basin)가 형성되고, 해수면이 높아지기 시작하면서 대륙붕 위에 많은 유기물과 탄산염이 빠르게 매몰된다. 대륙의 분리는 맨틀 물질이 지표로 분출하는 화산활동을 수반하고, 많은 양의 기체가 대기로 방출되는데 그중에는 이산화탄소 역시 포함된다. 그러면 줄어들었던 대기 속의 이산화탄소의 양은 증가하며, 해수면 상승과 더불어 지표에는 더 온화한 기후가 만들어지기 시작한다. 지구의 역사에서 대륙의 결합과 분열이 반복되었듯이, 그와 관련하여 지표의 기후도 빙실 기후와 온실 기후로 단속적인 변화를 거듭해왔으며, 생명 또한 탄생-유지-멸종의 과정을 이어왔을 것이다.

멸종은 지구 생명에게는 운명적인 현상이었다. 생명 탄생에 이르는 길도 쉽지 않았지만, 생명 탄생 이후에 펼쳐진 여러 차례의 극단적인 지구환경의 변동은 불행하게도 곧 대량멸종으로 이어졌다. 그리고 이런 불행은 지구 표층의 육지들이 초안정육괴로 모였을 때부터 벌어진 것이다. 약 24억 년 전에서 22억 년 전의 휴로니언 빙하시대에 처음 찾아온 눈덩이 지구로 말미암아 원핵생물과 진핵생물은 심각한 피해를 입었고 메테인의 농도는 낮아졌지만, 산소의 농도는 증가했다. 이 시기의 멸종을 극복한 생명은 약 21억 년 전의 프랑스빌 생물군에서 확인되듯 다세포생물의 형태를 띠고, 현재로부터 약 12억 년 전까지 복잡한 다세포 진핵생물로 진화하고 번성했다고 생각된다. 그리고 아크리타크, 구균, 시아노박테리아, 원생동물, 곰팡이, 아메바류, 사족충류 등의 생물들이 약 8억 년 전까지 번성했다고 알려져있다. 산소발생형 광합성이 진행됨으로써 대기 중의 산소농도는 증가하고 이산화탄소 농도는 점차 줄어들었다.

하지만 원생누대 말에 초대륙 로디니아가 분리되기 시작하면서 또 다른 눈덩이 지구에 해당하는 스터시안 빙하시대와 마리노안 빙하시대가 있었다. 그리고 그로부터 얼마 지나지 않아 짧은 수명의 판노티아 초대륙이 만들어지고 해체되던 무렵에는 가스키어스 빙하시대가 또 찾아왔다. 이 혹독하고 연속적인 한랭화는 당시의 지구 생명에게는 너무나도 치명적이었다. 잠시 번성했던 에디아카라 동물군이 애석하게도 완전히 사라졌다. 하지만 지구와 생명 사이의 떼어놓을 수 없는 인연은 다시금 새로운 생명의 탄생으로 이어졌다.

현생누대의 고생대 캄브리아기에 접어들어 1000만 년도 안 되는 짧은 기간에 생명의 폭발적인 진화가 일어났고 현생 동물의 체제(body plan)를 갖추게 된다. 하지만 이후 모두 대여섯 차례에 이르는 대량멸종이 일어나는데, 오르도비스기 말, 데본기 후기, 페름기 말(세부적으로는 두 차례인 G/L 경계와 P/T 경계), 트라이아스기 말 및 백악기 말의 멸종이 그것이다. 당시 지구에 번성하던 생물들의 생명을 앗아간 구체적인 이유로는 한랭화와 온난화에 의한 기후변동, 빙하작용, 해수면 변동, 해양무산소화, 화산폭발, 소행성 충돌, 우주선(고에너지 입자) 유입 등이다. 각각의 대량멸종 사건의 원인은 조금씩 차이가 있지만, 전체로 보면 지구시스템에서의 변동으로 파악할 수 있다. 그리고 그중 몇몇은 대륙과 해양의 관계로부터 비롯된다. 대륙들의 결합과 분리가 멸종사건에 적지 않은 영향을 준 것이 확실하지만, 앞으로 밝혀야 할 과제는 많이 남아있다.

진화

진화란 단어를 얘기할 때면 자연스레 한 사람의 이름이 떠오르게 되어있다. 찰스 다윈. 진화를 얘기한다는 것은 생물의 다양성을 생각하는 것이고, 그 기본은 분류가 될 것이기에 18세기 칼 폰 린네(Carl von Linné, 1707~1778)에 의한 생명의 분류가 이야기의 출발점이 된다. 린네의 분류를 시작으로 그 후 지구에 서식하는 대형동식물의 종의 분포가 기재된 도감의 시대를 거쳐 체계화되고서, 19세기 중반에 찰스 다윈의 진화론(1859년)으로 정리되었다. 다윈이 활동하던 시절은 지구의 대형 동물과 식물의 분포가 거의 밝혀진 시대였고, 산업혁명으로 증가한 인류의 식량 확보를 위해 품종개량이 과학에서 커다란 과제가 되었던 시대였다. 동식물의 종류와 분포 그리고 품종개량의 두 가지를 조합하여 다윈은 적응진화의 개념을 제안했다. 다윈은 천천히 진행하는 자연환경 변화에 적응하는 형태로 생물의 진화를 생각하고 자연도태 혹은 적응진화를 제안했다고 본다.

지구과학에서 판구조론이 정설로서 자리 잡아가던 1960년대 후반 일본인 생물학자 기무라 모토오(木村資生, 1924~1994)는 진화의 중립설(1968년)을 제창했다.[2] 다윈의 진화론이 자연환경에 대한 자연선택이라는 관점과는 달리, 기무라는 자연선택이 작동하지 않는 경우를 가정한다. 자연선택에서는 유리한 변이, 즉 적응도가 높은 생명은 유지되지만 불리한 변이는 배제된다. 그러나 기무라는 유리하지도 불리하지도 않은 중립적인 변이가 우연에 의해 유지된다고 생각했으며, 간단히 말해 자연선택이 작동하지 않은 상태에서 운이 좋은 것이 생존한다는 것이다. 그런데 이 중립설은 자연선택을 부정하는 것이 아니라 자연선택이 작동해도 허용되는 가설이며, 오히려 자연선택이 작동하는 것을 중요하게 생각한다는 관점도 있다. 요컨대 변이의 우연을 어떻게 해석하느냐이며, 자연선택이 설명할 수 없는 현상에 대한 보완이라고 보아도 무방하다고 생각한다.

기무라의 중립설이 제창되고 수년 뒤에 미국의 고생물학자 스티븐 제이 굴드는 그의 동료 나일스 엘드레지(Niles Eldredge, 1943~)와 더불어 단속평형설(1972년)을 제안했다.[3] 이 가설에서는 대량멸종이 진화를 가속시키는 것이라고 단순하게 생각할 수도 있다. 그런데 생물종의 분화는 작고 고립된 개체군에서 일어난 빠른 변화이며 그 이후에 변화가 일어나지 않는 오랜 기간의 평형상태가 유지된다는 것이 중요한 부분이다.

이 단속평형설은 점진적인 계통분화를 강조하는 진화론이 가지고 있는 문제, 즉 과거 동물화석에서 중간 화석이 발견되지 않는, 소위 잃어버린 고리의 의문을 명쾌하게 설명한다. 급속한 분화가 일어나는 단계와 단계 사이에 오랜 기간의 평형상태가 필요하다는 굴드의 주장은 그 뒤로 30년 이상 보완되어 2002년에 『진화론의 구조』로 발표되었으며, 지구의 역사를 이해하는 데 중요한 공헌을 하고 있다.

한편, 최근에는 지구시스템의 변동이 생물 진화에 큰 영향을 미쳤다고 주장하는 조금은 새로운 진화론이 대두되었다. 이 생각은 생물의 계통분화를 차례로 훑어나가는 방식이라기보다는 지구의 격변에 의해 과거의 생물종이 멸종되고 이후 변이된 새로운 생물종이 탄생한다는 관점에서 출발한다. 2015년에 일본의 지질학자 마루야마 시게노리(丸山茂德, 1949~)와 그 동료에 의해 제안되었으며, 그들은 이 가설을 생물 진화의 통일이론이라고 부르고 있다.[4] 근년의 게놈과학과 지구 표층 환경, 특히 대륙의 이합집산을 나타낸 대륙 고지리에 대한 종합적인 고찰로부터 생물 진화에 대해 세 가지 진화 양식을 제안하고 있다.

그에 따르면 첫 번째는 스템 진화(stem evolution)로 열곡대와 같이 고방사성 마그마가 활동하는 지역에서 유전자 변이가 가속되어 일어나는 경우이고, 두 번째는 크라운 진화(crown evolution)인데 고립된 대륙 내부에서 적응진화하던 생물들이 대륙이 서로 충돌하면서 종들의 교잡이 일어나 새로운 종들이 한꺼번에 탄생하게 되는 경우다. 세 번째는 지구 바깥에 원인을 둔 생물의 진화이다. 즉, 우주에서 비롯되는 환경 변동에 의해 생물 종이 분화되는 경우로 태양 활동의 주기적 변동이나 소행성의 충돌, 그리고 태양계와 암흑성운의 충돌과 같은 변동을 포함한다.

지구 역사를 통해 생명이 탄생하고 진화해온 사실은 분명하지만, 그 방식에 대해서는 여러 관점이 공존한다. 그리고 지구환경과 생명의 관계는 우리가 생각하는 이상으로 밀접할 가능성이 있다. 생명은 환경 변동이 일어나면 그 영향을 받고, 때로는 멸종했다. 그러나 반대로 생명활동도 지구환경에 커다란 영향을 미쳤고 종종 지구환경을 극적으로 바꾸어왔다. 그중에서도 산소농도의 변천은 중요한 의미를 가진다. 지구에서 온난 습윤한 환경이 유지되고 생명이 탄생하고 산소가 풍부한 환경에서 복잡한 다세포생물로 진화하여 번성한 것만으로는 현재의 지구로 진화되지 않았을 것이다. 현재의 지구에 이르기까지에는 어쩌면 지구동결과 같은 대량멸종의 원인이 되는 변동이 필요했을지도 모른다. 그리고 그런 변동을 위해서 대륙은 모였다가 떨어지기를 반복했다. 이처럼 지구와 생명은 서로를 떼어내려 해도 쉽게 뗄 수 없는 단단한 동아줄로 서로 얽혀있는 것이다.

기무라가 제안한 변이의 우연이나, 굴드가 주장한 오랜 평형이 갑자기 깨져 급속한 종분화가 일어나는 것이나, 마루야마가 설정한 지구와 우주의 변동으로 인한 새로운 생물종의 탄생 등은 모두 유사한 사건들의 결과로 해석할 수 있다. 지구시스템은 지난 46억 년 동안 끊임없이 작동되었고, 순간순간 내부와 외부에서의 자극으로 커다란 변동을 겪었으며, 그 영향으로 생명은 탄생하기도 멸종하기도 했다. 시스템은 연속적으로 유지되어왔으나 그 속의 변이는 단속적이었다.

미래를 위해

마지막으로 인류의 미래에 대해 조금만 생각해보자. 우리 인류는 지금부터 어떻게 될 것인가? 모든 생명체에게는 수명이 있다. 우리와 같은 호모 사피엔스에게도 수명이 있다. 지금까지 살핀 것처럼 약 40억 년 정도의 지구 생명의 역사 속에서 생물 종은 탄생과 멸종을 반복해 왔다. 과거의 생물의 화석기록의 통계로부터 추산하건대 생물 종의 평균적인 수명은 대략 100만~1000만 년 정도다. 그렇다면 우리 인류에게 생물 종으로서의 수명이 얼마나 남아있을까?

우리는 지금까지 지구 시간 46억 년 동안 일어났던 다양한 자연현상을 살펴볼 수 있었다. 미행성과 소행성의 충돌, 판구조 운동과 화성

활동, 한랭화와 지구동결, 온난화와 해양무산소 사건 등등. 앞으로도 이런 현상들이 발생하여 생태계가 붕괴되고 많은 생물이 멸종할 수도 있으며, 인류 또한 치명적인 피해를 입을 수 있다. 과거 지구에서 대량멸종을 초래했던 것과 같은 규모의 변동이 발생한다면 아무리 과학 기술이 발달한다 해도 대처하기 어렵다. 하지만 뭔가 대비책을 마련하기 위해 노력은 해야 한다.

그런데 인류의 생존을 과학 기술의 발달에 의존하고 있는 요즘에 와서 너무나 모순적으로 과학 기술로 말미암아 의도치 않게 멸종의 벼랑에 서는 경우가 나타나고 있다. 화석연료 사용으로 인한 기후변화, 환경오염으로 인한 생태계 파괴, 우발적인 핵전쟁, 각종 전자통신 장비를 이용한 테러, 인공지능을 이용한 범죄, 실험실 유래의 바이러스에 의한 팬데믹 등은 현재 그리고 가까운 장래에 대한 인류의 위험 부담을 극대화하고 있으며, 인류 문명을 아주 짧은 시간에 끝낼 가능성도 없지 않다.

스티븐 호킹(Stephen William Hawking, 1942~2018)은 인류에 직면한 위험 부담을 해소하기 위한 시간은 고작해야 100년 정도이고, 멸종을 피하기 위해서는 지구 바깥으로 나가야 한다고 주장하기도 했다.[5] 지구 바깥에 있는 문명의 수가 얼마나 되는지 드레이크 방정식으로 계산하고 있으나, 방정식에 들어가있는 요소 중에 가장 부정확한 것이 문명의 존속 기간이라고 칼 세이건(Carl Edward Sagan, 1934~1996)은 지적했다.[6] 기술 문명의 네거티브 피드백을 염두에 둔 것이다. 만약 고도의 과학 기술을 갖춘 외계 문명이 있다면 분명 지구로 메시지를 전달할 것이며, 그로부터 문명의 존속 기간이 길 수 있음을 의미할지도 모른다. 그러나 스티븐 제이 굴드는 아직까지 지구로 접촉한 외계 문명이 없는 이유는, 일정 수준 이상으로 기술이 고도화되고 나면 사회적 위기가 찾아오고 그 위기를 극복한 문명이 존재하지 않기 때문이라고 보았다.[7] 어떤 사례도 필요 없이 우리 주위를 돌아보자. 느끼는 것이 분명 있을 터이다.

지금 인간이 개입된 지구환경은 상당히 우려스럽다. 자연을 마더 네이처(Mother Nature)라 부르면서 보존해야 한다고 부르짖었던 것이 그리 먼 얘기가 아니지만, 날이 갈수록 환경은 더 피폐해져가고 인류의 미래가 그리 밝지 않다고 얘기하는 사람이 늘어간다. 그러나 그 험한 격변의 시대를 거쳐 생존에 성공했던 호모 사피엔스의 지혜를 믿어보고 싶다. 언젠가 우리가 왔던 그 우주로 되돌아가겠지만, 그때까지는 오늘도 달의 뒷면에서, 화성의 지표 위에서 그리고 이름도 생소한 소행성을 향해서 인류의 도전은 계속될 것이다.

감 사 의 글

흐트러진 원고로부터 그나마 정리된 책으로 탈바꿈하기까지 여러 사람의 도움이 있었다. 나름대로 열심히 찾고 읽고 쓰고 고치기를 반복했으나 내용에서는 미심쩍은 부분이 많았다. 갑작스레 연락하여 원고 내용에 대한 검토를 부탁했을 때 마다하지 않고 도와주신 분들이 계신다. 부경대학교 백인성 교수님, 서울대학교 최변각 교수님, 경희대학교 이정은 교수님 전북대학교 박찬경 교수님, 경상대학교 조주현 교수님, 김효임 교수님 그리고 극지연구소 유규철 박사님께 감사드린다. 그리고 도전적이면서 읽기도 쉽지 않은 책을 출판해주신 이지북의 강병철 대표님과 꼼꼼히 손봐주신 편집부 여러분께 감사의 말씀을 전한다.

마지막으로 지구 46억 년의 세월에서 아주 짧은 순간이나마 함께 사랑하며 살아가고 있는 아내와 두 딸에게 고마움을 전한다.

주의 목전에는 천년이 지나간 어제 같으며 밤의 한 경점 같을 뿐임이니이다. (시 90:4)

2021년 어느 여름밤

진주 가좌동에서

용 어 정 리

ㄱ

가스구름(gas cloud): 주요 성분인 수소가 주로 분자 상태(H_2 가스)로 존재하는 성간 가스 구름을 가리킨다. 분자구름이라고도 한다.

간헐천(geyser): 지하에서 데워진 뜨거운 물이 지표 위로 뿜어져 나오는 공간을 말한다.

감람석(olivine): 상부맨틀의 감람암과 지표에 분출한 현무암을 구성하는 주요 광물이며, $(Mg, Fe)_2SiO_4$의 조성을 가진다.

감압용융(decompression melting): 지하로 내려갈수록, 즉 압력이 증가할수록 암석의 용융점은 높아진다. 그런데 지각변동으로 인해 지하 깊은 곳에 위치하던 암석이 온도의 변화가 거의 없이 지하 얕은 곳으로 올라오게 되면 압력의 감소 때문에 용융이 일어나는 현상을 말한다.

강착원반(accretion disk): 별과 블랙홀 같은 천체의 주위로부터 가스가 모여드는 경우에 각운동량을 가진 가스가 중심별에는 전혀 떨어지지 않고 그 주위에 고리를 형성하고 넓게 퍼진 원반을 말한다. 원시행성계가 형성될 때도 유사한 현상이 일어난다.

거대충돌(giant impact): 탄생 직후의 원시지구에 테이아로 불리는 화성 정도 크기의 천체가 충돌하여 두 천체의 파편 물질이 지구 주변 궤도에서 달을 형성했다고 설명하는 달의 기원설로부터 유래한다.

고지자기학(paleomagnetic study): 암석에 남아있는 과거 지구 자기장의 정보를 획득하여 자기장의 세기와 위치를 연구하는 분야이다.

공진화(coevolution): 여러 종이 서로 영향을 미치며 함께 진화해가는 것을 말한다.

공통조상(common ancestor): 생물 진화를 거슬러 올라가 탄생한 모든 생물의 조상이 되는 생명을 뜻한다.

궁수자리(Sagittarius): 황도 12궁의 하나로, 전갈자리의 동쪽, 염소자리의 서쪽에 위치한다. 우리은하의 중심이 궁수자리 부근에 있다.

궤도 공명(orbital resonance): 중심이 되는 천체 주위를 공전하는 두 개의 천체가 서로 중력의 영향을 주고받은 결과 두 천체의 궤도가 변하는 것을 말한다. 궤도 공명으로 궤도가 안정하게 될 수도 불안정하게 될 수도 있다.

그랜드택 모델(Grand Tack Model): 태양계 형성 모델의 하나로, 태양계 형성의 초기에 목성과 토성 같은 거대행성들이 현재보다도 태양에 가까운 쪽의 궤도를 가지고 주변의 가스와 먼지를 집적했다고 설명하는 가설이다. 화성의 질량이 작은 것과 소행성대 내 소행성들의 분포 같은 사실을 모순 없이 설명할 수 있는 모델로 주목받고 있다.

ㄴ

눈덩이 지구(snowball earth): 원생누대에 지구 표면 전체가 적도 부근까지 빙상으로 덮였던 상태를 말한다. 세계 각지에서 발견되는 원생누대의 빙하퇴적물과 그 위를 덮고 있는 탄산염암(탄산염 덮개암) 및 호성철광층의 존재와 연관되어있다.

니스 모델(Nice Model): 태양계 형성으로부터 5~7억 년 후에 거대 행성의 궤도의 역학적 진화가 태양계에 커다란 변동을 가져왔다고 주장하는 모델이다. 프랑스 니스에 있는 천문대에서 개발되었기 때문에 니스 모델로 불린다.

ㄷ

다이아믹타이트(diamictite): 빙하작용으로 모래나 굵은 입자들이 진흙과 서로 뒤엉켜 굳어진 역암질의 쇄설성 암석을 말한다. 요즘은 틸라이트(tillite)라는 용어로 더 많이 사용되는데, 틸(till)이라 불리는 빙하작용으로 형성된 퇴적물들이 굳어져 만들어진 퇴적층을 뜻한다.

단속평형설(punctuated equilibrium): 굴드와 엘드리지가 제안한 진화 이론으로, 진화는 일정한 속도로 진행되는 것이 아니라 격변과 같은 사건이 일어날 때 비교적 단기간에 폭발적인 종분화가 일어나고, 그 외는 꽤 오랜 기간 종의 안정기, 즉 평형상태에 놓이게 된다고 주장하는 가설이다.

단슈가드-외슈거 사건(Dansgaard-Oeschger event): 마지막 빙기 동안 약 1,500년 주기의

기후 요동이 스물다섯 차례나 일어났던 현상이다.

대량멸종(mass extinction): 지구 생명사 가운데 생존했던 종의 70% 이상이 멸종했던 사건을 대량멸종이라고 하며, 현생누대에 적어도 대여섯 차례의 대량멸종이 알려져있다.

대륙지각(continental crust): 대륙을 구성하는 지각을 말한다. 주로 화강암과 안산암 같은 화성암으로 이루어지나 상부에는 퇴적암이 많다. 두께는 30~50km 정도이고 해양지각에 비해 밀도가 낮다.

대산화 사건(Great Oxidation Event, GOE): 선캄브리아시대에 시아노박테리아에 의한 산소 발생형 광합성이 시작되면서 그때까지 무산소상태였던 지구대기에 다량의 산소가 생성되었던 시기를 말한다. 약 25억 년 전에서 23억 년 전의 사건으로 많은 혐기성 생물이 멸종했으나 일부는 심해 혹은 지하 깊은 곳에서 생명을 유지했고, 지구 표층에는 산소를 에너지로 사용하는 호기성 진핵생물이 탄생하게 되었다.

데니소바 사람(Devisova Man): 시베리아 알타이산맥에 있는 데니소바 동굴에서 발견된 고대 인류를 말한다. DNA 염기서열의 분석 결과로부터 독립적인 고대 인류 계통으로 확인되었다.

도호(island arc): 휘어진 활모양으로 분포하고 있는 화산 열도를 가리키며, 호상열도라고도 한다. 현재 지구에서 해양판이 섭입하고 있는 가장 활동적인 장소이며 태평양을 둘러싼 불의 고리 지역에 많이 분포하는데, 격렬한 화산활동과 크고 작은 지진들이 발생하며 육지 쪽으로는 깊은 해구가 나란히 위치한다.

독립영양생물(autotroph): 단백질과 탄수화물 같은 복잡한 유기화합물을 생산하여 스스로 영양분을 만들 수 있는 생물이다.

동위원소 교환(isotopic exchange): 같은 동위원소들(가령 수소와 중수소, 산소-16과 산소-18 등) 사이의 교환반응을 말한다. 동위원소 분별(fractionation)이라고도 한다.

ㄹ

라그랑주 점(Lagrange point): 천체 A 주위를 천체 B가 원운동하고 있을 때, 두 천체를 잇는 선으로 xy 좌표를 만들면 질량이 무시 가능한 천체 C가 정지한 채 존재할 수 있는 장소가 다섯 군데이며, 이를 라그랑주 점이라 한다. 가령, 트로얀 소행성대는 태양과 목성 사이를 한 변으로 하는 정삼각형의 꼭지점에 위치하는 라그랑주 점이다.

레이트 베니어(late veneer): 지구형 행성의 형성 과정에서 소행성이나 혜성으로부터의 물질이 나중에 부가되는 사건을 말한다.

레골리스(regolith): 고결되지 않은 퇴적물을 말한다. 행성 과학에서는 달, 행성, 소행성 등의 천체 표면을 덮고 있는 퇴적물을 가리킨다.

□

마그마 바다(magma ocean): 지구 형성 초기에 지표를 덮고 있었던 마그마의 층을 말한다. 원시지구는 미행성이 충돌하여 성장했다고 생각되며, 이때 충돌에너지가 열에너지로 바뀌어 지표 온도는 상승하여 암석의 용융점을 넘어서고 지표는 마치 마그마가 바다를 이룬 양상이었다고 생각된다.

맨틀오버턴(mantle overturn): 상부맨틀의 물질과 하부맨틀의 물질이 부분적으로 그 위치를 바꾸게 되는 현상이다.

맨틀 전이층(mantle transition zone): 상부맨틀의 깊이 410km에서 660km 사이에서 확인되는 지진파의 불연속 구간이다.

메가레골리스(megaregolith): 달 표면의 지각이 운석의 충돌로 깨진 최대 깊이 약 25km에 이르는 레골리스층을 가리킨다.

메테인 생성균(methane bacteria): 이산화탄소를 이용하여 수소를 산화시키는 과정에서 메테인 가스를 생성하며 에너지를 얻는 혐기성 세균이다.

메테인하이드레이트(methane hydrate): 메테인 가스와 물로 이루어진 얼음 형태의 고체 물질. 저온·고압의 조건에서 존재하는 물질로 수심 500m보다 깊은 심해저의 퇴적물 속이나 영구동토 속에 널리 분포한다.

목재부후균(wood-rotting fungi): 목재의 주요 성분인 셀룰로스(섬유소) 또는 리그닌(목질소)를 부패·분해시키고 거기서 영양을 얻어 생활하는 균을 말한다. 백색부후균은 목재부후균의 일종으로 리그닌을 선택적으로 분해하는 능력을 가진다.

미토콘드리아 이브(mitochondrial Eve): 현생 인류의 미토콘드리아 DNA에 의한 가장 최근의 모계 공통조상을 말한다.

미행성(planetesimals): 행성을 만드는 재료가 되는 직경 1~10km 정도의 천체를 말한다. 원시태양계 성운 중에 떠다니던 티끌이 태양 중력의 연직 성분에 이끌려 태양 주위를 공전하면서 서서히 성운의 적도면에 침전하여 얇은 티끌층을 형성하는데, 티끌층의 밀도가 충분히 높아지면 중력적으로 불안정하게 되어 분열하여 미행성이 형성된다. 미행성은 서로의 중력에 의해 충돌하고 합체하면서 원시행성으로 자라게 된다.

밀란코비치 주기(Milankovitch cycles): 세르비아의 지구물리학자였던 밀란코비치가 제창한 지구 기후의 장기적인 변화가 천문학적 요인에 있음을 설명한 가설이다. 세 가지 요인이 있는데, 지구의 공전궤도, 즉 이심률의 변화, 지구 자전축 경사의 변화 그리고 자전축의 세차운동 등이다.

ㅂ

방사성연대(radioactive age): 방사성 동위원소를 포함하고 있는 물질은 붕괴과정을 통해 반감기 동안 그 양이 절반으로 줄어드는 원리를 이용하여 측정할 수 있는 물질의 나이다.

배경멸종(background extinction): 어떤 생물 계통이 자손을 남기지 않고 사라져버리는 일반적인 멸종의 형태를 말한다. 지구의 역사에서는 어느 시대이든 멸종은 있었다. 적자생존의 원리에 의해 종 사이의 경쟁이 일어난 결과로 빈번하게 멸종이 일어날 수 있으며, 이를 배경멸종이라 한다. 한편, 비교적 단기간에 상당수의 종이 멸종하고, 그 멸종률이 특정 사건 전과 비교해 아주 두드러진 경우 대량멸종이라 부른다.

백금족 원소(platinum-group elements): 주기율표에서 제8, 9, 10족의 원소 중 루테늄(Ru), 로듐(Rh), 팔라듐(Pd), 오스뮴(Os), 이리듐(Ir), 백금(Pt) 등의 여섯 원소는 성질이 비슷한 백금족 원소로 묶인다.

버제스 동물군(Burgess fauna): 캐나다 브리티시컬럼비아주의 고생대 캄브리아기 중기 지층에 분포하는 버제스 셰일에서 발견된 특이한 화석군이다.

범람현무암(flood basalt): 보통 대륙 내에서 수평에 가까운 용암류의 중첩으로 대규모 용암대지를 형성하는 현무암을 말한다. 지각의 갈라진 틈으로부터 용암이 단기간에 분출하며, 1회의 용암류 두께는 10m 정도이지만 다량으로 분출하여 2,000m 이상의 두께를 가진 대지를 형성하여 대지현무암으로도 불린다.

변성작용과 변성암(metamorphism and metamorphic rocks): 기존의 암석(화성암, 퇴적암, 변성암)이 또 다른 온도와 압력 조건에 놓이게 될 때 암석에 포함된 광물 조성, 형태 및 조직이 변하게 되는데 이런 과정을 변성작용이라고 하고, 그 과정으로 재탄생된 암석을 변성암이라 한다.

뵐링-알레뢰드(Bølling-Allerød) **온난기**: 약 1만 4,500여 년 전 마지막 빙기의 끝 무렵에 갑작스레 찾아온 온난기를 가리킨다.

부가체 프리즘(accretionary prism): 판의 섭입에 의한 부가작용으로 만들어진 지층을 가리킨다. 해저에 분출한 현무암을 비롯하여 해양퇴적물인 석회암, 처트, 이암 그리고 육지 기원의 모래와 진흙 등이 섞인 층으로 구성된다.

분광학(sepctroscopy): 전자파를 파장 또는 주파수 성분으로 분해하여 측정함으로써 대상의 조성과 온도, 밀도 등을 측정하는 분야다.

분자구름(molecular cloud) → 가스구름

분자구름 코어(molecular cloud core): 성간 분자구름 속에서 밀도가 높은 영역으로 별이 탄생하는 장소를 말한다.

분자생물학(molecular biology): 분자 수준, 즉 세포 이하의 수준에서 생명현상을 해명하고, 또한 단백질과 핵산 같은 고분자의 특성으로부터 기본적인 생명현상을 설명하고자 하는 학문 분야이다.

뷔스타이트(wüstite): 철의 산화광물로 FeO의 조성을 가지고 소량의 마그네슘과 망간을 포함한다. 운석, 현무암 및 킴벌라이트 등에서 확인된다. 마그네슘 뷔스타이트(MgO)는 맨틀에서 감람석의 상전이로 만들어지며, 이전에는 페리클레이스(periclase)로 알려졌었다.

브리지마나이트(bridgmanite): 하부맨틀을 구성하는 (Mg, Fe)SiO$_3$의 조성을 가진 규산염 광물로 초고압 상태에서 페로브스카이트(perovskite)구조라는 특수한 결정구조를 가지는데, 예전에는 규산염 페로브스카이트로 불렸다.

빙실기후(icehouse)**와 온실기후**(greenhouse): 지구의 양극에서 동시에 빙상이 존재할 경우를 빙실 상태라 하고, 과거 지구에서는 눈덩이 지구 사건을 포함하여 다섯 차례의 빙실기후가 있었다고 추정된다. 한편, 온실기후는 지구에 대륙빙하가 존재하지 않는 기간을 말한다.

빙하시대(glaciation): 빙하에 의해 일어나는 침식, 운반, 퇴적 등의 작용 또는 그 기간을 말한다. 빙하가 이동할 때 암반의 기저와 측벽이 강하게 마모되고 침식된다. 빙하 속에 포함된 암석의 파편 역시 침식된다. 침식되어 빙하에 포획된 암석은 하류로 운반되고, 빙하의 운반작용이 약해지는 곳에서 퇴적되는데, 이를 모레인(빙퇴석)이라 부른다. 또한 빙하의 말단부에 빙하성 퇴적물인 다이아믹타이트(또는 틸라이트)층을 형성하기도 한다.

빙하성 퇴적물(glacial deposit) → 다이아믹타이트

ㅅ

사장석(plagioclase): 결정계로는 삼사정계에 속하는 소듐(Na)과 칼슘(Ca)을 주성분으로 하는 알루미늄-규산염광물이며, 다양한 암석에서 산출된다.

산소농도 오버슈트(oxygen overshoot): 산소농도가 급격하게 상승한 다음 다시 안정한 범위까지 떨어지는 현상이다.

산소 동위원소(oxygen isotope): 세 종류의 동위원소, 즉 ^{16}O, ^{17}O, ^{18}O가 있으며 각각의 존재비는 99.76%, 0.04%, 0.20%이다.

상대연대(relative age): 지층과 암석의 형성 시기, 화석 생물의 존재 기간, 지질학적 사건 등을 이용하여 상대적인 전후 관계를 나타내는 연대를 말한다.

생체 광화작용(bio-mineralization): 생물이 무기질 광물로 이루어진 단단한 조직을 형성하는 작용이다.

섭입(subduction): 중앙해령에서 생성된 해양판이 대륙판이나 다른 해양판 아래로 기어들어가는 현상이다.

섭입대(subduction zone): 지구 표층을 덮고 있는 판이 섭입하는 장소이다. 섭입대를 따라 해구가 위치하고, 화산과 지진활동이 활발하다.

성간티끌(interstellar dust), **우주티끌**(cosmic dust): 은하 내에서 별들 사이에 존재하는 고체 미립자를 가리킨다. 별에서 나오는 빛을 효율적으로 흡수하거나 산란시켜 감광을 일으킨다. 보통 11μm 이하의 크기로, 조성은 산소, 탄소, 마그네슘, 규소, 철 등으로 이루어진다.

성단(star cluster): 서로의 중력으로 한데 모여있는 별의 집단. 별 수의 공간밀도가 낮고 드문드문 집단을 이루는 것을 산개성단(open cluster)이라 하는데, 나이가 수십억 년 정도 보다 젊은 별이 많다. 커다란 분자구름으로부터 성단이 형성된다고 생각되기 때문에 거대 분자구름의 분포와 마찬가지로 우리은하의 원반부에 많이 존재하고 있다. 이에 반해 별의 수가 수십만 개에 이르고 그 공간밀도가 높아 중력적으로 강하게 속박되며 거의 공 모양의 대칭구조를 가지는 성단을 구상성단(globular cluster)이라 한다. 은하계 내의 구상성단에는 별의 수명이 100억 년을 넘는 경우도 많기 때문에 그들은 은하 형성의 초기단계에 탄생한 것으로 생각된다.

성운(nebula): 성간물질이 주변보다 높은 밀도로 모여 밝게 빛나기도 하고 혹은 빛을 흡수하여 어둡게 되기도 하여 구름처럼 보이는 천체다.

센트럴 도그마(central dogma): DNA, RNA, 단백질의 관계에서, DNA가 전사되어 RNA가 되고, 그것이 번역되어 단백질이 된다고 하는 유전정보의 전달 흐름을 말하며, 생명 중심원리라고도 한다.

소행성(asteroids): 태양 주위를 공전하는 천체 중에서 행성과 왜소행성(dwarf planets) 및 그들의 위성을 제외한 작은 천체를 태양계 소천체라고 하는데, 그중에서도 특히 목성의 궤도 주변보다 안쪽에 있는 것을 소행성이라 부른다. 소행성은 궤도 장반경에 따라 소행성대의 소행성, 트로얀 소행성 및 지구근접 소행성 등으로 구분하기도 한다.

소행성대(asteroid belt): 화성과 목성 사이에 많은 소행성이 분포하는 영역을 말한다. 소행성대에는 이 영역 이외에 지구궤도 근방의 궤도를 가진 지구근접 소행성대, 목성과 같은 궤도에 있는 트로얀 소행성대가 있기 때문에 이들과 구별하기 위해 주(main) 소행성대로 부르는 경우도 많다.

쇄설성 저어콘(detrital zircon): 육지의 암석이 풍화 · 삭박되어 모래나 진흙이 만들어질 때 암석에서 분리된 저어콘 광물의 입자를 말한다.

수소 동위원소(hydrogen isotope): 자연상태로 존재하는 세 종류의 동위원소, 즉 ^{1}H(수소), ^{2}H(중수소), ^{3}H(삼중수소)가 있으며 각각의 존재비는 99.99%, 0.01%, 극미량이다.

수치연대, 절대연대(numerical age/absolute age): 물리적 또는 화학적 개념에 기초하여 측정한 물질의 연대를 말한다. 대표적으로는 방사성동위원소의 붕괴를 이용한 방사성연대이다. 측정연대라고도 한다. 절대연대(absolute age)로도 알려져있으나 절대적으로 옳은 연대라는 오해가 있을 수 있기에 표현에 주의해야 한다.

슈라이버사이트(schreibersite): (Fe, Ni)$_3$P의 화학조성을 가진 인화광물로 정방정계에 속하며 금속광택을 가지는 불투명 광물이다. 주로 환원환경에서 형성된 운석에 포함되어있다.

스노라인(snow line): 태양계 행성계에서 물, 메테인, 암모니아 등의 수소화물이 고체로 존재하는 거리를 말한다. 화성과 목성 궤도 사이에 있는 소행성대 내 약 2.7AU의 거리에 있다. 설선(雪線)이라 불리기도 한다.

스타버스트(starburst): 큰 질량의 별이 단기간에 엄청난 양으로 생성되는 현상이다. 전형적인 별 생성률은 1년에 태양 질량의 10~100배 정도, 계속 시간은 1천만~1억 년 정도다. 스타버스트가 일어나고 얼마 뒤에는 대량의 초신성이 폭발하고, 강력한 은하풍이 발생한다.

스트로마톨라이트(stromatolite): 원핵생물의 군집이 만드는 퇴적구조를 말한다. 원시적 조류인 시아노박테리아는 세포로부터 점액을 분비하여 야간에는 바닷물 속의 석회질이나 규질 입자를 고착시켜 얇은 피막이나 층을 만든다. 낮에는 그 얇은 엽층의 표면에 다시 시아노박테리아가 성장한다. 이렇게 수 μm에서 수 mm 두께의 엽층이 반복된 구조가 돔이나 기둥 모양같은 다양한 형태로 나타난다.

스트론튬 동위원소(strontium isotope): 자연 상태에서 안정한 네 종류의 동위원소, ^{84}Sr(0.56%), ^{86}Sr(9.86%), ^{87}Sr(7.0%) 및 ^{88}Sr(82.58%) 등이 있다.

시베리아 트랩(Siberian Trap): 러시아 우랄산맥 동쪽의 시베리아 지역에 분포하는 거대한 현무암질 화산지대를 말한다.

심해열수계(deep sea hydrothermal system): 해저에서 지열로 데워진 뜨거운 물, 즉 열수가 분출하는 장소를 말한다. 해령에 인접하여 발견되며, 300℃ 이상의 열수에 용해된 금속과 그 황화물이 침전하여 굴뚝 모양을 이루기도 한다. 그리고 태양광이 전혀 도달하지 못하는 심해저에 위치하기 때문에 메테인과 황화수소를 포함하는 열수에 의존하는 생물군집이 발달한다. 체내에 메테인과 황화수소로부터 에너지를 만들어내는 세균이 공생하는 생물들이 알려져있다.

ㅇ

아마시아(Amasia): 약 2억 5000만 년 후에 출현하리라 예상되는 초대륙을 말한다. 유라시아대륙 동쪽과 아메리카대륙 서쪽이 합체하여 형성될 것으로 생각되고, 아메리카와 아시아를 합한 이름에서 유래한다.

아미노산(amino acid): 하나의 분자에 아미노기와 카복실기를 가진 유기화합물을 말한다.

아세틸-CoA 경로(acetyl coenzyme A pathway): 혐기성 세균의 탄산고정 경로의 하나로, 아세트산 생산균이나 메테인 세균 등에 존재하며 2분자의 CO_2에서 1분자의 아세틸 CoA를 합성하는 경로를 말한다.

아이스맨틀(ice mantle): 분자구름 내부의 티끌 표면에 물, 일산화탄소, 메탄올, 암모니아, 질소 등의 여러 분자들이 동결하여 형성되는 얼음 입자를 가리킨다.

안정육괴(craton): 캄브리아기 이후 거의 지각변동을 받지 않은 단단한 땅덩어리를 말한다. 순상지와 탁상지를 합한 대륙 중심부의 안정한 땅으로 강괴, 안정지괴 등으로도 불린다.

알베도(albedo): 천체에 입사하는 에너지와 반사하는 에너지의 비율을 가리키는데, 보통 지표면이 태양광을 반사하는 비율을 가리키는 경우가 많다. 지구의 평균 알베도는 약 0.3이고, 태양계 행성 중에서 가장 높은 것이 금성으로 약 0.65, 가장 낮은 것이 수성으로 약 0.1이며, 달은 약 0.07이다.

암석권(lithosphere): 지각과 맨틀 최상부로 이루어진 지구 표층의 단단한 부분을 말한다. 두께는 해저에서 약 70km, 대륙에서는 그 두 배 정도이지만, 지역에 따라 다르다. 암석권이 십수 매로 나뉘어 판을 이룬다.

암흑성운(dark nebula): 성운 중에서 저온(20K 정도)이고 고밀도(1cm³당 수소 원자 500개 이상)로 다량의 티끌을 포함하기 때문에 배후 천체로부터의 빛이 티끌에 의해 차폐되어 어두운 구름처럼 보이는 것을 말한다.

액상농집원소(incompatible elements): 암석의 부분용융으로 마그마가 만들어지고, 마그마의 결정작용이 일어날 때 광물 속에 들어가기 어려운 원소는 마그마에 농집된다. 고체인 광물이 아니라 마그마의 액체에 남게 되는 원소를 가리켜 액상농집원소라고 하는데, 이온 반경이 크거나 전하가 커서 광물에 들어가기 어려운 원소들이다.

어두운 젊은 태양의 역설(faint young Sun paradox): 지구가 형성된 초기에는 태양복사에 너지가 적어 지구가 얼어야 했지만 그렇지 않았음을 의미한다.

얼음 알베도 피드백(ice albedo feedback): 얼음은 육지와 물에 비해 태양광을 더 많이 우주로 반사하기 때문에 빙상이 분포하는 지역에서의 변화가 기후변동에 미치는 영향을 말한다.

에너지-균형 기후 모델(energy-balance climate model): 지구로 들어오는 태양복사, 지구 바깥으로의 방출, 지구의 에너지 흡수 및 온실효과 등으로부터 지구의 평균 표면 온도를 예측하는 단순한 기후 모델을 가리킨다.

에디아카라 생물군(Ediacara biota): 선캄브리아시대 말에 형성된 세계 각지의 해성층에서 발견되는 화석군을 말한다. 최초로 발견된 호주 남부의 지명에서 유래한다. 단단한 조직이 없고, 대개 편평한 모양으로 이전 시대에 비해 크게 성장했다. 섭식기, 소화기, 순환기 등의 내부 구조가 없고, 표피를 통한 확산으로 바깥과 물질교환을 했던 것으로 생각된다.

연대측정법(age determination method): 과거 지구에서의 사건이 언제 일어났던 것인지, 과거 생물의 화석이 언제 것인지, 또한 그들이 포함된 지층은 언제 형성된 것인지 그리고 지질시대의 길이가 얼마이고 그 경계가 언제인지 등의 연대를 구체적으로 결정하는 방법을 연대측정법이라 한다. 연대측정의 방법과 지질시대 결정에 관련된 연구 분야를 지구연대학(geochronology)라고 한다. 연대측정에는 다양한 방법이 있으며, 목적에 합당한 방법을 선택해야 한다.

연약권(asthenosphere): 딱딱한 판을 이루는 암석권 아래의 조금 무른 층을 가리킨다. 상부맨틀에서는 깊을수록 지진파 속도가 감소하는 소위 저속도층이 존재하고, 연약권이 그 층에 해당한다고 생각된다. 저속도층에서는 고온으로 말미암아 맨틀 암석이 수% 정도 부분용융 되어있거나 아니면 그에 가까운 무른 상태일 것으로 생각된다. 대륙 아래보다는 해저 아래에서 뚜렷하게 존재함이 알려져있다.

열곡(rift valley): 지층의 양쪽이 단층 또는 단층군으로 잘리고, 그 사이가 주위보다 상대적으로 함몰된 가늘고 긴 지대를 가리킨다. 대규모로 나타날 때 열곡대 또는 지구대라 부른다.

열수(hydrothermal fluid): 지하에서 마그마로부터 방출되거나, 또는 마그마가 식어 굳어진 후에도 남아있는 고온의 수용액이다. 보통 300℃ 이상으로 다양한 광물 성분을 포함하며, 열수용액이라고도 한다.

열점(hot spot): 맨틀의 심부로부터 상승한 뜨거운 물질(플룸)이 지각을 뚫고 마그마를 분출시키는 장소를 말한다. 하와이 열도가 대표적인 예다.

열핵융합반응(thermonuclear synthesis): 원자핵이 핵반응으로 무거운 원자핵으로 융합하여 큰 에너지를 발출하는 현상이다.

영거 드라이아스(Younger Dryas): 최종 빙기가 끝나고 온난해진 최초의 약한 간빙기 후에 지속된 약한 빙기를 가리킨다. 플라이스토세 말기인 약 1만 2,900년 전부터 약 1,300년 정도 계속되었다.

왜소은하(dwarf galaxy): 크기와 질량이 작은 은하를 말한다.

우리은하(Our galaxy): 태양계가 속해있는 은하로, 은하의 종류로 말하면 막대나선은하에 속한다.

우주선(cosmic ray): 지구 바깥에서 오는 고에너지 방사선을 말한다. 지구 대기에 진입하기 이전의 우주선을 1차 우주선, 지구 대기에서 이차적으로 생성되는 것을 2차 우주선이라 한다.

원시행성계 원반(proto-planetary disk): 행성 형성 과정 초기에 만들어지는 원반 구조를 말한다. 별은 성간구름에 있는 밀도가 높은 분자구름 코어가 자기 중력으로 수축하여 생성되지만, 그 수축 때 커다란 각운동량을 가진 먼지는 수축하는 중심(원시별)에 도달하지 못하고 원시별 주위에 원반(직경 2,000AU 정도)을 형성하게 된다. 이것이 원시행성계 원반이고, 1000만 년 정도에 걸쳐 원반 내에서 티끌이 집적하여 미행성과 행성으로 성장한다고 생각된다.

원시행성(proto-planet): 원시행성계 원반 속에서 만들어지는 행성의 전단계에 해당하는 천체로, 직경 10km 정도의 미행성이 충돌·합체를 반복하여 달 정도 크기가 된 것을 말한다.

윌슨사이클(Wilson cycle): 중앙해령에서 해저의 생성, 해저와 대륙의 수평 이동, 해구에 나란한 해저의 섭입과 도호의 활동, 대륙과 대륙의 충돌 및 조산운동 등은 현재 지구 상에서는 서로 다른 장소에서 일어나고 있지만, 오랜 지질시간에서는 한 장소에서도 판구조 운동 주기의 일환으로 반복하여 일어날 수 있음을 나타내는 용어다.

유체포유물(fluid inclusion): 광물 속에 존재하는 유체가 주성분인 포유물을 말한다.

유황 동위원소(sulfur isotope): 4개의 안정한 동위원소, ^{32}S(95.02%), ^{33}S(0.75%), ^{34}S(4.21%), 및 ^{36}S(0.02%) 등이 있다.

은하수(Milky Way): 달이 없는 어두운 밤에 육안으로 보면 밤하늘을 크게 가로지르는 듯 보이는 엷게 빛나는 띠 모양의 천체로, 그 정체는 우리은하의 원반부에 있는 무수한 별의 집단이다.

응축과정(condensation): 보통은 기체가 일정 온도 이하에서 냉각, 압축하여 액체가 되는 과정이다. 한편, 태양계 형성 초기에 고온의 플라스마가 급속하게 냉각되어 고체 물질로 되는 현상을 응축이라 부르기도 한다.

이아페투스해(Iapetus Sea): 이아페투스는 그리스 신화에서 우라노스와 가이아의 아들이며, 원생누대 말에서 고생대 초까지 남반구에 분포했던 고해양을 가리킨다.

인류세(Anthropocene): 네덜란드 출신의 독일 화학자로 노벨 화학상 수상자(1995년)인 파울 크뤼천(Paul Crutzen)이 그의 동료 유진 스퇴르머(Eugene F. Stoermer)와 함께 2000년에 제안한 지질시대 구분의 하나다. 홀로세 이후 인류가 대번성하고, 농업과 산업혁명을 거쳐 지구 규모의 환경 변화를 일으킨 시대로 정의된다.

인산화반응(phosphorylation): 보통 생체 내의 대사반응에서 유기화합물에 인산기가 결합하는 반응을 말한다. 원시지구에서는 환원성 광물인 슈라이버사이트와 물의 반응으로 일어나는 대사반응을 가리킨다.

임브리움 분지(Imbrium Basin): 지구의 북반구에서 보았을 때 달 표면의 왼쪽 위에 위치한 직경이 약 1,146km에 이르는 거대한 달의 바다를 가리키며, 보통 '비의 바다(Mare Imbrium)'로 불린다.

ㅈ

저어콘(zircon): $ZrSiO_4$의 조성을 가진 정방정계의 규산염광물로, 주로 심성암과 변성암 속에 부성분 광물로 산출된다.

전자유도 다이나모(electromagnetic induced dynamo): 지구와 태양 같은 천체가 가지고 있는 자기장이 그 천체 내부의 전기전도도가 높은 유체(태양의 경우 전리된 기체, 지구의 경우 핵 내의 액체 철)의 운동에 의한 전자유체 상호작용으로 발생한다고 설명하는 이론이다.

정체된 덮개(stagnant lid): 지구 초창기 지표를 덮고 있던 회장암과 KREEP 현무암의 두 층으로 이루어진 껍질을 말한다.

정체 덮개 대류(stagnant lid convection): 지구 지표의 정체된 덮개 아래에서 일어났던 제한적인 대류를 가리킨다.

정크(잡동사니)월드: 분자구름이나 원시행성의 대기 속에서 생성된 잡다한 유기분자의 집합체로부터 아미노산이 만들어져 생명에 이른다는 가설이다.

제트(Stellar jets 또는 astrophysical jets): 우주 공간에서 중심 천체 주위로 강착원반 같은 원반 형태의 구조가 형성될 때, 그 연직 방향으로 가늘게 조여진 물질이 분출되는 현상이다.

젤라시안(Gelasian): 신생대 제4기의 플라이스토세가 시작되는 시기로 약 258만 년 전에서 180만 년 전 사이의 지질시대를 말한다.

조산작용과 조산대(orogeny and orogenic belt): 현재 또는 과거의 큰 산맥과 도호의 뼈대를 만든 지각변동을 조산작용이라한다. 조산작용을 받았거나 받고 있는 지역을 조산대라고 하는데, 지층의 습곡이 현저하고 충상단층이 발달하며, 화강암과 변성암 등이 분포하는 길이 1,000km 이상의 좁고 긴 지대를 이루기도 한다.

조석마찰(tidal friction): 주로 달의 인력의 영향으로 일어나는 조석에 의해 바닷물이 이동할 때, 해저(고체지구)에서 일어나는 마찰을 가리킨다. 조석마찰로 인해 지구의 자전은 느리게 되고, 지구-달 시스템의 각운동량이 일정하게 유지되기 위해서는 느려진 지구의 자전속도에 대한 보상이 필요하고, 결국 달은 매년 약 3.8cm의 속도로 지구에서 멀어지고 있다.

종속영양생물(heterotroph): 스스로 필요한 먹이를 생산할 수 없고, 다른 생물이나 그 생물의 사체를 통해 에너지를 얻는 생물이다.

주계열성(main sequence stars): HR도 상에서 주계열에 속하는 별을 가리키는데, 중심부에서 수소의 핵융합이 일어나고 있는 단계의 별이다.

중립설(neutral theory of molecular evolution): 1968년 일본의 생물학자 기무라 모토오가 주창한 진화론으로, 유리하지도 불리하지도 않은 중립적인 변이가 우연에 의해 유지된다고 설명한다.

중앙해령(Mid-Oceanic Ridge, MOR): 해양의 거의 중앙부를 길게 달리고 있는 해저산맥을 말한다. 가장 전형적인 것이 대서양중앙해령으로 주변 해저로부터 2~3km 솟아오른 봉우리를 가진다. 맨틀로부터 상승한 뜨거운 물질이 용암으로 분출하여 현무암질의 해양지각을 생성시키는 장소다.

지각열류량(crustal heat flow): 지구 내부로부터 지표면으로 흘러나오는 열의 흐름을 말한다. 일반적으로 해구 부근에서 열류량이 낮고 화산지대와 해령 부근에서 높다. 젊은 해저일수록 높은 열류량을 보이고, 연대와 함께 열류량은 감소한다. 대륙지각의 경우 오래된 순상지에서 낮고, 젊은 지향사에서 높다.

지구분별선(terrestrial fractionation line): 지구의 광물, 암석 및 물 등에서 구한 산소동위원소의 상대적 비를 하나의 경향선으로 나타낸 것이다.

지사학의 법칙(priciples of historical geology): 지층의 선후관계를 결정하기 위해 사용하는 원리를 말한다. 지층 누중의 법칙, 관입의 법칙, 부정합의 법칙, 동물군 천이의 법칙 등이 있다.

지진파(seismic wave): 지구 내부에서 암석의 파괴로 발생하는 충격이 지구 내부 또는 표면을 따라 전파되는 탄성파를 말한다. 지구 내부로 전파되어 지표에 도달하는 실체파에는 P파와 S파가 있으며, P파는 모든 매질을 통과하지만 S파는 액체를 통과하지 못한다.

지진파 속도 불연속면(seismic velocity discontinuity): 지구 내부를 전파하는 지진파는 속도가 일정하지 않은데, 매질의 밀도와 강성률에 따라 속도가 변하게 된다. 따라서 지구 내부에 지진파의 속도가 급격하게 변하는 깊이에서는 매질의 물성이 달라졌을 가능성이 크고, 그 깊이를 지진파 속도 불연속면이라 부른다. 지각과 맨틀, 그리고 맨틀과 외핵, 외핵과 내핵의 경계 깊이에서 불연속면이 관측되고, 각각 모호로비치치 불연속면, 구텐베르크 불연속면, 레만 불연속면이라 부른다.

지질시대(geologic time): 지층, 암석, 화석 등에 지질학적 사건의 특징이 남아있는 시기를 말한다. 수치연대 또는 상대연대를 사용하여 지구탄생 이후의 시간으로 나타낸다.

지체구조 침식(tectonic erosion): 섭입이 일어나는 곳이나 두 대륙이 맞닿은 곳에서 계속 침식이 일어나 깨진 파편들이 지속적으로 맨틀로 운반되는 현상이다.

ㅊ

천문단위(Astronomical Unit, AU): 지구와 태양 사이의 평균 거리와 거의 같으며, 약 1억 5000만 km이다.

초대륙(supercontinent): 세계의 주요 대륙들이 하나로 모여 형성된 거대한 대륙을 말한다. 누대 초대륙, 로디니아 초대륙, 곤드와나-판게아 초대륙 등이 있다.

초신성(supernova): 큰 질량의 별 및 중간 질량의 근접쌍성이 일으키는 대폭발에 의해 갑자기 밝게 빛나는 천체를 가리킨다. 밤하늘에 이전까지 별이 발견되지 않았던 장소에서 갑자기 밝게 빛나는 별을 예전에는 신성(新星)이라 불렀고 신성 중에서 특별히 밝은 것이 초신성으로 분류되었다. 나중의 연구에서 초신성은 별 전체가 폭발하는 현상임이 알려졌다.

초안정육괴(supercraton): 육괴들이 모인 비정상적으로 커다란 땅을 가리킨다.

최후의 공통조상(Last Universal Common Ancestor, LUCA): 생물의 진화 과정에서 하나의 생물로부터 여러 생물로 분기되는데, 분기 직전의 생물만을 가리킨다.

충돌용융물(impact melt): 암석질 천체의 표면에서 큰 충돌이 일어나 물질의 일부가 용융된 다음 굳은 물질이다.

친철원소(siderophile elements): 지구화학적 분배의 첫 번째 과정에서 지구의 중심부인 핵 속에 모이는 원소를 말한다. 산소 및 유황과 친화력이 비교적 작은 성질을 가지며, Fe, Ni, Co, Mo, Au, Re, Pt 등의 원소들이다.

캄브리아기 폭발(Cambrian explosion): 고생대 캄브리아기 초반, 약 5억 4000만 년 전부터 5억 년 전까지 오늘날 발견되는 동물의 문 대부분이 한꺼번에 출현한 현상이다.

코마티아이트(komatiite): 마그네슘 감람석을 주 구성 광물로 하는 감람암(peridotite) 조성의 분출 화성암으로 시생누대와 원생누대 지층에서 용암류와 천부 암상(sill)의 형태로 발견된다. 부수적인 광물로 단사휘석과 크롬철석을 포함한다.

콘드라이트(chondrite): 암석을 주성분으로 하는 석질운석 중에서 규산염의 구형 입자인 콘드률을 많이 포함하며 용융을 경험하지 않은 것을 가리킨다. 칼슘과 알루미늄에 풍부한 포유물(CAI), 금속철, 황화철 등도 포함되어있다. 조성의 차이에 따라 탄소질콘드라이트, 엔스테타이트 콘드라이트, 보통 콘드라이트 등으로 구분한다.

콘드률(chondrule): 콘드라이트 운석에 포함되어있는 직경 1mm가량의 규산염광물을 주성분으로 하는 구형의 입자를 가리킨다. 대개 감람석과 휘석의 결정들과 그 결정들 사이를 메우고 있는 미세결정 또는 유리질의 석기로 이루어진다. 콘드률과 같은 구형의 결정체는 지구 암석에서는 발견되지 않으며, 태양계 형성 초기에 원시태양계 원반 속에서 가열되어 용융되어있던 규산염이 빠른 속도로 냉각하면서 형성되었다고 생각한다.

크라이오제니안(Cryogenian): 원생누대 후기의 약 7억 2000만 년에서 6억 3500만 년 사이의 지질시대를 말하며 두 차례의 눈덩이 지구, 즉 스터시안과 마리노안 빙하시대를 포함한다.

크라이오코나이트(cryoconite): 남극이나 그린란드의 빙하 표면에서 발견되는 직경 1mm 내외의 검은색 입자들로, 주로 시아노박테리아로 이루어지고 소량의 광물과 유기물을 포함한다.

탄산염광물(carbonate minerals): 탄산이온(CO_3^{2-})을 포함하는 광물로 방해석($CaCO_3$), 마그네사이트($MgCO_3$), 돌로마이트($CaMg(CO_3)_2$) 등이 있다.

탄산염 덮개암(Cap carbonate): 원생누대의 빙하퇴적물 바로 위를 덮고 있는 탄산염암의 지층을 말한다. 지구 표면 전체가 적도 부근까지 빙상으로 덮였던 시대가 있다고 주장하는 눈덩이 지구 가설에 의하면, 해양이 동결함으로써 대기 중의 이산화탄소는 장기간 대기 중에 머물 수밖에 없었다. 이후 온난화가 진행되어 빙상이 소멸하면 대량의 이산화탄소는 해양에 녹아들어 탄산염을 만들고 해저에 침전하여 형성된 것이 탄산염 덮개암이다.

탄소 동위원소(carbon isotope): ^8C부터 ^{22}C까지 15개의 동위원소가 알려져있다. 그중 ^{12}C(98.9%)와 ^{13}C(1.1%)은 안정한 동위원소이며, ^{14}C는 대기 중에서 우주선 입자의 충돌에 의해 ^{14}N로부터 생성되는 방사성 동위원소다.

태양권계면(heliopause): 태양에서 방출되는 태양풍과 자기장이 은하계의 성간물질과 그 자기장에 부딪쳐 형성되는 경계면을 말한다. 그 경계 내부의 공간, 즉 태양풍의 영향이 미치는 범위를 태양권이라고 부른다.

태양복사(solar radiation): 복사 또는 방사는 물체로부터 전자기파가 방출되는 현상 혹은 방출된 전자기파를 가리킨다. 따라서 태양복사는 태양으로부터 전자기파가 방출되는 현상 혹은 방출된 전자기파를 가리킨다.

테이아(Theia): 그리스 신화에서 대지의 여신 가이아와 하늘의 신 우라노스 사이에 태어난 딸이다. 달의 기원을 설명하는 거대충돌설에서 원시지구에 충돌한 화성 크기의 천체를 말하기도 한다.

테티스해(Tethys Sea): 테티스는 그리스 신화에서 바다의 신 오케아노스와 결혼한 여신이다. 테티스해는 고생대 데본기 말에서 신생대 팔레오기까지 지중해 부근에서 중앙아시아, 히말라야를 거쳐 동남아시아까지 이어진 바다로, 고지중해로도 불린다. 테티스해는 북쪽의 로라시아 대륙과 남쪽의 곤드와나 대륙 사이에 있었던 바다였고, 신생대 팔레오기에 두 대륙의 충돌에 의해 대부분의 해역이 닫히고 알프스-히말라야 조산대가 형성되었다.

티-타우리형 별 또는 황소자리 T형 별(T-Tauri star): 가시광으로도 관측되는 젊은 별이며, 전주계열성의 일종이다. 원시 별이 진화하여 주변의 가스가 적어진 상태의 별이며, 중심에서는 아직 수소의 핵융합반응이 시작되지 않았으나 중력수축에 의한 중력에너지를 해방하면서 빛나고 있다. 광학 제트에 의해 여기된 허빅-아로 천체를 수반하기도 한다.

ㅍ

파섹(parsec): 연주시차가 1초(1″)가 되는 거리이며 pc로 나타낸다. 1파섹은 3.26광년에 해당한다.

판경계(plate boundaries): 지구 표층을 이루는 판들 사이의 경계로서 크게 세 가지로 구분된다. 판과 판이 멀어지는 확장경계, 두 판이 서로 가까워지는 수렴경계 그리고 두 판이 서로 비스듬히 어긋나는 변환단층경계가 있다.

판스페르미아(panspermia)**설**: 생명이 지구 바깥에서 발생하여 지구에 도달했다고 생각하는 가설. 일반적으로 혜성이나 화성에서 온 운석 등에 포함되어 생명이 지구로 왔다고 하는 넓은 의미에서의 생명 우주 기원설이라 할 수 있다.

판탈라사해(Panthalassa Sea): 곤드와나−판게아 초대륙의 북쪽에 위치한 로라시아 대륙과 남쪽의 곤드와나 대륙 사이에 테티스해가 위치하지만, 초대륙 전체를 둘러싼 거대 해양을 판탈라사해로 부른다. 판탈라사해의 해저를 이루던 지각은 대부분 섭입해버려 현재 거의 남아있지 않다.

팔레오세/에오세 온난극대기(Paleocene/Eocene Thermal Maximum, EPTM): 약 5600만 년 전 돌발적으로 일어난 온난화 현상이다.

팽대부(bulge): 나선은하와 렌즈상 은하의 중심부에 있는 타원체 성분을 말한다. 오랜 별로 구성되어있고, 형성 시기가 빠른 은하일수록 커지는 경향이 있다. 소수의 예를 제외하고는 팽대부에서 별의 생성은 거의 발견되지 않는다.

폭주성장(runaway growth): 미행성이 충돌과 합체를 반복하여 큰 행성이 만들어져가는 초기 단계에서, 주위의 미행성보다 질량이 커진 것이 재차 빠르게 성장하여 훨씬 더 커지는 현상이다.

표성암(supracrustal rocks): 지구 표면에 작용하는 힘에 의해 생성되는 암석을 말하며, 지구 내부에서 생성되는 내성암(hypogene rocks)에 대응하는 용어. 지표환경에서 주로 형성되는 퇴적암과 화산암이 포함된다.

플룸(plume): 일반적으로 레일리 수가 임계 레일리 수보다 훨씬 큰 대류층에서 경계층이 불안정하여 발생하는 상하 방향의 흐름을 말한다. 지구의 맨틀에서 발생하는 그런 흐름도 플룸이라 부른다. 맨틀과 핵의 경계 부근에서 맨틀 최하부 또는 외핵 표면에서 발생하는 거대한 상승류를 맨틀플룸 혹은 수퍼플룸이라 한다. 한편, 상승하는 맨틀플룸을 핫플룸, 해구에서 맨틀로 내려가는 지각물질의 하강류를 콜드플룸으로 구분하기도 한다.

플룸구조론(plume tectonics): 지구의 지체구조 변동을 맨틀 내부의 대규모 대류운동, 즉 플룸의 상승류와 하강류로 설명하는 이론을 말한다. 판구조론이 지구 표층의 구조운동에 한정되는 것에 대응하여, 플룸구조론은 지구 전체의 움직임을 인식함으로써 초대륙의 형성과 분열, 생물의 대량멸종의 원인을 밝히는 데 기여하고 있다.

ㅎ

해양무산소 사건(Oceanic Anoxic Event, OAE): 해수 중의 산소가 지구 규모에서 결핍된 현

상을 말한다. 지구 역사에서 수차례 일어났으며, 중생대에는 대량의 유기물이 분해되지 않고 퇴적되어 흑색세일 같은 지층이 형성되었다. 원인은 확실하지 않으나 화산활동에 의한 지구온난화도 그중 하나로 생각된다.

해양지각(oceanic crust): 해양지역, 특히 심해 지역에서의 지각을 말하며 두께는 약 6km 정도로 대륙지각에 비해 상당히 얇다. 해양판의 일부로 중앙해령에서 형성되는 해양지각은 주로 현무암으로 되어있고 그 상부에 퇴적층이 덮고 있다.

허빅-아로 천체(Herbig-Haro object): 별의 형성 영역 주변부에 발견되는 성운상의 천체를 말한다. 별이 탄생할 때 극방향으로 방출되는 두 개의 광학 제트가 주변의 가스와 충돌하는 것으로 야기되어 발광현상이 나타난다.

호상철광층(Banded Iron Formation, BIF): 산화철과 규산염광물이 띠 모양으로 교대로 퇴적한 지층을 말한다. 선캄브리아시대에 시아노박테리아에 의한 산소 발생 광합성이 시작되고 그때까지 무산소상태였던 해수 중의 철 이온이 산화되어 산화철로서 해저에 침전한 결과이다. 원생누대 말기에도 눈덩이 지구가 끝나고 해수에 다량의 산소가 녹아들면서 대규모 호상철광층이 형성되었다고 알려져있다. 호상철광상이라고도 한다.

화학진화(chemical evolution): 지구에 생명이 출현하기까지의 물질의 진화를 말한다. 원시대기의 메테인, 암모니아, 수소 등으로부터 방전 현상에 의해 유기화합물(아미노산·당)이 생성되고, 그들이 결합하여 단백질과 핵산을 만들면서 원시세포가 형성되는 과정이다. 한편, 우주에서의 화학물질의 진화를 가리키기도 한다.

황도12궁(zodiac): 천구에서 태양이 지나는 길, 즉 황도를 열두 개 구역으로 나누어 일컫는 말이며, 각 구역에 있는 대표 별자리를 가리키기도 한다. 춘분점을 기준으로 물고기자리, 양자리, 황소자리, 쌍둥이자리, 게자리, 사자자리, 처녀자리, 천칭자리, 전갈자리, 궁수자리, 염소자리, 물병자리 등이 위치한다.

황산환원균(sulfate reducing bacteria): 황산염을 황화물 이온으로 환원시키는 과정에서 에너지를 생산하고 생육하는 세균이다.

회장암(anorthosite): 거의 사장석으로 이루어진 암석을 말한다. 사장석은 칼슘 성분이 풍부한 조성을 가진다. 선캄브리아시대의 회장암은 비교적 커다란 암체로 나타나지만 고생대 이후에는 고철질 마그마의 분화 암체의 일부를 이루는 경우가 많다. 한편, 달에서 회장암은 주로 고지를 구성하는 암석으로 산출된다.

후기 집중폭격(later heavy bombardment, LHB): 달, 화성, 수성 등의 지표에 충돌 크레이터가 분포하고, 달에서는 약 39억 년 전 무렵에 소천체의 충돌이 격렬했었다고 알려져 있다. 이 사건은 행성 형성 단계보다 조금 늦은 시기에 일어났기에 후기 집중폭격이라 부른다.

휘석(pyroxene): 주요 조암광물의 하나로 주로 결정계의 차이로부터 사방휘석과 단사휘석으로 나누지만, 화학조성에 따라서 다양하게 분류되어 현재까지 약 23종류가 알려져있다.

희토류원소(Rare Earth Elements, REE): 주기율표 제3족에 속하는 스칸듐, 이트륨과 란탄계열의 란타늄에서 루테튬까지의 열네 개 원소를 포함하는 총 열일곱 개의 원소를 말한다. 이 원소들은 당초에 비교적 드문 광물로부터 추출되었기에 희토류로 명명되었으나, 지각 전체에서의 존재량은 그렇게까지 드물지는 않다.

그 외

1차 대기(primary atmosphere): 원시지구가 원시태양계 원반의 가스물질로부터 집적되었을 때 형성될 것으로 추정되는 주로 메테인, 암모니아, 수소와 같은 환원적인 조성으로 이루어진 대기를 말한다.

2차 대기(secondary atmosphere): 원시지구에 미행성들이 충돌하여 방출된 주로 이산화탄소, 일산화탄소, 질소, 수증기 등의 가스로 이루어진 대기를 가리킨다.

3대 도메인(three domain system): 1990년 칼 워즈가 도입한 생물 분류법으로 고세균, 세균, 진핵생물로 구분된다. 3역이라고도 한다.

4중극 자기장(quadrupole magnetic field): 지구 자기장이 두 개의 자극이 아니라 네 개의 자극으로부터 형성된 형태를 말한다.

C-타입 및 S-타입 소행성(C-type and S-type asteroids): 소행성대에 분포하는 소행성을 그 표면의 반사광 스펙트럼을 이용하여 표면의 색과 형상을 분류하고, 또한 표층의 조성을 추정하기도 한다. 그에 따르면 C-타입 소행성은 함수광물 기원의 흡수선을 가지는 탄소질 콘드라이트 조성으로 생각되고, 소행성대 내에서 가장 많이 발견되고 바깥쪽으로 갈수록 증가하는 경향이 있다. 한편, S-타입 소행성은 주로 휘석과 감람석 등의 규산염광물을 다량으로 포함하는 석질운석으로 생각된다.

ABEL 모델(Advent of Bio-Element Landing, ABEL model): 원시지구가 형성된 후 약 43억 7000만 년 전~42억 년 전 무렵에 미행성들의 격렬한 충돌이 있었고, 이때 생명에 필요한 원소들, 즉 탄소, 수소, 산소, 질소 등이 지구에 부가되었다고 설명하는 모델이다.

C3 & C4 식물(C3 & C4 plants): 식물을 광합성의 탄소고정 양식에 따라 나눌 때의 구분이다. 낮에 기공을 열어 외기로부터 CO_2를 받아들여 광합성에 의해 탄소 세 개로 되어있는 C3 화합물을 생성하는 그룹이 C3 식물인 반면, C4 식물에서는 광합성에 의해 CO_2가 최초에 합성되는 화합물은 탄소 네 개로 되는 C4 화합물이다. C3 식물에는 벼, 보리, 시금치 등이고, C4 식물은 사탕수수, 옥수수 등이다.

CAI(Ca, Al-rich Inclusion) : 탄소질 콘드라이트에서 주로 발견되는 고온에서 형성된 광물로 이루어진 포획물을 말한다. 콘드라이트의 평균값에 비해 칼슘(Ca)과 알루미늄(Al)의 함량이 높기 때문에 붙여진 이름이다.

KREEP 현무암(KREEP basalt) : 달에서 산출되는 현무암으로 특히 포타슘(K), 희토류원소(REE) 및 인(P) 성분에 풍부한 현무암을 말한다. KREEP은 포함된 성분들을 가리킨다.

MORB 현무암(Mid-Oceanic Ridge Basalt) : 대서양 중앙해령에서 산출되는 현무암을 말한다. 다른 지역의 현무암에 비해 비교적 균질한 조성을 가진다.

RNA월드(RNA world) : 지구에서 생명 탄생의 초기에 RNA만이 생명체의 중심으로 유전정보를 담당하고 효소 활성을 수행했다고 하는 가설이다.

TTG 암석(Tonalite-Trondhjemite-Granodiorite) : 화강암질 암석 중에서 아주 소량의 알칼리장석을 포함하는 세 종류의 암석, 토날라이트, 트론제마이트, 화강섬록암을 말한다. 이들 암석의 그룹은 성인적으로 유사한 과정을 보이는 경우가 있다.

참 고 문 헌

이 책에서 참고한 문헌을 정리하였다. 전문학술서적이 아니기에 모든 본문의 내용 하나 하나에 대한 인용 문헌을 열거하지는 않았으나, 각 장의 주요 논의에 필요한 대표 문헌 은 가급적 제시하였다.

〈1장〉

1. Amelin, Y. et al., 2010, U-Pb chronology of the Solar System's oldest solids with variable $^{238}U/^{235}U$. *Earth and Planetary Science Letters*, 300, 343-350.
   Conelly, J.N. et al., 2012, The absolute chronology and thermal processing of solids in the Solar Protoplanetary disk. *Science*, 338, 651-655.
2. Gould, S.J., 1990, Wonderful Life: The Burgess Shale and the Nature of History. W. W. Norton & Company, p. 352.
   스티븐 제이 굴드(김동광 역), 2004, 생명, 그 경이로움에 대하여. 경문사, p. 526.

〈2장〉

1. Skowron, D.M. et al., 2019, A three-dimensional map of the Milky Way using classical Cepheid variable stars. *Science*, 365, 478-482.
2. Ruiz-Lara, T. et al., 2020, The recurrennt impact of the Sagittarius dwarf on

the star formation history of the Milky Way. *Nature Astronomy*, http://doi.org/10.1038/s41550-020-1097-0.

3. Kennicutt, R. C. and Evans, N. J., 2012, Star Formation in the Milky Way and Nearby Galaxies. *Annual Review of Astronomy and Astrophysics*, 50, 531-608.

4. Leya, I. et al., 2020, ^{53}Mn and ^{60}Fe in iron meteorites — New data and model calculations. *Meteoritics & Planetary Science*, 55, 818-831.

5. Bellan, P.M., 2018, Model for how an accretion disk drives astrophysical jets and sheds angular momentum. *Plasma Physics and Controlled Fusion*, 60, 0114006. https://doi:10.1088/1361-6587/aa85f9.

〈3장〉

1. Akeson, R., 2011, Watery Disks. *Science*, 334, 316-317.

2. Kortenkamp, S.J. et al., 2001, Runaway growth of planetary embryos facilitated by masssive bodies in a protoplanetary disk. *Science*, 293, 1127-1129.

3. Helled, R. et al., 2020, Uranus and Neptune: origin, evolution and internal structuure. *Space Science Reviews*, 216, https://doi.org/10.1007/s11214-020-00660-3.

4. Ruiz-Lara, T. et al., 2020, 앞의 논문.

5. DeMeo, F.E. and Carry, B., 2014, Solar System evolution from compositional mapping of the asteroid belt. *Nature*, 505, 629-634.

6. Maruyama, S. and Ebisuzaki, T., 2017, Origin of the Earth: A proposal of new model called ABEL. *Geoscience Frontiers*, 8, 253-274.

7. Yang, X. et al., 2014, A relatively reducced Hadean continental crust and implications for the early atmosphere and crustal rheology. *Earth and Planetary Science Letters*, 393, 210-219.

8. Cameron, A.G.L. and Ward, W.R., 1976, The origin of the Moon. *Lunar Planet Inst Sci Conf Abs.*, 7: 120-122.

9. Agnor, C. and Asphaug, E., 2004, Accretion efficiency during planetary collisions. *The Astrophysical Journal*, 613, L157-L160.
   Asphaug, E., 2010, Similar-sized collisions and the diversity of planets. *Chemie der Erde*, 70, 199-219.

10. Hosono, N. et al., 2019, Terrestrial magma ocean origin of the Moon. *Nature Geoscience*, https://doi.org/10.1038/s41561-019-0354-2.

11. Carlson, R.W. et al., 2014, Rb-Sr, Sm-Nd, and Lu-Hf isotope systematics of th e lunar Mg-suite: the age of the lunar crust and its relation to the time of Moon formation. *Philosophical Transactions of the Royal Society*, A 372: 20130246.

12. Tera, F. et al., 1974, Isotopic evidence for a terminal lunar cataclysm, *Earth and Planetary Science Letters*, 22, 1-21.

13. Cohen, B.A. et al., 2000, Support for the Lunar Cataclysm Hypothesis from Lunar Meteorite Impact Melt Ages. *Science*, 290, 1754-1755.

14. Tera, F. et al., 1974, 앞의 논문.

15. Cohen, B.A. et al., 2000, 앞의 논문.

16. Hartman, W.K., 2019, History of the Terminal Cataclysm Paradigm: Epistemology of a planetary bombardment that never (?) happened. *Geosciences*, 9, 285; https://doi:10.3390/geosciences9070285.

17. Koike, M. et al., 2020, Evidence for early asteroidal collisions prior to 4.15 Ga from basaltic eucrite phosphate U-Pb chronology. *Earth and Planetary Science Letters*, 549, https://doi.org/10.1016/j.epsl.2020.116497.

18. Gomes, R. et al., 2005, Origin of the cataclysmic Late Heavy Bombardment period of the terrestrial planets. *Nature*, 435, 466-469.

19. Walsh, K.J. et al., 2011, A low mass for Mars from Jupiter's early gas-driven migration. *Nature*, 475, 206-209.

20. Mojzsis, S. et al., 2019, Onset of giant planet migration before 4480 million years ago. *The Astrophysical Journal*, 881:44 (13pp).

〈4장〉

1. Wänke, H. and Dreibus, G., 1988, Chemical composition and accretion history of terrestrial planets. *Philosophical Transactions of the Royal Society of London A: Mathematical, Physical and Engineering Sciences*, 325, 545-557.

2. Hallis, L.J., 2017, D/H ratios of the inner Solar System. *Philosophical Transactions of the Royal Society*, A 375: 20150390.

3. Braukmüller, N. et al, 2018, The chemical composition of carbonaceous chondrites: Implications for volatile element depletion, complementarity and alteration. *Geochimica et Cosmochimica Acta*, 239, 17–48.

4. Ireland, T.R. et al., 2020, Oxygen isotopes and sampling of the Solar System. *Space Science Reviews*, 216, https://doi.org/10.1007/s11214-020-0645-3.

5. Budde, G. et al., 2019, Molybdenum isotopic evidence for the late accretion of outer Solar System material to Earth. *Nature Astronomy*, https://doi.org/10.1038/s41550-019-0779-y.

6. Fischer–Gödde, M. et al., 2020, Ruthenium isotope vestige of Earth's pre–late–veneer mantle preserved in Archaean rocks. *Nature*, 579, 240–244.

7. Albarède, F., 2009, Volatile accretion history of the terrestrial planets and dynamic implications. *Nature*, 461, 1277–1233.

8. Piani, L. et a., 2020, Earth's water may have been inherited from material similar to enstatite chondrite meteorites. *Science*, 369, 1110–1113.

〈5장〉

1. Amelin, Y. et al., 2010, 앞의 논문.
   Conelly, J.N. et al., 2012, 앞의 논문.

2. O'Neill, J. et al., 2012, Formation age and metamorphic history of the Nuvvuagittuq Greenstone Belt. *Precambrian Research*, 220–221, 23–44.

3. Wilde, S.A. et al, 2001, Evidence from detrital zircons for the existence of continental crust and oceans on the Earth 4.4 Gyr ago. *Nature*, 409, 175–178.

4. Solomatov, V.S., 1995, Scaling of temperature– and sress–dependent viscosity convection. *Physics of Fluids*, 7, 266–274.

5. Solomatov, V.S. and Moresi, L.-N., 1996, Stagnant lid convection of Venus. *Journal of Geophysical Research*, 101, 4737–4753.
   Bédard, J.H., 2018, Stagnant lids and mantle overturns: Implications for Archaean tectonics, magmagenesis, crustal growth, mantle evolution, and the start of plate tectonics. *Geoscience Frontiers*, 9, 19–49.

6. Korenaga, J., 2013, Initiation and Evolution of Plate Tectonics on Earth: Theories and Observations, *Annual Review of Earth and Planetary Sciences*, 41,

117-151.

7. Tang, C.A. et al., 2020, Breaking Earth's shell into a global plate network. *Nature Communications*, https://doi.org/10.1038/s41467-020-17480-2.

8. Capitano, F.A. et al., 2020, Thermochemical lithosphere differentiation and the origin of cratonic mantle. *Nature*, 588, 89-94.

9. Maruyama, S. & Ebisuzaki, T., 2017, 앞의 논문.

10. O'Neill, C. et al., 2020, On the distribution and variation of radioactive heat producing elements within meteorites, the Earth, and planets. *Space Science Reviews*, 216, https://doi.org/10.1007/s11214-020-00656-z.

11. Brenner, A.R. et al., 2020, Paleomagnetic evidence for modern-like plate motion velocities at 3.2 Ga. *Science Advances*, 6: eaaz8670, https://doi: 10.1126/sciadv.aaz8670.

    Hawkeswarth, C.J. et al., 2020, The evolution of the continental crust and the onset of plate tectonics. *Frontiers in Earth Science*, 8:325, https://doi: 10.3389/feart.2020.00326.

    Tusch, J. et al., 2021, Convection isolation of Hadean mantle reservoirs through Archean time. *Proceedings of the National Academy of Sciences of the United States of America (PNAS)*, 118, https://doi.org/10.1073/pnas.2012626118.

12. Windley, B.F. et al., 2021, Onset of plate tectonics by Eoarchean. *Precambrian Research*, 352, https://doi.org/10.1016/j.precamres.2020.105980.

13. Kawai, K. et al, 2013, The second continent: Existence of granitic continental materials around the bottom of the mantle transition zone. *Geoscience Frontiers*, 4, 1-6.

14. Kawai, K. et al., 2009, Lost primordial continents. *Gondwana Research*, 16, 581-586.

15. Bédard, J.H., 2018, 앞의 논문.

16. Hirose, K. et al., 2013, Composition and state of the core. *Annual Review of Earth and Planetary Sciences*, 41, 657-691.

17. Hirose, K. et al., 2017, Crystallization of silicon dioxide and compositional evolution of the Earth's core. *Nature Letter*, https://doi:10.1038/nature21367.

18. Umemoto, K. and Hirose, K., 2015, Liquid iron-hydrogen alloys at outer core conditions by first-principles calculations. *Geophysical Research Letters*, 42, 7513-7520.

⟨6장⟩

1. 스티븐 제이 굴드(김동광 역), 2004, 앞의 책.

2. Peretó, J. et al., 2009, Charles Darwin and the origin of life. *Orig Life Evol Biosph*, 39, 395–406.

3. Watson, J.D. and Crick, F.H.C., 1953, Molecular Structure of Nucleic Acids: A Structure for Deoxyribose Nucleic Acid. *Nature*, 171, 737–738.

4. Oparin, A.I., 1938, The origin of life on the Earth. (1st Edition) New York: Macmillan.

5. Miller, S.L., 1953, A production of amino acids under possible primitive Earth conditions. *Science*, 117, 528–529.

6. Furukawa, Y. et al., 2019, Extraterrestrial ribose and other sugar in primitive meteorites. *PNAS*, 116, 24440–24445.

7. Forsythe, J.G. et al., 2015, Ester–mediated amide bond formation driven by wet–dry cycles: A possible path to polypeptides on the prebiotic Earth. *Angewadte Chemie International Edition*, 54, 9871–9875.

8. Gilbert, W., 1986, Origin of life: The RNA world, *Nature*, 319, p. 618.

9. Pizzarello, S. and Shock, E., 2010, The organic composition of carbonaceous meteorites: The evolutionary story ahead of biochemistry. *Cold Spring Harbor Perspectives in Biology*, 2:a00210.

10. Pennisi, E., 2012, Encode project writes eulogy for junk DNA, *Science*, 337, 1159–1161.

11. Pasek, M., 2017, Schreibersite on the early Earth: Scenarios for prebiotic phosphorylation. *Geoscience Frontiers*, 8, 329–335.
    Pallam, S. et al., 2018, Schreibersite: an effective catalyst in the formose reaction network. *New Journal of Physics*, 20, 055003.

12. Pasek, M., 2017, 위의 논문.
    Pallam, S. et al., 2018, 위의 논문.

13. Ebisuzaki, T. and Maruyama, S., 2017, Nuclear geyser model of the origin of life: Driving force to promote the synthesis of building blocks of life. *Geoscience Frontiers*, 8, 275–298.

14. Corliss, J.B. et al., 1981, An hypothesis concerning the relationship between submarine hot springs and origin of life on Earth. *Oceanologica Acta*, N0SP, 59–

69.

15. Srinivasan, G. et al., 2002, Pyrrolysine encoded by UAG in Archaea: charging of a UAG-decoding specialized tRNA. *Science*. 296, 1459-1462.

〈7장〉

1. Bell, E.A. et al., 2015, Potentially biogenic carbon preserved in a 4.1 billion-year-old zircon. *PNAS*, 112, 14518-14521.

2. Aoyama, S. and Ueno, Y., 2017, Multiple sulfur isotope constraints on microbial sulfate reduction below an Archean seafloor hydrothermal system. *Geobiology*, 16, 107-120.

3. Nutman, A.P. et al., 2016, Rapid emergence of life shown by discovery of 3,700-million-year-old microbial structures. *Nature Letter*, https://doi:10.1038/nature19355.

4. Dodd, M.S. et al., 2017, Evidence for early life in Earth's oldest hydrothermal vent precipitates. *Nature*, 543, https://doi:10.1038/nature21377.

5. Komiya, T. et al., 2015,. Geology of the Eoarchean, 〉3.95 Ga, Nulliak supracrustal rocks in the Saglek Block, northern Labrador, Canada: The oldest geological evidence for plate tectonics. *Tectonophysics*, 662, 40-66.

6. Tashiro, T. et al., 2017, Early trace of life from 3.95 Ga sedimentary rocks in Labrador, Canada. *Nature*, 549, 516-518.

7. Kawasaki, K. and Weiss, K. M., 2006, Evolutionary genetics of vertebrate tissue mineralization: the origin and evolution of the secretory calcium-binding phosphoprotein family. *Journal of Experimental Zoology Part B: Molecular and Developmental Evolution*, 306B(3), 295-316.

8. Hale, C.J., 1987, Palaeomagnetic data suggest link between the Archaean-Proterozoic boundary and inner-core nucleation, *Nature*, 329, 233-237.

9. Knauth, L.P. and Lowe, D.R., 2003, High Archean climatic temperature inferred from oxygen isotope geochemistry of cherts in the 3.5 Ga Swaziland Supergroup, South Africa. *Geological Society of American Bulletin*, 115, 566-580. Robert, F. and Chaussidon, M., 2006, A palaeotemperature curve for the

Precambrian oceans based on silicon isotopes in cherts. *Nature*, 443, 969-972.

10.Garcia, A.K. et al., 2017, Reconstructed ancestral enzymes suggest long-term cooling of Earth's photic zone since the Archean. *PNAS*, 114, 4619-4624.

11.Sagan, C. and Mulle, G., 1972, Earth and Mars: Evolution of Atmosphere and Surfface Temperatures. *Science*, 177, 52-56.

12.Sauterey, B. et al., 2020, Co-evolution of primitive methane-cycling ecosystems and early Earth's atmosphere and climate. *Nature Communications*, 11:2705, https://doi.org/10.1038/s41467-020-16374-7.

〈8장〉

1. Hoffman, P.F., 2013, The Great Oxidation and a Siderian snowball Earth: MIF-S based correlation of Paleoproterozoic glacial epochs. *Chemical Geology*, https://doi.org/10.1016/j.chemgeo.2013.04.018.

   Herwartz, D. et al., 2015, Revealing the climate of snowball Earth from Δ17O systematics of hydrothermal rocks. *PNAS*, 112, 5337-5341.

   Hoff man, P.F. et al., 2017, Snowball Earth climate dynamics and Cryogenian geology-geobiology. *Science Advances*, 3, e1600983.

2. Evans, D.A. et al., 1997, Low-latitude glaciation in the Palaeoproterozoic era. *Nature*, 386, 262-266.

3. Kirschvink, J.L., 1992, Late Proterozoic low-latitude glaciation: the Snowball Earth. In: (Schopf, J. W. & Klein, C., eds.) The Proterozoic Biosphere: A Multidisciplinary Study, Cambridge University Press, pp. 51-52.

4. Budyko, M.I., 1969, The effect of solar radiation variations on the climae of the Earth. *Tellus*, 21, 611-619.

5. Sellers, W.D., 1969, A global climatic model based on the energy balance of the Earth-atmosphere system. *Journal of Applied Meteorology*, 8, 392-400.

   North, G.R., 1975, Theory of energy-balance climate models. *Journal of the Atmospheric Sciences*, 32, 2033-2043.

6. Lechte, M.A. et al., 2019, Sub glacial meltwater supported aerobic marine habitats during Snowball Earth. *PNAS*, 116, 25478-25483.

7. 유규철 · 이용일, 2019, 극지과학자가 들려주는 눈덩어리 지구 이야기. 지식노마드,

p. 158.

8. Hoffman, P.F. et al., 1998, A Neoproterozoic Snowball Earth. *Science*, 281, 1342–1346.

9. Bao, H. et al., 2008. Triple oxygen isotope evidence for elevated CO2 levels after a Neoproterozoic glaciation. *Nature*, 453, 504–506.

10. Caldeira, K. and Kasting, J.F., 1992, Susceptibility of the early Earth to irreversible glaciation caused by carbon dioxide clouds, *Nature*, 359, 226–228.
Pierrehumbert, R.T., 2004, High levels of atmospheric carbon dioxide necessary for termination of global glaciation. *Nature*, 429, 646–649.

11. Tajika, E., 2003, Faint young Sun and the carbon cycle: Implications for the Proterozoic global glaciation. Earth and Planetary Science Letters, 214, 443–453.
Donadieu, Y. et al., 2004, A 'snowball Earth'climate triggered by continental break-up through changes in runoff. *Nature*, 428, 303–306.
Tajika, E., 2007a, Long-term stability of climate and global glaciations throughout the evolution of the Earth. *Earth, Planets and Space*, 59, 293–299.

12. Kirschvink, J.L. et al., 2000, Paleoproterozoic snowball Earth: Extreme climatic and geochemical global change and its biological consequences. *PNAS*, 97, 1400–1405.
Schrag, D.P. et al., 2002, On the initiation of a snowball Earth. *Geochemistry, Geophysics, Geosystems*, 3, https://doi:10.1029/2001GC000219.
Pavlov, A.A. et al., 2003, Methane-rich Proterozoic atmosphere! *Geology*, 31, 87–90.
Kasting, J.F., 2005, Methane and climate during the Archean era. *Precambrian Research*, 137, 119–129.
Kopp, R.E. et al., 2005, The Paleoproterozoic snowball Earth: A climate disaster triggered by the evolution of oxygenic photosynthesis. *PNAS*, 102, 11131–11136.

13. Pavlov, A.A. et al., 2005, Passing through a giant molecular cloud: "Snowball"glaciations produced by interstellar dust. *Journal of Geophysical Research*, 32, L03705, https://doi:10.1029/2004GL021890.
Kataoka, R. et al., 2013, Snowball Earth events driven by starbursts of the Milky Way Galaxy. *New Astronomy*, 21, 50–62.

14. Tajika, E., 2007b, Snowball Earth events and evolution of life. *Journal of*

Geography (Chigaku Zasshi), 116, 79−94. (in Japanese with English abstract)

15. Gaidos, E.J. et al., 1999, Life in ice−covered oceans. Science, 284, 1631−1633.
    Vincent, W.F. and Howard−Williams, C., 2000, Life on snowball Earth. *Science*, 287, 2421.
    Thomas, D.N. and Dieckmann, G.S., 2002, Antarctic sea ice: A habitat for extremophiles. *Science*, 295, 641−644.

16. Hyde, W.T. et al., 2000, Neoproterozoic 'snowball Earth'simulations with a coupled climate/ice−sheet model. *Nature*, 405, 425−429.

17. Gough, D.O., 1981, Solar interior structure and luminosity variations. *Solar Physics*, 74, 21−34.

18. Pierrehumbert, R.T., 2005, Climate dynamics of a hard snowball Earth, *Journal of Geophysical Research*, 110, D01111, https://doi:10.1029/2004JD005162.
    Micheels, A. and Montenari, M., 2008, A snowball Earth versus a slushball Earth: Results from Neoproterozoic climate modeling sensitivity experiments. *Geosphere*, 4, 401−410.

19. Sohl, L.E. et al., 1999, Paleomagnetic polarity reversals in Marinoan (ca. 600 Ma) glacial deposits of Australia: Implications for the duration of low−latitude glaciationss in Neoproterozoic time. *Geological Society of America Bulletin*, 111, 1120−1139.

20. McKay, C.P., 2004, Thin ice on the snowball Earth. In: (Jenkins, G. et al., eds.) The Extreme Proterozoic: Geology, Geochemistry, and Climate. *Geophysics Monograph Series, American Geophysical Union*, 146, 193−198.

21. Warren, S.G. et al., 2002, Snowball Earth: Ice thickness on the tropical ocean. *Journal of Geophysical Research*, 107, C10, https://doi:10.1029/2001JC001123.
    Pollard, D. and Kasting, J.F., 2005, Snowball Earth: A thin−ice solution with flowing sea glaciers. *Journal of Geophysical Research*, 110, C07010, https://doi:100.1029/2004JC002525.

22. Lechte, M.A. et al., 2019, 앞의 논문.

23. Gumsley, A.P. et al., 2017, Timing and tempo of the Great Oxidation Event. *PNAS*, 114, 1811−1816.

24. El Albani, A. et al., 2014, The 2.1 Ga old Francevillian biota: biogenicity, taphonomy and biodiversity. *PLOS ONE*, 9, e99438, https://doi:10.1371/journal.pone.0099438.

25. Han, T.−M. and Runnegar, B., 1992, Megascopic eukaryotic algae from

2.1-billion-year-old Negaunee Iron-Formation, Michigan. *Science*, 257, 232-235.

Schneider, D.A. et al., 2002, Age of volcanic rocks and syndepositional iron formations, Marquette Range Supergroup: implications for the tectonic setting of Paleoproterozoic iron formations of the Lake Superior region. *Canadian Journal of Earth Science*, 39, 999-1012.

26. Runnegar, B., 1991, Precambrian oxygen levels estimated from the biochemistry and physiology of early eukaryotes. *Paleogeography, Paleoclimatology, Paleoecology*, 97, 97-111.

27. Payne, J.L. et al., 2009, Two-phase increase in the maximum size of life over 3.5 billion years reflects biological innovation and environmental opportunity. *PNAS*, 106, 24-27.

28. Brasier, M.D. and Callow, R.H.T., 2007, Changes in the patterns of phosphatic preservation across the Proterozoic-Cambrian transition. *Memoirs of the Association of Australasian Palaeontologists*, 34, 377-389.

29. Seilacher, A. et al., 1998, Triploblastic animals more than 1 billion years ago: Trace fossil evidence from India. *Science*, 282, 80-83.

Xiao, S., 2004, Neoproterozoic glaciations and the fossil record. In: (Jenkins, G. et al., eds.) The Extreme Proterozoic: Geology, Geochemistry, and Climate. *Geophysics Monograph Series, American Geophysical Union*, 146, 199-214.

Condon, D. et al., 2005, U-Pb ages from the Neoproterozoic Doushantuo Formation, China. *Science*, 308, 95-98.

30. Frei, R., 2009, Fluctuations in Precambrian atmospheric oxygenation recorded by chromium isotopes. *Nature*, 461, 250-253.

31. Cui, H. et al., 2016, Environmental context for the terminal Ediacaran biomineralization of animals. *Geobiology*, 14, 344-363.

Murdock, D.J.E., 2020, The 'biomineralization toolkit'and the origin of animal skeletons. *Biological Reviews*, 95, 1372-1392.

Xiao, S., 2020, Ediacaran sponges, animal biomineralization, and skeletal reefs. *PNAS*, 117, https://doi.org/10.1073/pnas.2014393117.

32. Canfield, D.E., 2005, The early history of atmospheric oxygen: Homage to Robert M. Garrels. *Annual Review of Earth and Planetary Sciences*, 33, 1-36.

〈9장〉

1. O'nions, R.K. et al., 1979, Geochemical modeling of mantle differentiation and crustal growth. *Journal of Geophysical Research*, 84, 6091–6101.

2. Hawkesworth, C. et al., 2019, Rates of generation and growth of the continental crust. *Geoscience Frontiers*. 10, 165–173.

3. Hawkesworth, C. et al., 2019, 위의 논문.

4. Gardiner, N.J. et al., 2016, The juvenile hafnium isotope signal as a record of supercontinent cycles. *Scientific Reports*, 6:38503, https://doi: 10.1038/srep38503.

   Spencer, C.J. et al., 2020, Strategies towards robust interpretations of in situ zircon Lu–Hf isotope analyses. *Geoscience Frontiers*, 11, 843–853.

5. Ronov, A. et al., 1991, Chemical constitution of the Earth's crust and geochemical balance of the major elements. *International Geology Review*, 33, 941–1048.

6. Maruyama, S. et al., 2013, The naked planet Earth: Most essential pre–requisite for the origin and evolution of life. *Geoscience Frontiers*, 4, 141–165.

7. Nance, R.D. and Murphy, J.B., 2013, Origins of the supercontinent cycle. *Geoscience Frontiers*, 4, 439–448.

8. Bleeker, W., 2003, The late Archean record: A puzzle in ca. 35 pieces. *Lithos*, 71, 99–134.

   Davey, S.C. et al., 2020, Archean block rotation in Western Karelia: Resolving dyke swarm patterns in metacraton Karelia–Kola for a refined paleogeographic reconstruction of supercraton Superia. *Lithos*, 368–369, https://doi.org/10.1016/j.lithos.2020.105553.

9. Santosh, M., 2010, Supercontinent tectonics and biogeochemical cycle: A matter of 'life and death'. *Geoscience Frontiers*, 1, 21–30.

10. Condie, K.C., 2016, Earth as an Evolving Planetary System (Third Ed.). Academic Press. p. 418.

11. Pisarevsky, S.A. et al., 2014a, Mesoproterozoic paleogeography: Supercontinent and beyond. *Precambrian Research*, 244, 207–225.

12. Condie, K.C., 2003, Supercontinents, superplumes and continental growth: The Neoproterozoic record. *Geological Survey of London*, 1–21. Special Publication 206.

Li, Z.X. et al., 2008, Assembly, configuration, and break−up history of Rodinia: A synthesis. *Precambrian Research*, 160, 179−210.

Pisarevsky, S.A. et al., 2014b, Age and paleomagnetism of the 1210 Ma Gnowangerup−Fraser dyke swarm, Western Australia, and implications for late Mesoproterozoic paleogragraphy. *Precambrian Research*, 246, 1−15.

13. Johansson, A., 2014, From Rodinia to Gondwana with the 'SAMBA'model − A distant view from Baltica towards Amazonia and beyond. *Precambrian Research*, 244, 226−235.

14. Domeier, M. and Torsvik, T.H., 2014, Plate tectonics in the late Paleozoic. *Geoscience Frontiers*, 5, 303−350.

15. Condie, K.C., 2016, 위의 책.

16. Umbgrove, J.H.F., 1947, The pulse of the earth. M. Nijhoff, p. 358.

17. Sutton, J., 1963, Long−term cycles in the evolution of the continents. *Nature*, 198, 731−735.

18. Wilson, J.T., 1966, Are the structures of the Caribbean and Scotia arc regions analogous to ice rafting? *Earth and Planetary Science Letters*, 1, 335−338.

19. Mackenzie, F.T. and Pigott, J.D., 1981, Tectonic controls of Phanerozoic sedimentary rock cycling. *Journal of the Geological Society*, 138, 183−196.

20. Meyer, C., 1981, Ore−forming processes in the geologic history of the Earth. *Economic Geology 75th Anniversary Volume*, 6−41.

21. Worsley, T.R. et al., 1982, Plate tectonic episodicity: a deterministic model for periodic Pangeas. *EOS, Transactions American Geophysical Union*, 63, p.1104.

Worsley, T. R. et al., 1984, Global tectonics and eustasy for the past 2 billion years. *Marine Geology*, 58, 373−400.

Worsley, T. R. et al., 1986, Tectonic cycles and the history of the Earth's biogeochemical and paleoceanographic record. *Paleoceanography*, 1, 233−263.

〈10장〉

1. Maruyama, S. et al., 2013, 앞의 논문.

2. Maruyama, S. and Liou, J.G., 2005, From Snowball to Phanerozoic Earth. *International Geology Review*, 47, 775−791.

3. Cui, H. et al., 2016, 앞의 논문.
   Murdock, D.J.E., 2020, 앞의 논문.
   Xiao, S., 2020, 앞의 논문.

4. Saito, T., 2015, Estimate of secular change in seawater salinity through Earth history. PhD. Thesis. *Tokyo Institute of Technology*.

5. Knoll, A.H. and Carroll, S.B., 1999, Early animal evolution : Emerging views from comparative biology and geology. *Science*, 284, 2129–2137.

6. Erwin, D.H. and Valentine, J.W., 2013, The Cambrian explosion: The Construction of Animal Biodiversity. W.H. Freeman, p. 416.

7. Gould, S.J., 1989, Wonderful life: The Burgess Shale and the Nature of History. W.W. Norton & Co., p. 347.

8. Gould, S.J., 1989, 위의 책.
   스티븐 제이 굴드, 2004, 생명, 그 경이로움에 대하여. 경문사, p. 526.

9. Brazeau, M.D. and Friedman, M., 2015, The origin and early phylogenetic history of jawed vertebrates. *Nature*, 520, 490–497.

10. Watanabe, Y. et al., 2000, Geochemical evidence for terrestrial ecosystems 2.6 billion years ago. *Nature*, 408, 574–578.
    Konhauser, K.O. et al., 2011, Aerobic bacterial pyrite oxidation and acid rock drainage during the Great Oxidation Event. *Nature*, 478, 369–373.

11. Strother, P.K. et al., 2011, Earth's earliest nonmarine eukaryotes. *Nature*, 473, 505–509.

12. Knauth, L.P. and Kennedy, M.J., 2009, The late Precambrian greening of the Earth. *Nature*, 460, 728–732.

13. Morris, J.L. et al., 2018, The timescale of ealry land plant evolution. *PNAS*, 115, E2274–E2283.

14. Meyer–Berthaud, B. et al., 1999, Archaeopteris is the earliest known modern tree. *Nature*, 398, 700–701.

15. Amemiya, C.T. et al., 2013, The African coelacanth genome provides insights into tetrapod evolution. *Nature*, 496, 311–316.
    Nikaido, M. et al., 2013, Coelacanth genomes reveal signatures for evolutionary transition from water to land. *Genome Research*, https://doi : 10.1101/gr.158105.113.

16. Marshall, J.E.A. et al., 2020, UV–B radiation was the Devonian–Carboniferous

boundary terrestrial extiction kill mechanism. *Science Advance*, 6 : eaba0768.

17. Floudas, D. et al., 2012, The Paleozoic origin of enzymatic lignin decomposition reconstructed from 31 fungal genomes. *Science*, 336, 1715–1719.

18. Beerling, D.J. and Berner, R.A., 2000, Impact of a Permo–Carboniferous high O2 event on the terrestrial carbon cycle. *PNAS*, 97, 12428–12432.

19. Isozaki, Y. et al., 2007, End–Permian extinction and volcanism–induced environmental stress: The Permian–Triassic boundary interval of lower–slope facies at Chaotian, South China. *Paleogeography, Paleoclimatology, Paleoecology*, 252, 218–238.

20. Brand, U. et al., 2016, Methane hydrate: Killer cause of Earth's greatest mass extinction. *Paleoworld*, 25, 496–507.

21. Ivanov, A.V. et al., 2013, Siberian Traps large igneous province: Evidence for two flood basalt pulses around the Permo–Triassic boundary and in the Middle Triassic, and contemporaneous granitic magmatism. *Earth Science Reviews*, https://doi: 10.1016/j.earscirev.2013.04.001.

22. Kataoka, R. et al., 2014, The Nebula Winter: The united view of the snowball Earth, mass extinctions, and explosive evolution in the late Neoproterozoic and Cambrian period. *Gondwana Research*, https://doi: 10.1016/j.gr.2013.05.003.

23. Fields, B.D. et al., 2020, Supernova triggers for end–Devonian extinctions. *PNAS*, 117, 21008–21010.

24. Nimura, T. et al., 2016, End–Cretaceous cooling and mass extinction driven by a dark cloud encounter. *Gondwana Research*, 37, 301–307.

〈11장〉

1. Tsuchiya, T. et al., 2013, Expanding–contracting Earth. *Geoscience Frontiers*, 4, 341–347.

2. Condie, K.C., 2016, 앞의 책.

3. Alcober, O.A. and Martinez, R.N., 2010, A new herrerasaurid (Dinosauria, Saurischia) from the Upper Triassic Ischigualasto Formation of northwestern Argentina. *Zoo Keys*, 63, 55–81.

   Langer, M.C., Ezcurra, M.D., Bittencourt, J.S. and Novas, F.E., 2010, The origin and early evolution of dinosaurs. *Biological Reviews*, 85, 55–110.

Nesbitt, S.J., Barrett, P.M., Werning, S., Sidor, C.A. and Charig, A.J., 2013, The oldest dinosaur? A Middle Triassic dinosauriform from Tanzania. *Biology Letters*, 9: 20120949.

4. Lucas, S.G. and Luo, Z., 1993, Adelobasileus from the upper Triassic of west Texas: The oldest mammal. *Journal of Vertebrate Paleontolgy*, 13, 309–334.

5. Sun, G. et al., 2002, Archaefructaceae, a new basal angiosperm family. *Science*, 296, 899–904.

6. Godefroit, P. et al., 2013, A Jurassic avialan dinosaur from China resolves the early phylogenetic history of birds. *Nature*, 498, 359–362.

7. Bhullar, B.A.S. et al., 2012, Birds have paedomorphic dinosaur skulls. *Nature*, 487, 223–226.

8. Cifelli, R.L. and Davis, B.M., 2013, Palaeontology : Jurassic fossils and mammalian antiquity. *Nature*, 500, 160–161.

9. Luo, J.X. et al., 2011, A Jurassic eutherian mammal and divergence of marsupials and placentals. *Nature*, 476, 442–445.

10. Wang, J., Wible, J.R., Guo, B., Shelly, S.L., Hu, H. and Bi, S., 2021, A monotreme-like auditory apparatus in a Middle Jurassic haramiyidan. *Nature*, 590, https://doi.org/10.1038/s41586-020-03137-z.

11. Glenner, H. et al., 2006, The origin of insects. *Science*, 314, 1883–1884.

Garrouste, R. et al., 2012, A complete insect from the Late Devonian period. *Nature*, 488, 82–85.

12. Zachos, J.C. et al., 2008, An early Cenozoic perspective on greenhouse warming and carbon-cycle dynamics. *Nature*, 451, 279–283.

13. Williams, B.A. et al., 2010, New perspectives on anthropoid origins. *PNAS*, 107, 4797–4804.

14. Zalmout, I.S. et al., 2010., New Oligocene primate from Saudi Arabia and the divergence of apes and Old World monkeys. *Nature*, 466, 360–364.

15. Cerling, T.E. et al., 1997, Global vegetation change through the Miocene/Pliocene boundary. *Nature*, 389, 153–158.

16. Alcober, O.A. and Martinez, R.N., 2010, 앞의 논문.

Langer, M.C. et al., 2010, 앞의 논문.

17. Nesbitt, S.J. et al., 2013, 앞의 논문.

18. Langer, M.C. et al., 2010, 앞의 논문.

19. Baron, M.G. et al., 2017, A new hypothesis of dinosaur relationships and early dinosaur evolution. *Nature*, 543, 501–506.

20. Albarez, L.W. et al., 1980, Extraterrestrial cause for the Cretaceous–Tertiary extinction. *Science*, 208, 1095–1108.

21. Hughes, D.W., 2003, The approximate ratios between the diameters of terrestriall impact craters and the causative incident asteroids. *MNRAS*, 338, 999–1003.

    Rampino, M.R., 2020, Relationship between impact–crater size and severity of related extinction episodes. *Earth-Science Reviews*, 201, https://doi.org/10.1016/j.earscirev.2019.102990.

22. Ohno, S. et al., 2014, Production of sulphate–rich vapour during the Chicxulub impact and implications for ocean acidification. *Nature Geoscience*, 7, 279–282.

    Henehan, M.J. et al., 2019, Rapid ocean acdification and protracted Earth system recovery followed the end–Cretaceous Chicxulub impact. *PNAS*, 116, 225500–22504.

23. Condamine, F.L. et al., 2021, Dinosaur biodiversity declined well before the asteroid impact, influenced by ecological and environmental pressures. *Nature Communications*, https://doi.org/10.1038/s41467–021–23754–0.

〈12장〉

1. Milankovic, M., 1941, Kanon der Erdbestrahlung und seine Anwendung auf das Eiszeitproblem (Belgrade: Mihaila Curcica).

2. Petit, J.R. et al., 1999, Climate and atmospheric history of the past 420,000 years frorom the Vostok ice core, Antarctica. *Nature*, 399, 429–436.

   Augustin, L. et al., 2004, Eight glacial cycles from an Antarctic ice core. *Nature*, 429, 623–628.

3. Lisiecki, L. E., 2010,. Links between eccentricity forcing and the 100,000–year glacial cycle. *Nature Geoscience*, 3, 349–352.

4. Dansgaard, W. et al., 1993, Evidence for general instability of pase climate from a 250kyr ice–core record. *Nature*, 264, 218–220.

5. Banzi, F.P. et al., 2000, Natural radioactivity and radiation exposure at the Minjingu phosphate mine in Tanzania. *Journal of Radiological Protection*, 20, 41–51.

6. 이선복, 2016, 인류의 기원과 진화. 사회평론, p. 207.

7. Alley, R.B., 2000, The Younger Dryas cold interval as viewed from central Greenland. *Quaternary Science Reviews*, 19, https://doi.org/10.1016/S0277-3791(99)00062-1.

8. Brauer, A. et al., 2008, An abrupt wind shift in western Europe at the onset of the Younger Dryas cold period. *Nature Geoscience*, 1, 5200–523.

〈13장〉

1. World Economic Forum, 2019. This is how many animals we eat each year. https://www.weforum.org/agenda/2019/02/chart-of-the-day-this-is-how-many-animals-we-eat-each-year/

2. Gerhart, L.M. and Ward, J.K., 2010, Plant responses to low CO2 of the past. *New Phytologist*, 188, 674–695.

3. Ozaki, K. and Reinhard, C.T., 2021, The future lifespan of Earth's oxygenated atmosphere. *Nature Geoscience*, 14, 138–142.

4. Williams, C. and Nield, T., 2007, Pangaea, the comeback. *New Scientist*, 20 Oct 2007, 37–40.

5. Maruyama, S. and Liou, J.G., 2005, 앞의 논문.

6. Schiavi, R. et al., 2020, Future merger of the Milky Way with the Andromeda galaxy and the fate of their supermassive black holes. *Astronomy & Astrophysics*, 642, A30.

〈에필로그〉

1. Maruyama, S. and Santosh, M., 2008, Models on Snowball Earth and Cambrian explosion: A synopsis. *Gondwana Research*, 14, 22–32.

2. Kimura, M., 1968, Evolutionary rate at the molecular level. *Nature*, 217,

624−626.

3. Eldredge, N. and Gould, S.J., 1972, Punctuated equilibria: an alternative to phyletic gradualism. In: (Schopf, T.J.M., ed.) Models in Paleobiology. San Francisco: Freeman Cooper. pp. 82−115.

4. Ebisuzaki, T. and Maruyama, S., 2015, United theory of biological evolution: Disaster−forced evolution through Supernova, radioactive ash fall−outs, genome instabiligy, and mass extinction. *Geoscience Frontiers*, http://dx.doi. org/10.1016/ j.gsf.2014.04.009.

5. https://www.thehindu.com/sci−tech/science/stephen−hawking−humans− must−leave−earth−in−100−years−to−survive/article18378305.ece.

6. 칼 세이건 (홍승수 역), 2010, 코스모스. 사이언스북스, p. 719.

7. Gould, S.J., 1996, Full House: The Spread of Excellence from Plato to Darwin. Three Rivers Press: New York, p. 244.
   스티븐 제이 굴드 (이명희 역), 2002, 풀하우스. 사이언스북스, p. 349.

지오포이트리

© 좌용주, 2021

초판 1쇄 발행일 2021년 9월 9일
초판 2쇄 발행일 2022년 12월 16일

지은이   좌용주
펴낸이   강병철

펴낸곳   이지북
출판등록 1997년 11월 15일 제105-09-06199호
주소   (04047) 서울시 마포구 양화로6길 49
전화   편집부 (02)324-2347, 경영지원부 (02)325-6047
팩스   편집부 (02)324-2348, 경영지원부 (02)2648-1311
이메일   ezbook@jamobook.com

ISBN 978-89-5707-034-5 (03450)

"콘텐츠로 만나는 새로운 세상, 콘텐츠를 만나는 새로운 방법, 책에 대한 새로운 생각"
이지북 출판사는 세상 모든 것에 대한 여러분의 소중한 콘텐츠를 기다립니다.